铼合金的制备与性能

魏世忠　韩明儒　徐流杰　编

河南科技大学学术著作出版基金资助出版

科学出版社
北京

内 容 简 介

本书系统介绍了稀散、难熔金属铼及其化合物、合金,特别是钼铼合金、钨铼合金、铼的超硬材料的相关知识及其在工业技术领域的应用;论述了国际铼合金研究的最新进展。

本书共8章。第1章综合介绍了金属铼的性能、用途和资源分布等基本知识;第2章论述了铼的氧化物、卤化物、硫化物、铼酸和铼盐类化合物的分类和分析化学特点;第3章论述了铼金属的冶炼提取知识和技术;第4章论述了铼合金的分类与铼膜涂层的制备与控制;第5章和第6章分别论述了第一个得到工业应用的钨铼合金和目前应用最为广泛的钼铼合金的知识,以及它们的显微组织结构、技术指标、物理性能、化学性能、机械性能、抗磨特性和制备技术;第7章论述了铼的轻元素超硬化合物;第8章论述了铼-锇同位素测年法的原理及其在地质探矿中的应用及发展。

本书的读者对象为耐磨材料、有色冶金、矿山机械行业及为其提供产品和服务的机械设备设计、耐磨产品生产厂家的工程技术人员和经营管理人员;并可供从事材料摩擦、磨损领域和耐磨材料、表面工程技术的研究人员、相关大专院校师生参考。

图书在版编目(CIP)数据

铼合金的制备与性能／魏世忠,韩明儒,徐流杰编.—北京:科学出版社, 2015.1
 ISBN 978-7-03-042648-2

Ⅰ.①铼… Ⅱ.①魏… ②韩… ③徐… Ⅲ.①铼合金-粉末冶金制品-研究 Ⅳ.①TF125.2

中国版本图书馆 CIP 数据核字(2014)第 280590 号

责任编辑:耿建业　刘翠娜／责任校对:桂伟利
责任印制:吴兆东／封面设计:耕者设计工作室

科学出版社 出版
北京东黄城根北街 16 号
邮政编码:100717
http://www.sciencep.com

北京厚诚则铭印刷科技有限公司印刷
科学出版社发行　各地新华书店经销

*

2015 年 1 月第 一 版　　开本:720×1000 1/16
2025 年 5 月第三次印刷　印张:12 1/2
　　　　　　　　　　　字数:236 000
定价:98.00 元
(如有印装质量问题,我社负责调换)

前　言

　　新材料是支撑现代文明社会的基石和高新技术发展的先导，是科技进步、社会发展、国力增强的重要物质基础。研制开发新型材料是国家发展水平的重要标志。

　　铼是一种稀散、难熔金属。稀散是指铼在地壳中的含量稀少、分散，它在地壳中的含量为 $1\times10^{-7}\%$，比所有的稀土元素都少，难熔是指铼金属的熔点极高，其熔点高达 3180℃，仅次于钨，居所有金属的第二位。

　　铼多以微量伴生于钼、铜、锌、铅、铂、铌等矿物中。铼、钼两种元素有相似的原子半径和离子半径，并且在大多成矿环境中都是以六价存在，铼以类质同象进入辉钼矿、铜钼矿中。铼作为副产品在辉钼矿和铜精矿的冶炼中回收。

　　铼虽然稀少，但它的作用却很大。铼是一种非常坚硬的银白色金属，看起来像白金。铼的密度大，差不多是铁的三倍，是除铂族金属以外最致密的金属。铼及其合金具有优异的物理和化学性能，广泛用于现代工业，成为许多领域使用的重要材料。具有优良高温抗蠕变性能的铼钼合金，可用作火箭发动机的喷嘴，火箭、导弹和人造卫星的外壳高温涂层，宇宙飞船上用的仪器和高温部件如热屏蔽、电弧放电、电接触器，以及原子反应堆的防护板等，铼在航空、航天、核工业等方面有广泛的应用。铼在石油化学工业中用作催化剂，在冶金工业中用作添加元素，制造超耐热合金，用于制造热电偶合金电镀金属保护层。铼很耐磨，将铼与铁、钴、镍、钼、钨等元素结合，制成坚硬的耐磨合金，用于制造各种仪表的罗盘及精密仪表的转轴及指针，既精确又耐用。铼还可用于制作笔尖，铼金笔堪称"长寿笔"。铼是一种重要的高温仪表材料。铼和铼的合金还可制作电子管元件和超高温加热器。在电子仪器仪表等领域的用途更是令人瞩目。

　　摩擦学与材料防护教育部工程研究中心地处洛阳市，是由教育部、河南省科技厅、河南省教育厅与河南科技大学联合投资兴建的工程研究中心和高科技产业中心，是耐磨材料生产技术和优质耐磨材料的聚散地。摩擦学与材料防护教育部工程研究中心与洛阳钼业集团公司建立了紧密的产学研合作关系，共同承担了国家级、省部级关于钼、铼及其合金的研究课题，获得了国家级和省部级科技进步奖。

　　本书详细论述了铼的物理性能、化学性能和力学性能，铼的各种化合物的制备及其性能，铼合金，特别是钼铼合金、钨铼合金的组织结构、技术指标、抗磨特性和制备技术，铼的轻元素化合物等超硬材料知识，论述了国际铼合金研究的最新进展。这些内容是摩擦学与材料防护教育部工程研究中心、高温难熔金属材料河南省工程实验室、河南省耐磨材料工程技术研究中心和洛阳钼业集团公司多年产学研合作成果的精华荟萃，同时也参考了兄弟院校和单位的经验。在成书过程中，很多同志给予编者热情的帮助和大力的支持，西安交通大学博士生导师高义民教授，河南科技大学博士生导师、中原学者张永振教授，对初稿的内容、章节安排、写作体例进行了审阅，并给予指导。王丽红同志帮助进行了资料收集工作，在此表示衷心的感谢！

　　本书的内容是近期最新的科研成果，在理论与技术上都有需要完善之处，加之编者水平有限，如有不当之处，敬请读者批评指正。

编　者

2014 年 6 月

目 录

第1章 铼的基本知识 ·· 1
1.1 金属的基本知识 ·· 1
1.2 铼是稀散、难熔金属 ·· 2
1.3 铼元素的发现过程 ·· 3
1.4 铼的性能 ··· 6
    1.4.1 铼的物理性能 ·· 6
    1.4.2 铼的化学性能 ·· 9
    1.4.3 铼的力学性能 ·· 11
    1.4.4 铼的加工性能 ·· 11
    1.4.5 铼效应 ·· 12
1.5 铼资源概况 ··· 12
    1.5.1 地球上的铼资源 ·· 12
    1.5.2 世界铼的储量及生产概况 ··· 13
    1.5.3 我国铼的储量及生产概况 ··· 14
1.6 铼的用途 ··· 16
    1.6.1 化学工业中用作催化剂 ··· 16
    1.6.2 冶金工业中用作添加元素制造超耐热合金 ·················· 16
    1.6.3 在航空航天等方面的应用 ··· 17
    1.6.4 用于电灯泡及电真空仪表的生产 ······························· 18
    1.6.5 用于制造电接触点 ··· 18
    1.6.6 用于制造热电偶合金 ··· 18
    1.6.7 用于电镀金属保护层 ··· 19
1.7 世界铼市场 ··· 19
    1.7.1 铼的供应 ·· 19
    1.7.2 铼的需求 ·· 20
    1.7.3 铼的价格 ·· 20
1.8 铼-锇同位素定年 ··· 21
参考文献 ··· 21

第2章 铼的化合物 ·· 23
2.1 铼化合物的种类 ··· 23
2.1.1 铼的氧化物 ··· 23
2.1.2 铼的卤化物 ··· 24
2.1.3 铼的硫化物 ··· 24
2.1.4 高铼酸及其盐类——高铼酸盐 ······················ 25
2.2 铼化合物的分析化学特点 ································· 26
2.2.1 沉淀反应 ··· 26
2.2.2 络合反应 ··· 26
2.2.3 氧化还原反应 ·· 27
2.2.4 电化学性质 ··· 27
2.3 分析铼含量的不同方法及要求 ························· 27
2.3.1 分光光度法 ··· 27
2.3.2 电感耦合法 ··· 28
2.3.3 中子活化法 ··· 28
参考文献 ··· 29

第3章 铼金属的冶炼提取 ··· 31
3.1 冶金基本知识 ·· 31
3.1.1 矿物、矿石和精矿 ······································· 31
3.1.2 冶金学的分类 ·· 32
3.1.3 冶金生产的主要方法 ··································· 33
3.2 铼的原料来源、选矿行为及分离富集方法 ········· 34
3.2.1 铼的原料来源 ·· 34
3.2.2 铼在选矿中的行为 ······································· 34
3.2.3 铼的分离富集方法 ······································· 35
3.3 铼在处理辉钼精矿和铜矿石过程中的行为 ········· 35
3.3.1 铼在处理辉钼精矿过程中的行为 ·················· 35
3.3.2 铼在处理铜矿石过程中的行为 ····················· 37
3.4 铼的综合回收技术 ··· 37
3.4.1 从辉钼矿中回收铼的方法 ···························· 37
3.4.2 冶炼辉钼矿过程中提炼铼的主要方法 ··········· 40
3.4.3 从铜矿中回收铼的方法 ······························· 49
3.5 由烟尘及其他生产废料中提取铼 ······················ 51
3.5.1 从辉钼矿精矿的焙烧烟尘中提取铼 ·············· 52

3.5.2 由生产钼酸钙的母液中提取铼 ……………………………… 52
3.5.3 由置换沉出物中提取铼 ………………………………………… 53
3.5.4 从炼铜鼓风炉烟尘中提取铼 …………………………………… 54
3.6 从其他物料中回收铼 …………………………………………………… 55
3.7 钼精矿氧化焙烧-离子交换法提取金属铼新工艺 …………………… 55
3.7.1 铼回收机理 ……………………………………………………… 56
3.7.2 焙烧过程铼的行为分析 ………………………………………… 56
3.7.3 提取铼工艺 ……………………………………………………… 56
3.7.4 工艺特点及与其他方法比较 …………………………………… 58
3.7.5 小结 ……………………………………………………………… 59
3.8 离子交换法从炼铜废液中提取贵金属铼 ……………………………… 59
3.8.1 废液成分 ………………………………………………………… 60
3.8.2 提取步骤 ………………………………………………………… 60
3.8.3 用离子交换法提取废液中铼的操作要点 ……………………… 61
参考文献 …………………………………………………………………………… 61

第4章 铼合金与铼膜涂层 …………………………………………………… 62
4.1 铼合金的研究 …………………………………………………………… 62
4.1.1 铼合金是航天高科技领域的重要材料 ………………………… 62
4.1.2 铼合金的分类 …………………………………………………… 63
4.2 铼粉和铼涂层、铼膜的制备 …………………………………………… 67
4.2.1 铼粉的制备 ……………………………………………………… 67
4.2.2 铼涂层、铼膜的制备 …………………………………………… 67
4.3 铼合金的应用现状 ……………………………………………………… 68
4.3.1 铼合金在航空航天上的应用 …………………………………… 68
4.3.2 铼合金在原子能工业上的应用 ………………………………… 69
4.3.3 铼合金在电子材料和高温材料上的应用 ……………………… 69
4.3.4 铼合金在冶金工业上的应用 …………………………………… 70
4.3.5 铼合金是制造钢笔尖的极好材料 ……………………………… 70
4.4 铼合金研究的发展趋势 ………………………………………………… 71
4.4.1 铼合金研究的方向 ……………………………………………… 71
4.4.2 利用镧和钇改进含铼合金的性能 ……………………………… 71
4.5 铼对单晶高温合金铸态组织的影响 …………………………………… 71
4.5.1 实验方法 ………………………………………………………… 72
4.5.2 实验结果与讨论 ………………………………………………… 72

4.5.3 小结 ··· 76
4.6 紫外分光光度法测定合金中含铼量 ··· 76
4.6.1 实验部分 ·· 76
4.6.2 实验结果与讨论 ·· 77
4.6.3 小结 ·· 81
参考文献 ··· 81

第5章 钨铼合金 ·· 83

5.1 钨铼合金概述 ··· 83
5.1.1 钨铼合金优良的性能 ·· 83
5.1.2 钨铼合金的主要用途 ·· 83
5.1.3 钨铼合金的制造工艺 ·· 84

5.2 钨铼热电偶丝材的生产及应用 ··· 84
5.2.1 钨铼热电偶是性能优良的高温测量用传感器 ···························· 84
5.2.2 钨铼热电偶的生产 ·· 85
5.2.3 钨铼热电偶的应用 ·· 88

5.3 我国钨铼合金的研发与应用 ··· 90
5.3.1 钨铼热电偶及掺杂钨铼合金丝的研发 ·· 90
5.3.2 掺杂钨铼合金的研制 ·· 91
5.3.3 掺杂钨铼合金板材及带材的研制 ·· 91
5.3.4 钍钨加铼的钍钨铼合金 ·· 91

5.4 化学气相沉积法制备钨铼合金 ··· 91
5.4.1 实验方法 ·· 92
5.4.2 实验结果与讨论 ·· 93
5.4.3 小结 ·· 97

5.5 退火温度对钢液测温用钨铼热电偶热电性能的影响 ····················· 97
5.5.1 炼钢过程中快速测量钢液温度的重要性 ···································· 97
5.5.2 退火温度对钨铼热电偶测温精度的影响实验 ···························· 97
5.5.3 实验结果与讨论 ·· 98
5.5.4 小结 ·· 99

5.6 退火温度对微细钨铼合金丝力学性能的影响 ································· 99
5.6.1 改善微细钨铼合金丝力学性能的重要性 ···································· 99
5.6.2 实验部分 ·· 100
5.6.3 实验结果与讨论 ·· 100
5.6.4 小结 ·· 102

5.7 用荧光光谱二元比例法测定钨铼合金中的钨和铼 …………………… 102
    5.7.1 定量原理 ……………………………………………………… 102
    5.7.2 实验部分 ……………………………………………………… 103
    5.7.3 实验结果与讨论 ……………………………………………… 105
    5.7.4 小结 …………………………………………………………… 107
5.8 钨铼合金丝米电阻随直径变化的统计分析 ……………………………… 107
    5.8.1 研究钨铼合金丝米电阻变化的意义 ………………………… 107
    5.8.2 测量仪器及方法 ……………………………………………… 108
    5.8.3 实验结果与讨论 ……………………………………………… 108
    5.8.4 小结 …………………………………………………………… 112
5.9 电真空器件热子材料——WRe25 钨铼合金丝的研制 ……………… 112
    5.9.1 钨铼合金丝是电真空器件重要的热子材料 ………………… 112
    5.9.2 电真空器对 WRe25 钨铼合金丝性能的要求 ……………… 113
    5.9.3 WRe25 钨铼合金丝的研制 …………………………………… 113
    5.9.4 研制 WRe25 合金丝的特点和水平 ………………………… 115
5.10 电子探针搭配波谱仪表征钨铼合金 …………………………………… 115
    5.10.1 实验过程 ……………………………………………………… 115
    5.10.2 实验结果与讨论 ……………………………………………… 117
    5.10.3 小结 …………………………………………………………… 119
参考文献 …………………………………………………………………………… 119

第 6 章 钼铼合金 …………………………………………………………… 121
6.1 钼铼合金概述 ………………………………………………………………… 121
    6.1.1 钼铼合金的组成 ……………………………………………… 121
    6.1.2 钼铼合金的基本性质 ………………………………………… 122
    6.1.3 钼铼合金的应用现状 ………………………………………… 122
6.2 铼在钼铼合金中的作用 ……………………………………………………… 123
    6.2.1 铼对钼铼合金性能的影响 …………………………………… 124
    6.2.2 铼在钼铼合金中的作用 ……………………………………… 126
6.3 氧化物弥散强化钼铼合金的研制 ……………………………………… 127
    6.3.1 ODS 钼铼合金优良的高温和低温性能 …………………… 127
    6.3.2 ODS 钼铼合金的制备实验方法 …………………………… 128
    6.3.3 实验结果与讨论 ……………………………………………… 129
    6.3.4 小结 …………………………………………………………… 132
6.4 制备方式对钼铼合金组织性能的影响 ………………………………… 132

6.4.1 钼合金制备的方法 …………………………………………… 132
6.4.2 实验方法 …………………………………………………… 132
6.4.3 实验结果与讨论 …………………………………………… 132
6.4.4 小结 ………………………………………………………… 135
6.5 粉末冶金法制备钼铼合金的研究 ………………………………… 136
6.5.1 粉末冶金法制备钼铼合金的工艺路线 …………………… 136
6.5.2 钼铼合金的成分设计 ……………………………………… 138
6.6 粉末冶金法制备 Mo-43Re 合金退火行为的研究 ………………… 139
6.6.1 材料制备与实验方法 ……………………………………… 140
6.6.2 实验结果与讨论 …………………………………………… 140
6.6.3 小结 ………………………………………………………… 143
6.7 钼铼合金带材的组织和性能 ……………………………………… 143
6.7.1 实验方法 …………………………………………………… 143
6.7.2 实验结果 …………………………………………………… 144
6.7.3 讨论 ………………………………………………………… 145
6.7.4 小结 ………………………………………………………… 146
6.8 粉末冶金法制取低铼钼合金 ……………………………………… 146
6.8.1 实验原料 …………………………………………………… 146
6.8.2 混合料的制备及还原 ……………………………………… 146
6.8.3 试样压制及烧结 …………………………………………… 147
6.9 制备低钼铼合金高温烧结过程的研究 …………………………… 147
6.9.1 实验过程 …………………………………………………… 148
6.9.2 实验结果与讨论 …………………………………………… 149
6.9.3 小结 ………………………………………………………… 151
6.10 低铼钼合金力学性能的研究 ……………………………………… 151
6.10.1 实验过程 …………………………………………………… 151
6.10.2 实验结果与讨论 …………………………………………… 152
6.10.3 小结 ………………………………………………………… 153
6.11 低铼钼合金加工性能的研究 ……………………………………… 154
6.11.1 实验方法 …………………………………………………… 154
6.11.2 实验结果与讨论 …………………………………………… 155
6.11.3 小结 ………………………………………………………… 157
6.12 钼铼合金铸锭的热加工方式 ……………………………………… 157
6.12.1 实验材料及方法 …………………………………………… 157

  6.12.2 实验结果与讨论 ·· 157
  6.12.3 小结 ·· 160
 6.13 交叉轧制及退火对钼铼合金箔材深冲性能的影响 ····················· 160
  6.13.1 实验方法 ·· 161
  6.13.2 实验结果与讨论 ·· 162
  6.13.3 小结 ·· 167
 6.14 钼铼合金的焊接工艺和性能 ·· 167
  6.14.1 实验过程 ·· 168
  6.14.2 实验结果与讨论 ·· 168
  6.14.3 小结 ·· 169
 参考文献 ·· 169

第7章 铼的超硬化合物 ·· 171
 7.1 超硬材料的研究概述 ·· 171
  7.1.1 超硬材料的定义 ·· 171
  7.1.2 研究超硬材料的重要意义 ·· 171
  7.1.3 超硬材料的研究历程 ·· 172
  7.1.4 超硬材料的研究思路 ·· 173
  7.1.5 研究超硬材料的方法 ·· 174
 7.2 铼的轻元素化合物的实验研究进展 ·· 175
  7.2.1 超硬材料 ReB_2 的研究 ·· 175
  7.2.2 铼的轻元素化合物在理论上的研究 ·· 176
  7.2.3 小结 ·· 178
 参考文献 ·· 178

第8章 铼-锇同位素测年法 ·· 180
 8.1 铼-锇同位素测年法原理 ·· 180
  8.1.1 Re-Os 同位素体系的地球化学性质 ·· 180
  8.1.2 铼-锇同位素定年基础 ·· 180
 8.2 分析方法 ·· 181
  8.2.1 样品的溶解 ·· 181
  8.2.2 酸溶法 ·· 181
  8.2.3 碱熔法 ·· 182
  8.2.4 硫化镍火试金法 ·· 182
  8.2.5 Carius 管溶样法 ·· 182
  8.2.6 高温高压反应釜法 ·· 182

8.3　Re-Os 同位素分离及纯化 …………………………………………… 183
　　8.3.1　Os 的分离及纯化 ………………………………………………… 183
　　8.3.2　Re 的分离及纯化 ………………………………………………… 183
8.4　Re-Os 同位素的质谱测定方法 ……………………………………… 183
　　8.4.1　传统的测定方法 …………………………………………………… 183
　　8.4.2　Re-Os 同位素的质谱测定方法新发展 …………………………… 184
8.5　成功应用铼-锇同位素法测年的范例及所揭示的地质意义 ………… 184
8.6　小结 …………………………………………………………………… 185
参考文献 ……………………………………………………………………… 186

第1章 铼的基本知识

1.1 金属的基本知识

金属的可塑性、导电性及导热性良好,具有金属光泽。在目前已发现的118种化学元素中,金属元素有80多种,非金属元素有20多种。金属的分类是按历史上形成的工业分类法分类的。这种分类法虽然没有经过严格的科学论证,但一直沿用到现在。

现代工业习惯上把金属分为黑色金属和有色金属两大类。黑色金属是指铁、铬、锰三种金属。黑色金属的单质为银白色,而不是黑色。之所以称它们为黑色金属,是由于这类金属及其合金表面常有灰黑色的氧化物。有色金属是指除黑色金属以外的所有金属,其中除少数有颜色外(铜为紫红色,金为黄色),大多数为银白色。有色金属有60多种,分为重金属、轻金属、贵金属、稀有金属和半金属五类。

1) 重金属

一般指密度在 $5t/m^3$ 以上的金属,包括铜、铅、锌、镍、钴、锡、锑、汞、镉、铋。它们的密度都很大($7\sim11t/m^3$)。

2) 轻金属

一般指密度在 $5t/m^3$ 以下的金属,包括铝、镁、钠、钾、钙、锶、钡。这类金属的共同特点是密度小($0.53\sim4.5t/m^3$),化学性质活泼。

3) 贵金属

这类金属包括金、银和铂族金属(铂、铱、锇、钌、铑、钯)。它们因在地壳中含量少、提取困难和价格较高而得名。贵金属的特点是密度大($10.4\sim22.4\ t/m^3$),熔点高($1189\sim3273K$),化学性质稳定。

4) 稀有金属

通常指那些发现较晚,在工业上应用较迟,在自然界中地壳丰度小,天然资源少,赋存状态分散,难以被经济地提取或不易分离成单质的金属。在60多种有色金属元素中,大约有50种被认为是稀有金属。稀有金属这一名称的由来,并不是由于其在地壳中的含量稀少,而是历史上遗留下来的一种习惯性的概念。事实上,有些稀有金属在地壳中的含量比一般金属还要多。例如,稀有金属钛在地壳中的含量占第九位,比铜、银、镍以及许多其他元素都多;稀有金属锆、锂、钒、铈在地壳中的含量,比普通金属铅、锡、汞多。当然,有许多稀有金属在地壳中的含量确实是很少的,但含量少并不是稀有金属的共同特征。

根据金属的密度、熔点、分布及其他物理化学特性,稀有金属在工业上又可分为以下几种。

(1) 稀有轻金属:包括锂、铷、铯、铍。这类金属的特点是密度小(仅为 0.53～1.859 t/m³),化学活性大,其氧化物和氯化物都很稳定,难以还原成金属,一般都用熔盐电解法或金属热还原法制取。

(2) 难熔稀有金属:包括钛、锆、铪、钒、铌、钽、钼、钨、铼。它们的共同特点是熔点高(如钛的熔点为 1933K,钨为 3683K),抗腐蚀性好,具有多种原子价。在生产工艺上,一般都是先制取纯氧化物或卤化物,再用金属热还原法或熔盐电解法制取金属。

(3) 稀散金属:包括镓、铟、铊、锗、硒、碲。这类金属的共同特点是极少独立成矿,在地壳中几乎是平均分布的,一般都是以微量杂质形态存在于其他矿物中。例如,镓存在于铝土矿中,铟存在于有色重金属硫化矿中。因此,它们多富集在有色金属生产的副产品、烟尘和尾渣中,品位一般在 0.1% 以下,需要采用复杂的工艺进一步富集后才能冶炼成金属。

(4) 稀土金属:包括钪、钇及镧系元素(从原子序数为 57 的镧到原子序数为 71 的镥,共 15 种元素)。其共同特点是物理化学性质非常相似,在矿物中多共生,分离困难。冶金上一般先制取混合稀土氧化物或其他化合物,再用溶剂萃取、离子交换等方法分离成单一化合物,最后还原成金属。

(5) 放射性稀有金属:包括天然存在的钫、镭、钋和锕系元素中的钍、镤、铀以及人工制造的镎、钚、锕系其他元素和周期表中 104～109 号元素。这类金属的共同特点是具有放射性,它们多共生或伴生在稀土矿物中。

5) 半金属

又称似金属或类金属,包括硼、硅、砷、碲。其特点是它们的电导率介于金属和非金属之间,并且都具有一种或几种同质异构体,其中一种具有金属性质。

1.2 铼是稀散、难熔金属

铼是一种稀散、难熔金属。稀散是指铼在地壳中的含量稀少、分散,它在地壳中的含量为 $1\times10^{-7}\%$,比所有的稀土元素都少,仅大于镁和镭这些元素。难熔是指铼金属的熔点极高,其熔点高达 3180℃,仅次于钨,居所有金属的第二位。至今尚未发现自然形态铼的存在,也很少见到铼呈主要矿物组分出现。铼、钼两种元素有相似的原子半径和离子半径,并且在大多成矿环境中都是六价,铼以类质同象进入辉钼矿、铜钼矿中,炼钼的烟灰就是提炼铼的主要原料。

难熔金属又称稀有高熔点金属,它包括元素周期表中ⅣB 族的钛(Ti)、锆

(Zr)、铪(Hf)，VB 族的钒(V)、铌(Nb)、钽(Ta)，ⅥB 族的钼(Mo)、钨(W)和ⅦB 族的铼(Re)，共九种金属。难熔金属的共同特点是熔点高，硬度高，耐腐蚀性强，原子的价态比较复杂。

稀散金属是稀有分散金属的简称。它通常包括元素周期表中ⅢA 族的镓(Ga)、铟(In)、铊(Tl)，ⅣA 族的锗(Ge)，ⅥA 族的硒(Se)、碲(Te)和ⅦB 族的铼(Re)，共七种金属。稀散金属的共同特征是它们的物理性质和化学性质多相似，而且在地壳中的分布稀少、分散，很少有独立的矿物存在，大多是以类质同象形态分散存在于其他金属矿物中。因此，稀散金属通常是从冶金或化工等工业生产的副产品或废料中冶炼提取的[1]。

1.3 铼元素的发现过程

铼作为锰副族中的一个成员，早在 1871 年俄国化学家门捷列夫建立元素周期表时，就曾预言它的存在，把它称为次锰(dwi-manganese)，而把这个族中另一个当时也没有发现的成员称为类锰(eka-manganese)。

1913 年，英国科学家莫塞莱确定了这两个元素的原子序数分别是 75 和 43。

1913 年，莫塞莱采用布拉格的 X 射线光谱拍摄了一系列元素的标识谱线(特征谱线)，发现其规律性与玻尔理论预期一致。他总结出标识谱线的频率 γ 与原子序数 Z 的关系

$$\gamma = (Z - \sigma K)^2$$

此即莫塞莱定律。因为光的波长(λ)与频率(γ)成反比，莫塞莱定律也可以写成

$$\lambda = a(Z - b)^{-2}$$

式中，Z 为元素的原子序数；λ 为光的波长；γ 为光的频率；a、b、σ、K 均为常数。一个元素的性质由原子序数决定，而不是由相对原子质量决定，用 Z 为元素周期表排序比用相对原子质量 A 排序更准确。根据玻尔模型，Z 正是原子中电子数，即原子核中的质子数，由此确定了原子序数与原子核电荷数之间的关系。莫塞莱实验也第一次提供了精确测量 Z 的方法[2]。

莫塞莱(H. G. J. Moseley，1887~1915)，英国物理学家，对化学元素周期律及周期表实质性内容的研究颇有贡献。

1887 年 11 月 23 日，莫塞莱出生在英国赛特郡的维茅泽城，这是一个极为美丽幽静的小镇，出过许多名人。莫塞莱的家庭是一个科学世家，他的祖父是著名的数学家和物理学家，父亲是动物学家，他们都是知名教授，也是令人尊敬的英国皇家学会会员。

莫塞莱的启蒙老师应当说是他的母亲和两个姐姐，因为他出生时，知识丰富的祖父早已去世，父亲患脑卒中，半身瘫痪，在莫塞莱 4 岁时也去世了。莫塞莱的母亲和两个姐姐给莫塞莱以很好的学前教育，在他幼小的心灵中，播下了科学的种子。

莫塞莱童年时就聪明好学，悟性过人，他有非常敏锐的观察力，热爱大自然，喜欢动物，尤其

喜欢鸟类。他极为耐心地观察他家附近的小鸟,对他们的种类、生活习性、居住地等都知道得很清楚。他父亲的朋友兰开斯特是一位很有名的动物学家,对莫塞莱观察鸟类的才能非常惊奇,称他为"小博物学家",曾鼓动他长大以后研究动物学,但莫塞莱后来却成了一名化学家。

莫塞莱13岁时,以优异成绩考入了有名的伊顿中学,在中学读书时曾因学习成绩优异,获得过奖学金,毕业后,考入了牛津大学三一学院,并获得了米拉德奖学金。

1909年,莫塞莱借大学放假的机会,到曼彻斯特拜访了著名物理大师卢瑟福。卢瑟福热情地接待他,在谈话中,卢瑟福发现,莫塞莱基础知识丰厚,思维清晰,很有培养前途,因此邀他毕业后去曼彻斯特卢瑟福实验室工作。1910年,莫塞莱毕业于牛津大学,获硕士学位,应卢瑟福之约,到曼彻斯特大学卢瑟福实验室工作,很快他就成了大学的讲师。

在卢瑟福实验室,莫塞莱除完成讲师的工作以外,把精力都投入科研工作中。他的工作极为出色,成就十分突出。后来,他的同事回忆说:"莫塞莱的成功是由于罕见的智力,良好的数学训练,杰出的实验技巧与惊人的毅力相结合。他有一种特殊的持久工作的能力,他喜欢从白天一直工作到深夜,尤其是问题处在关键阶段时,他总是连续工作15小时,通宵达旦奋战在实验室。"

莫塞莱待人和蔼有礼,特别喜欢帮助别人解决疑难问题,实验室的同事们,都对他十分钦佩。在卢瑟福的指导下,莫塞莱开始研究元素放射性的问题,他首先研究了当时所知道的放射性元素放出β射线的情况,并把研究结果在英国皇家学会的会报上发表。接着,他又研究了在高真空、高电压的情况下,放射性物质的性质。同时测定了铜的一种蜕变产物的寿命,他经过精心设计和深入研究,测定出其半衰期为1/5000s,在当时的实验条件下,完成如此高精度的测定,实属罕见,因此受到学术界的一致称赞。

莫塞莱最杰出的工作是发现了以他的名字命名的定律,即莫塞莱定律。

1912年12月,莫塞莱离开了曼彻斯特,到牛津大学任教,开始研究各种元素所产生的特征X射线的波长。

1913年,莫塞莱测得50多种元素的X射线光谱,从中发现光谱特征线的频率和元素的原子序数的内在关系。从而,第一次确立了原子序数与核电荷数、核内质子数相等的关系,并由此得知按原子序数排列的元素周期表比按相对原子质量排列的更为科学,他指出:"各元素X射线的波长非常有规律地随着它们在元素周期表中排列的顺序而递减⋯⋯"他利用X射线研究元素,为化学、核物理学和原子化学的发展作出了卓越的贡献并奠定了基础。

莫塞莱经研究发现,以不同的元素作为产生X射线的靶子,则各种不同元素产生的特征X射线的波长是不同的。莫塞莱把各种元素产生的特征X射线按着波长的大小加以系统排列,他惊奇地发现,这种排列和元素在周期表中的顺序是完全一致的,他把这个排列顺序称为原子序数,此后,他经过数量分析,提出了各种元素的原子序数与其所产生的X射线波长之间的经验公式:

$$\lambda = a(Z-b)^{-2}$$

以上公式说明,X射线波长λ倒数的平方根,与原子序数Z呈直线函数关系,式中的a、b都是常数。这个公式就是莫塞莱定律的数学形式。

把莫塞莱1913年发现的定律,和卢瑟福的α粒子散射实验相结合,人们不难得出结论:原子序数在数量上正好等于元素的核电荷数,这一发现是建立原子模型的基础。1914年4月,莫塞莱把他的研究结果撰成论文,发表在《哲学杂志》上,论文指出:各种元素的 X 射线谱中谱线的波长倒数或频率,近似地正比于 $a(Z-b)^2$,其中 a、b 是常数。Z 就是原子序数。

根据莫塞莱的工作,化学家对化学元素周期律作出了科学的解释,引申出以下结论。

(1) 元素的性质不像人们以前理解的,只是相对原子质量的周期函数,而是原子序数,即核电荷数的周期函数。这就解释了为什么在化学元素周期表中有钾和氩、钴和镍、碲和碘等处,相对原子质量大的反而排在相对原子质量小的元素前边的"倒置"现象。

(2) 原子的核电荷数,既然和原子序数相等,整个原子又呈中性,所以原子核外必然有与原子序数数目相等的电子在运动。

(3) 同一元素的各原子(同位素),它对应的相对原子质量可能不等,但核电荷数一定相等。

此后,化学元素周期律就建立在科学的基础之上。同时,这一发现还为预言新元素,填补周期表空白,提供了理论依据,莫塞莱的工作受到高度赞扬,卢瑟福指出:"莫塞莱由于一系列的完美研究赢得了荣誉,他在短短的 4 年研究中,取得了惊人的成就,认识他的所有人,都预言他有一个辉煌的科学前程。毫无疑问,元素的性质取决于原子序数的结论,是一个伟大的发现,在理论与实验方面都具有深远的意义,这一结论在提高人类对原子结构的认识方面,将成为伟大的里程碑。"

1914 年 7 月,第一次世界大战爆发。当时的英国统治者用堂而皇之的词语,号召人民"保卫祖国"、"维护文明",莫塞莱因轻信而应征入伍,当了皇家工程兵的一名中尉。卢瑟福出于惜才之心,特意给英国要人写信,要求把莫塞莱从前线调回来,让他从事科学工作,但没有成功。

1915 年 8 月 10 日,在土耳其加利波利半岛登陆战役中,土耳其军队进攻到莫塞莱所在部队侧翼的 200m 处。当时莫塞莱正用电话向军队传达命令,一颗土耳其人的罪恶子弹,击中了他的头部,这位年青科学家顿时身亡,年仅 27 周岁。

莫塞莱不幸阵亡以后,他的全部科学仪器和私人财产,按照他预先的安排,都献给了英国皇家学会。

一颗聪明智慧的头脑,被战争无情地毁灭了,一颗刚刚升起的明亮的化学之星过早地陨落了,科学家发明的枪弹和火药杀死了一位伟大的科学家。莫塞莱的早逝,给科学界带来极大的悲哀,特别是他的导师卢瑟福,在心灵深处,长期有一种巨大的失落感。

由于某个未知元素往往可以从和它性质相似的元素的矿物中寻找到,所以科学家一直致力于从锰矿、铂矿以及铌铁矿(钽和铌的矿物)中寻找这两个元素。然而过了半个多世纪,直到 1925 年德国化学家诺达克和塔克夫妇用 X 射线从大量的硅铍钇矿、辉钼矿物和岩石的浓缩产物中首次找到铼,并命名 75 号元素为 rhenium(铼),元素符号定为 Re;属ⅦB 族金属元素,铼的外文本意是莱茵,是发现者为了纪念自己的故乡——德国的莱茵州而命名的[3]。

在自然界中,铼分布在辉钼矿、稀土矿和铌钽矿中,含量都很低。在辉钼矿中以二硫化铼(ReS_2)或七硫化二铼(Re_2S_7)形式存在,含量略高些。铼有两种天然同位素:^{185}Re 稳定,^{187}Re 有放射性。

1.4 铼的性能

1.4.1 铼的物理性能[4]

中文名称：铼

元素符号：Re

元素英文名称：rhenium

英文名称来源：源于拉丁文 Rhenus

元素相对原子质量：186.207

元素类型：金属

体积弹性模量：370GPa

原子体积：8.85cm³/mol

元素在宇宙中的含量：0.0002ppm①

元素在太阳中的含量：0.0001ppm

地壳中含量：0.0004ppm

元素在海水中的含量：0.000004ppm

化合价：

  主要：$\overset{+3}{Re},\overset{+4}{Re},\overset{+5}{Re}$

  其他：$\overset{-3}{Re},\overset{-1}{Re},\overset{0}{Re},\overset{+1}{Re},\overset{+2}{Re},\overset{+6}{Re},\overset{+7}{Re}$

原子序数：75

核内质子数：75

核外电子数：75

核电荷数：75

所属周期：6

所属族数：ⅦB

摩尔质量：186.2g/mol

密度：21.04g/cm³

熔点：3180.0℃

沸点：5627.0℃

外围电子排布：$5d^5 6s^2$

核外电子排布：2,8,18,32,13,2

---

① ppm 是英文 part per million 的缩写，表示百万分之几，1ppm＝1×10^{-6}。

电离能(kJ/mol)：M →M$^+$ 760，M$^+$→M^{2+} 1260，M^{2+}→M^{3+} 2510，M^{3+}→ M^{4+} 3640，M^{4+}→ M^{5+} 4900，M^{5+}→ M^{6+} 6300，M^{6+}→M^{7+} 7600

晶体结构：晶胞为六方晶胞

晶胞参数：a＝276.1 pm，b＝276.1 pm，c＝445.6pm，α＝90°，β＝90°，γ＝120°

声音在其中的传播速率：4700m/s

莫氏硬度：7

原子半径：1.97Å

电阻温度系数：$1.73×10^{-3}$℃$^{-1}$

热导率(20℃)：71.18W/(m·K)

线膨胀系数(0~100℃)：$6.7×10^{-6}$℃$^{-1}$

熔化热：33.05kJ/mol

比热容(20℃)：138.2J/(kg·K)

原子化焓：791kJ/mol（25℃）

汽化热：715.0kJ/mol

铼虽然稀少，但它的作用很大。铼是一种非常坚硬的银白色金属，看起来像白金一样（图1-1）。但粉状的铼，颜色在灰色与咖啡色之间变化。铼的密度为21.04g/cm³，差不多是铁的三倍，只有铂、铱、锇的密度比铼高，这一特性使铼成为铂族金属以外最致密的金属。

图1-1 铼

铼的物理性质与元素周期表中ⅦB族中的高熔点金属钼和钨的物理性质非常相似。此外与铂族金属，特别是铂、钌、锇也有些相似。铼是高熔点金属，其熔点高达3180℃，沸点5627℃，在金属中仅次于钨，与钼、钨一样，都是很好的难熔金属。铼具有极高的硬度和机械强度，耐磨，耐腐蚀。一根比头发还细的铼合金丝，能够承受7kg以上的质量。此外，铼还有高电阻以及其他电学特性。根据权威专业书籍《兰氏化学手册》：铼熔点3180℃，低于金属钨的3410℃。铼的电阻率约是钨的3.5倍。纯铼质软，有良好的力学性能，它的弹性模量与力学性能和铁差不多。天然铼由 ^{187}Re 和 ^{185}Re 两种同位素组成，^{187}Re 为放射性同位素，在天然铼中占62.6%；^{185}Re 为非放射性同位素，占37.2%。^{187}Re 的半衰期为4300万年，放出的射线很弱，不能穿透皮肤，对人体没有危害[5]。

半衰期：放射性元素的原子核有半数发生衰变时所需要的时间，称为半衰期。原子核的衰变规律是

$$N = N_0 \left(\frac{1}{2}\right)^{t/T}$$

式中，N_0 为初始时刻（$t=0$）时的原子核数；t 为衰变时间；T 为半衰期；N 为衰变后留下的原子核数。放射性元素的半衰期长短差别很大，短的远小于 1s，长的可达数万年。

在物理学上，一个放射性同位素的半衰期是指在一个样本内，其放射性原子衰变至原来数量的一半所需的时间。半衰期越短，代表其原子越不稳定，每个原子发生衰变的概率也越高。由于一个原子的衰变是自然地发生，即不能预知何时会发生，因此以概率来表示。每个原子衰变的概率大致相同，做实验时，会使用千千万万个原子。

从统计意义上讲，半衰期是指一个时间段 T，在 T 这段时间内，一种元素的一种不稳定同位素原子发生衰变的概率为 50%。"50% 的概率"是一个统计概念，仅对大量重复事件有意义。当原子数量"巨大"时，在 T 时间内，将会有 50% 的原子发生衰变，从数量上讲就是有"一半的原子"发生衰变。在下一个 T 时间内，剩下未衰变的原子又会有 50% 发生衰变，依此类推。但当原子的个数不再"巨大"时，如只剩下 20 个原子还未衰变时，那么"50% 的概率"将不再有意义，这时，经过 T 时间后，发生衰变的原子个数不一定是 10 个（20×50%）。

在物理学中，尤其是高中物理教科书中，半衰期并不能指少数原子，它的定义为：放射性元素的原子核有半数发生衰变所需的时间。衰变是微观世界中原子核的行为，而微观世界规律的特征之一在于"单个的微观事件是无法预测的"，即对于一个特定的原子，我们只知道它发生衰变的概率，而不知道它将何时发生衰变。然而，量子理论可以对大量原子核的行为做出统计预测。而放射性元素的半衰期，描述的就是这样的统计规律。

放射性元素衰变的快慢是由原子核内部自身决定的，与外界的物理和化学状态无关。

部分原子的半衰期：

钋（^{215}Po）：0.0018s；

锶（^{90}Sr）：30 年；

钋（^{216}Po）：0.16s；

铯（^{137}Cs）：30 年；

铋（^{212}Bi）：1h；

镭（^{226}Ra）：1620 年；

钠（^{24}Na）：15h；

碳（^{14}C）：5730 年；

碘（^{131}I）：8 天；

钚（^{239}Pu）：24000 年；

磷（^{32}P）：2 周；

氯（^{36}Cl）：400000 年；

铁（^{59}Fe）：1.5 月；

铀（^{235}U）：7.1 亿年；

钋（^{210}Po）：3 月；

钾（^{40}K）：13 亿年；

钴（^{60}Co）：5 年；

铀（^{238}U）：45 亿年；

氚(^{3}H):12年。

应该注意的是,并非经过两个半衰期,所有辐射都将消失。放射性是一种概率现象,每经过一个半衰期,初始原子会消失50%,即辐射的危险会降低一半,但还能延续很多个半衰期。只要还有最后一个原子没爆炸,放射性就不可能完全消失。不过通常来说,在经过30个半衰期后,辐射已减至原来的十亿分之一,基本无法被探测到,也就没有危害了。半衰期也不是一定的,如碘的半衰期为8天,并不是说碘经过8天,原子数量就会减少50%,半衰期只是一种平均现象。

爱因斯坦定律:当原子开始发生衰变,其数量会越来越少,衰变的速度也会因而减慢。例如,一种原子的半衰期为1h,1h后其未衰变的原子会剩下原来的二分之一,2h后是四分之一,3h后会是八分之一。原子的衰变会产生出另一种元素,并会放出α、β粒子或中微子,在发生衰变后,该原子也会释出γ射线。根据爱因斯坦的质能守恒公式$E=Mc^2$,衰变是其中一种将质量转为能量的方式。通常衰变所产生的产物大多也是带放射性的,因此会有一连串的衰变过程,直至该原子衰变至一稳定的同位素。

表1-1给出了铼、钼和钨的主要物理性质比较[6]。铼粉可以像钼一样,在电炉中熔成锭块,其延展性很好,易于机械加工,也可抽成很细的丝。

表1-1 铼、钼和钨的主要物理性质比较

项目	原子序数	相对原子质量	原子半径/nm	熔点/°C	沸点/°C	密度/(g/cm³)	平均膨胀系数(20~1000°C)/10^{-6}	比热容(20°C)/[J/(kg·K)]	电阻率(20°C)/(10^{-6}Ω·cm)
铼	75	186.207	0.197	3180	5627	21.04	6.7	138.2	21.1
钼	42	95.05	10.139	2610	5560	10.2	5.3	251.2	5.17
钨	74	183.92	0.140	3410	5900	19.3	4.4	142.4	5.5

项目	磁化率(20°C)/10^{-5}	电导率/[10^4(Ω·cm)$^{-1}$]	标准电极电势	杨氏模量(20°C)/(kN/mm²)	里查松常数/[δ/(cm²·T²)]	晶体结构	同位素
铼	+0.37	16.4	−0.60	460.6	52	六边致密填充	185,187
钼	+0.004		+0.25	284.2	55	体心立方	92,94
钨	+0.028			357.7	60~100	体心立方	180,182,183,184,186

1.4.2 铼的化学性能

铼是第六周期ⅦB族元素。其化学活性取决于聚集状态,铼粉比较活泼。铼的标准电极电势在铜之后,所以它不溶于稀盐酸和稀硫酸,但能溶于硝酸,生成高铼酸,铼在氢氟酸中不受腐蚀,但在热浓硫酸中能溶解,还能溶于过氧化氢溶液中生成高铼酸。铼能与氟、氯、溴作用,其反应剧烈程度和达到氧化的程度依次降低。

铼的电子构型为[Xe]$4f^{14}5d^56s^2$,化合价有0、−1、+1、+2、+3、+4、+5、

+6、+7,主要化合价为+3、+4、+5。

铼在常温下,在空气中是稳定的,但加热至 300℃时,铼开始氧化,超过 600℃时,反应迅速,铼粉在空气中易燃烧生成易挥发性的氧化物 Re_2O_7。与氟、氯、溴形成卤化物。铼不溶于盐酸,可溶于硝酸和热的浓硫酸,生成高铼酸($HReO_4$)。铼亲氧性很强,铼的高价氧化物(Re_2O_7)易溶于水,通常加工成稳定的盐类和高铼酸铵(NH_4ReO_4),高铼酸铵含铼 69.2%~69.4%。

铼不与碳发生反应,是难熔金属中唯一不与碳生成碳化物的元素。铼的化学性质稳定,耐腐蚀性强,在空气中不被氧化,酸和碱对它的腐蚀作用都很小。铼也不与氢、氮作用,但在 1000℃条件下,铼和硫混合反应生成 ReS_2,硫蒸气在升高的温度下与细微的铼粉作用时,则有 Re_2S_7 形成。铼对熔融的锡、锌、银和铜较稳定,但易被铝侵蚀,并易溶于熔化的镍和铁中,铼在高温下和真空中与氧化铝的相互作用程度比钨显著小。铼与难熔金属和其他金属生成固溶体,如铼与铁、钴、镍、锇、铱、铂、铑、钯、钒、铌、钽、铬、钼、钨、金、汞组成合金,铼还能与砷、锗、硅、钛、锆组成化合物。

铼最突出的化学性质是它的七氧化物的挥发性很高,而且很容易溶解于水和含氧溶剂中。铼在回收中广泛利用这两种性质。铼的水溶液呈酸性,其电动势在铜与铊之间,因此铁和锌可使铼在水溶液中沉淀。

铼的化学活泼性取决于它的聚集态,粉末状的金属铼活泼。铼不溶于盐酸,可溶于硝酸,生成高铼酸:

$$3Re + 7HNO_3 \longrightarrow 3HReO_4 + 7NO\uparrow + 2H_2O$$

它也溶于含氨的过氧化氢溶液中,生成高铼酸铵:

$$2Re + 2NH_3 + 4H_2O_2 \longrightarrow 2NH_4ReO_4 + 3H_2\uparrow$$

铼的氧化物有 Re_2O、Re_2O_3、ReO_2、ReO_3、Re_2O_7 等[6]。七氧化二铼(Re_2O_7)为黄色固体,溶于水,形成高铼酸($HReO_4$)。三氧化铼(ReO_3)为红色,不溶于水。二氧化铼(ReO_2)为黑色。铼与硫蒸气在高温下化合生成二硫化铼(ReS_2)。铼与卤素中的氟、氯和溴反应生成卤化物,如四氟化铼(ReF_4)、五氟化铼(ReF_5)、六氟化铼(ReF_6)、七氟化铼(ReF_7)、五氯化铼($ReCl_5$)、六氯化铼($ReCl_6$)、三氯化铼($ReCl_3$)等。铼的卤化物和卤氧化物均易水解。$ReCl_3$ 是红色固体,为共价化合物,在溶液中是非电解质。四价铼能形成多种配位化合物。铼还能形成羰基化合物 $Re(CO)_5$ 和高铼酸盐 $MReO_4$(M 为一价金属),锰和锝都没有类似的盐生成。

铼溶于稀硝酸或过氧化氢溶液,不溶于盐酸和氢氟酸中;在高温下,与硫的蒸气化合而形成二硫化铼(ReS_2);不与氢、氮作用,但可吸收 H_2;化合价有 +3、+4、+6 和 +7;能被氧化成很稳定的七氧化二铼(Re_2O_7),这是铼的特殊性质。用来制造电灯丝、人造卫星和火箭的外壳、原子反应堆的防护板等,化学上用作催化剂。

1.4.3 铼的力学性能

铼有很高的强度和良好的塑性,其力学性能见表 1-2。

表 1-2 铼的力学性能

弹性模量 /GPa	抗拉强度 σ_b/MPa (退火态)	屈服强度 $\sigma_{0.2}$/MPa (退火态)	延伸率 δ/% (退火态)
460	1120	315	15

铼没有脆性临界转变温度,从极高温度立即转入低温时,其固态结构不发生变化,从低温到高温都能够保持塑性,因此铼的抗蠕变性能极佳。当温度为 2800℃ 时,在高应力作用下,引起铼的断裂持续时间较钨更持久,在较大的热膨胀下,不发生机械损伤。如用铼制造的火箭喷嘴,从室温到 2227℃,可经受 10^5 次以上热疲劳循环而不失效。在难熔金属中,铼的再结晶温度最高(1627℃)。

铼具有非常高的弹性模量,其弹性模量仅次于铱与锇,温度升高时,弹性模量最多减少 20%,使铼构件具有优异的机械稳定性和刚度。因此,设计铼构件时,允许有薄的截面。铼的力学性能因其加工状态的不同而有很大差异,见表 1-3。

表 1-3 不同加工状态下铼的力学性能

加工状态	尺寸/mm	屈服强度 $\sigma_{0.2}$/MPa	抗拉强度 σ_b/MPa	延伸率 δ/%
退火	0.127	273	1050	10
冷轧 10%	0.127	1785	1904	3
冷轧 20%	0.127	1985	2009	2
冷轧 40%	0.127		2678	

1.4.4 铼的加工性能

铼可以经受冷加工,轧成薄板或拉拔成线材。铼的冷加工硬化率很大,为金属之最,冷加工的铼具有良好的韧性和抗磨损能力。铼不能经受热加工,因为热加工时,在铼的晶界上会生成低熔点的氧化铼。铼的热变形加工必须在氢气或真空环境中进行。铼经热处理后,具有一定的延展性,再结晶退火温度一般为 1225~1625℃,退火可使铼的形变抗力降低,残余应力随之减少或消除。

铼可以焊接。用于空间太阳能发动机部件和空间反应堆部件的纯铼管,可应用真空电子束焊接方法来实现连接。例如,一种 3kW 电离式发动机,推力 0.65N,用氢作为推进剂,管状加热器用铼制成,薄壁结构(0.125~0.070mm),形状复杂,在高温氢中工作温度 2227℃,采用真空电子束焊接方法,成功地进行了接头连接。

1.4.5 铼效应

在难熔金属,特别是钨、钼中添加少量(3%~5%)的铼,引起合金强度、塑性、焊接性能提高,使钨的再结晶起始温度升高 300~500℃,延性-脆性转变温度和再结晶脆性降低的现象,被称为铼效应。

1.5 铼资源概况

1.5.1 地球上的铼资源

铼是地球上最稀少的金属元素,也是自然界中典型的稀散元素。铼在地壳中的蕴藏量极少。它在地壳中的丰度为 1×10^{-7}%,目前,发现辉铼矿(ReS_2)和铜铼硫化矿($CuReS_4$)两种独立的铼矿物。

铼多以微量伴生于钼、铜、锌、铅、铂、铌等矿物中,很难单独利用,因而铼是稀散金属。铼和钼两种元素有相似的原子半径和离子半径,并且在大多成矿环境中都是六价,铼以类质同象进入辉钼矿和铜钼矿中。所以,具有经济价值的提炼铼的原料为辉钼矿和铜精矿。铼作为副产品在辉钼矿和铜精矿的冶炼中回收。炼钼的烟灰是提炼铼的主要原料。在自然界中,辉钼矿中的铼品位最高,但其含量仅为万分之一至万分之四。

铼主要分布在辉钼矿中,有时也痕量分布在某些铜矿物中,还分布在某些铌铁矿、硅铍钇矿、铂和铀矿物中。现今发现的含铼矿物有硫铜矿($CuReSO_4$)和辉钼铜矿,其铼的含量分别为 3×10^{-6}~1.5×10^{-5} 和 1×10^{-4}~4×10^{-4},其次,个别黄铁矿含铼 1×10^{-6}~3×10^{-6},铌铁矿中含 4×10^{-7},海水中含约 8×10^{-9}[7]。

一般辉钼精矿中铼的含量为 0.001%~0.031%。但从斑岩铜矿选出的钼精矿,含铼可达 0.16%。生产铼的主要原料是钼冶炼过程的副产品。从某些铜矿、铂族矿、铌矿甚至闪锌矿的冶炼烟尘和渣中以及处理低品位钼矿的废液时,都可以回收铼。

在普通岩石和矿物中,铼的分布见表 1-4[8],没有实际开采价值。

表 1-4 铼在各种岩矿中的分布 (单位:g/t)

普通岩石和矿物	硫化前沉淀的硅酸盐和氧化物	从岩浆结晶中分离出的矿物体晶岩	镍皂石	硅皮钇矿	锆石	橙黄石	铌铁矿	黑稀金矿	铂族金属矿	锰矿物	钨矿物	铀矿石
含量	0.0001	0.001	0.06~0.2	0.03~1.1	0.01~0.05	0.02~0.2	0.05	0.03~0.01~0.1	0.05~0.1	0.2	0.05~0.1	0.05~0.1

以前，一直认为"迄今尚未发现自然形态铼存在"，但是，近几年有资料报道，发现纯铼矿，如2003年，俄罗斯国家有色金属科研所的专家在伊图鲁普岛库德里亚维火山区内发现了储量丰富的纯铼矿，并从库德里亚维火山喷出物中成功分离出9g战略贵金属铼[9]。

在自然界没有铼矿物，其主要原因是铼高度分散。铼的化合物挥发性很高，因此往往富集在中温和低温钼矿床中。铼在辉钼矿中的含量随辉钼矿成矿温度的升高而减少。在三角晶、正交晶和胶体状变质辉钼矿中富集程度较高。

1.5.2 世界铼的储量及生产概况

世界探明的铼储量为7300～10300t，除中国外，铼储量最丰富的国家有智利、美国、加拿大、俄罗斯和秘鲁，世界93%的铼资源分布在西半球。已探明的储量有99%的铼与辉钼矿或硫化铜矿物共生，所以说世界的铼主要储藏于盛产铜和钼的国家，世界铼的储量和储量基础列于表1-5[10]。

表1-5　世界铼的储量和储量基础　　　　　（单位：t）

国别	储量	储量基础	国别	储量	储量基础
智利	1310	2542.4	秘鲁	45	544.8
美国	386	4543.6	加拿大	32	1540
俄罗斯	309	401	其他国家	91	363.2
哈萨克斯坦	150	247	世界合计	2500	10306
亚美尼亚	95	124			

资料来源：美国矿务局. Mineral Commodites Summary. 1995

在哈萨克斯坦的杰兹卡甘有不含钼的铜铼矿，俄罗斯钨、钼矿山产出的钼精矿、俄罗斯产的页岩，以及美国得克萨斯州圣安东尼奥南部的铀铜矿都含铼。此外，俄罗斯诺里尔斯克镍联合企业的铜副产品、某些石油产品燃烧后的烟灰、俄罗斯千岛群岛火山气体冷凝物和火山周围的灰渣中也存在铼[11]。

目前具有经济回收价值的含铼矿物主要是辉钼矿和硫化铜矿。在这些矿中，铼以二硫化铼或七硫化二铼的形式存在，在含铼的辉钼矿中，铼的含量一般为0.001%～0.031%。斑铜矿含铼0.0001%～0.0045%，但从斑岩铜矿选出的含铼钼精矿中铼的含量可高达0.16%。例如，智利典型的硫化钼矿中铼的含量为0.025%，而伊朗萨尔切什曼(Sarcheshmeh)铜矿硫化钼中铼的含量为0.065%，最高的是美国圣曼努埃尔(SanManuel)矿和加拿大的音乐岛(Lsland)铜矿，分别含铼0.09%和0.1%。在一些铜和钼矿石中，铼的含量见表1-6。

表 1-6 世界各国矿区铼在辉钼矿中的分布

	国家或地区	含量/(g/t)		国家或地区	含量/(g/t)
石英钼	克莱麦克斯(科罗拉多)	2.5	斑岩铜	双峰(亚利桑那)	600
	奎斯塔(新墨西哥州)	12		皮马(亚利桑那)	600
	蒂尔尼奥兹(高加索)	10		米森(亚利桑那)	600
	东孔拉德(哈萨克斯坦)	14		埃尔·萨尔瓦多(智利)	570
	皇济达(蒙古国)	6		安迪那(智利)	380
	乌马尔蒂(俄罗斯远东)	1		埃尔·特尼恩特(智利)	440
	克纳本(挪威)	10		巴哥达德(亚利桑那)	200
	德拉门(挪威)	7		埃恩皮兰扎(亚利桑那)	200
	希雷卡瓦(日本)	10		谢里塔(亚利桑那)	180
	肯斯达特(澳大利亚)	49		扎拉德(哈萨克斯坦)	510
斑岩铜	麦吉尔(内华达)	1600		卡扎兰(高加索)	300
	艾兰铜矿(不列颠哥伦比亚)	1300		阿尔马莱克(台兹别克)	290
	艾吉扎尔(高加索)	1000		梅迪特(保加利亚)	125
	桑曼努埃尔(亚利桑那)	1000		扎盖帕拉(秘鲁)	325
	奇诺(新墨西哥)	800			

从表 1-6 可以看出:虽然钼矿床和铜矿床的含铼量远远超过了铼在普通岩石和矿物中的元素丰度 1000~2000000 倍,但都未富集到可以实际利用的程度。矿石中铼的含量变化范围比较大。与铜矿物成矿一起出现的辉钼矿矿床,其铼品位通常较高,这是铼成矿的特点之一。所有主产钼矿床中,铼品位较低,仅百万分之几至百万分之几十。

就全球而言,含铼较高的辉钼矿有著名的智利丘基卡马达斑岩铜钼矿床的辉钼矿,含铼 250~350g/t,美国宾厄姆斑岩铜钼矿床的辉钼矿含铼 300~350g/t,巴尔哈什斑岩铜钼矿床的辉钼矿含铼 400~450g/t[12]。迄今为止,世界上发现的辉钼矿含铼最高的为美国亚利桑那州的阿霍斑岩铜钼矿中的辉钼矿,其铼含量高达 0.2%,该州的另一铜钼矿中的辉钼矿含铼为 0.17%,其利用价值很高。

1926 年,人们首次获得的金属铼只有 3mg;到 1930 年,铼的世界总产量也仅有 3g,1978 年和 1979 年世界铼的总产量分别为 7210kg 和 7260kg。目前,全世界铼的年产量也只有数十吨,比其他金属少许多。德国、智利、加拿大和俄罗斯是铼的主要生产国。

1.5.3 我国铼的储量及生产概况

我国钼资源储量巨大,居世界第 2 位。其中许多斑岩铜钼矿床中的辉钼矿和黄铜矿也含数量不等的铼。湖南宝山铜钼矿床的辉钼矿含铼 $340\times10^{-6}\sim500\times10^{-6}$。石篆铜钼矿床中的辉钼矿含铼 120×10^{-6}。陕西洛南某些地区的钼铅矿床中的辉钼矿含铼 $250\times10^{-6}\sim350\times10^{-6}$。江西德兴铜钼矿中的辉钼矿含铼 $250\times10^{-6}\sim300\times10^{-6}$,其中的黄铜矿也含有铼,但铼含量较辉钼矿低。世界上罕见的河南栾川地区的矽卡岩钼钨矿床中的辉钼矿含铼 $18\times10^{-7}\sim25\times10^{-7}$,储量巨大,其中某些钼矿石中辉钼矿含铼较高。特大型斑岩钼矿,陕西的金堆城钼矿石中的辉钼矿含铼 $15\times10^{-6}\sim20\times10^{-6}$,尽管含铼较低,但储量很大[13]。

目前我国铼的保有储量为237t。铼几乎全部伴生于钼矿床中,集中分布在陕西金堆城钼矿、河南栾川钼矿、吉林大黑山钼矿、黑龙江多宝山铜(钼)矿等矿床中,合计占全国铼总储量的近90%。我国铼矿有11处,分布于9个省,包括陕西(占全国铼总储量的44.3%)、黑龙江(31.6%)、河南(12.7%)和湖南、湖北、辽宁、广东、贵州、江苏。国内的铼几乎全部伴生于钼矿床中,随着勘探技术的发展,近年来我国河南栾川、吉林永吉等地相继发现多达几十至上百吨规模的特大型伴生铼矿,如栾川钼矿伴生铼总量达到135.39t。

我国探明不少新的斑岩型铜钼矿床,如玉龙铜钼矿床、马场阱铜钼矿床、多宝山铜钼矿床、富家坞铜钼矿床和乌奴格吐铜钼矿床等,这些矿床含铼多少不一,其含量和储量正在研讨中。另外四川省地质调查院在沐川地区发现了独立铼矿床,独立铼矿床为新类层控型矿体,圈定出15个矿体,矿体长约40m,厚1.26~3.58m,铼品位每吨达3.36~65.89g,预测可获得铼资源量50t。铜仁地区松桃县境内铼矿未发现独立矿物元素,主要附存在辉钼矿、辉铜矿等黑稀土矿中,以三氧化二铼附于磷块石中,其品位可达0.026%,主要分布在木寨乡的岔溪、马关坡、杨家寨等地的磷、钼多金属矿石中。2007年广东省封开县发现总量近3亿吨的大型铜钼矿床,其含有丰富的铼。江苏省句容县小型铜钼矿床中的伴生铼矿,累计探明储量1.2t。

江西德兴斑岩铜钼矿床的辉钼矿含铼 $600\sim700$g/t[14],湖南宝山斑岩铜钼矿床的辉钼矿含铼 $300\sim450$g/t,陕西洛南地区钼矿床的辉钼矿含铼 $250\sim300$g/t、个别地段的辉钼矿含铼高达 $350\sim370$g/t。还有石英脉型钼矿床的辉钼矿含铼也较高。斑岩型钼矿床,如特大型的美国克莱克斯钼矿床的辉钼矿含铼为 $3\sim15$g/t。加拿大大型钼矿床恩达科钼矿床的辉钼矿含铼 $10\sim15$g/t。

我国著名的特大型斑岩钼矿床,如陕西金堆城钼矿床的辉钼矿含铼 $17\sim20$g/t[15]。特大型斑岩矽卡岩型钼钨矿床,如河南栾川地区钼矿床的辉铝矿含铼10.20g/t。葫芦岛地区的大型矽卡岩型钼矿床的辉钼矿含铼 $10\sim20$g/t。

1950年后,铼在现代技术中开始应用,生产日益发展。我国在20世纪60年代开始从钼精矿焙烧烟尘中提取铼。

1.6 铼的用途

铼具有上述种种优异的物理和化学性能,铼合金的性能优于纯金属铼。纯金属铼的价格昂贵,直到 1950 年才由实验室珍品变为重要的新兴金属材料。目前,铼广泛用于现代工业各部门,已成为许多领域中使用的重要材料。

1.6.1 化学工业中用作催化剂

铼对很多化学反应,如醇类脱氢以制得醛类和酮类氨的合成等,具有高度选择性的催化功能,采用铼及其硫化物作催化剂最有效。在石化工业中,铼用作铼-铂重整催化剂,该催化剂以氧化铝为载体,加入 0.3% 铼和 0.3% 铂。20 世纪 60 年代以来,发现铼能提高铂催化剂的使用寿命,于是铼-铂催化剂的用量日益增加,特别是在生产大量高辛烷含量的无铅汽油时,铼-铂催化剂可在苛刻条件下使用。80~90 年代,曾用铂-锡催化剂替代铼-铂催化剂,使铼用量一度降低,后来发现铂-锡催化剂性能不像原来预料的那样好,不能在固定床反应器中使用,又恢复了铼-铂催化剂的使用。目前铼在催化剂中的用量约为铼总消费量的 20%。用作石油化学工业的催化剂,是目前铼及其化合物主要的用途。

1.6.2 冶金工业中用作添加元素制造超耐热合金

目前超耐热合金是消费铼最多的领域,消费量约占铼总消费量的 80%。铼是难熔金属,熔点 3180℃,仅次于钨,而且由于铼的密排六方晶体结构,可从低温一直保持到它的熔点,因为铼在高温和急冷急热条件下均有很好的抗蠕变性能。含铼合金在高温下仍能保持其强度、延展性和硬度。由于铼的这些优良性能,从 20 世纪 80 年代中期开始,就将其用于超耐热合金,如含铼 3% 的镍基合金,用来制造新一代喷气发动机的热区涡轮叶片。目前劳斯莱斯(Rolls Royce)公司生产的牌号为 RR3000 的合金和坎农马斯基根(Cannon Muskegon)公司生产的牌号为 CMX 的合金均属此类。有些合金中铼的含量提高到 5% 甚至 6%,预计在超耐热合金领域铼的消费量还将继续增加。

在冶金工业中,铼作为合金添加元素,可以改善、提高合金的性能。例如,纯钨和纯钼在温度较低的情况下会变得脆如玻璃,难以进行工艺加工,因而用途受到限制,但在钨或钼中加入适量的铼制成的钨铼合金或钼铼合金,则具有良好的塑性,可以加工成各种结构材料,而且还保持高硬度、高强度和耐高温等特性。美国载人航天器上的不少零部件就是用这类铼合金制造的。在铬镍合金中添加少量的铼,能够大大提高合金的熔点和强度,用这种合金制作的零部件,其使用寿命可延长几倍至数十倍。

铼作为钨或钼的添加剂可以提高钨合金、钼合金的强度,克服这些金属在再结晶后的脆变倾向,改善金属的成形性和焊接性,使钨合金和钼合金具有更好的坚固性和稳定性。铼使钼的延脆性转变温度从室温以上降至-245℃以下。铼钼合金的抗拉强度比纯钼大两倍以上,不脱层,加工性能也比纯钼好。铼钼合金是一种非磁性合金,可用来密封金属和玻璃,它可以焊接而形成延性接点,铼钼合金可广泛地用作高温热电偶保护套和高温炉的部件等。含铼50%的铼钼合金可以作为高强电磁体的绝缘材料,由它制成的无缝合金管具有良好的高温性能,这种合金管可在接近其熔点的温度下使用,可用作热电偶的外套、电子管中的阴极支架环和栅极等部件。

在钨合金中添加铼可改善其高温性能和高温延展性,钨铼合金比纯钨更坚硬,其抗拉强度高达 $3260N/mm^2$,耐磨性能比纯钨大数倍,易于焊接,并可在室温或接近室温下成形和拉丝。在钨铼合金中添加少量的 ThO_2 可以提高其抗再结晶性能,在钨铼合金中掺入一些钾的化合物、硅的化合物和铝的化合物时,可形成一种微观结构,它的特征是使钨铼合金具有大的、伸长的晶粒(large elongated grain),这些晶粒的界面与丝材轴线(wire axis)呈一个相当小的交角。这是熟知的"不垂"(non-sag)钨丝的结构。它使得这种掺杂的 WRe3(WRe3 热电偶合金名义成分为:W96.8%~97.2%,Re2.9%~3.1%,CO、MO、Fe、C、O 等微量元素含量不超过0.1%)合金丝即使在再结晶之后仍然具有较好的延展性,并且还可以提高合金的再结晶温度。钨铼热电偶也广泛地用于冶金工业中的温度测量。我国研制了用于钢水快速测温的耐高温钨铼热电偶,并将逐步取代昂贵的铂铑热电偶。

在铂和铑的合金中加入铼,能够提高耐磨性而不降低其抗腐蚀性。这些合金同样可用来作热电偶材料,如由 Pt-Re/Pt,Pt-Re/Pd,Pt-Re/Rh,Rh-Re/Rh,Ir-Re/Ir 组成的热电偶的热电动势比贵金属合金所组成的热电动势大 2~3 倍。而且这些合金还可用来制造电极和人造丝工业中的过滤器。

在铁钴镍合金中加入铼也可改善其力学性能。如在 FeCoNiMo 合金中加入 Re、B、Si、Be 等,可制成高强、耐磨仪表的关键部件材料。W-40Re-0.35Hf 可作为各种立式炉(温度高达 3100℃)中的加热元件、热屏蔽和热固定器等部件,以及模铸机械的型芯。

1.6.3 在航空航天等方面的应用

有优良高温抗蠕变性能的铼钼合金,可用作火箭发动机的喷嘴。火箭发射时,几秒内便加热到接近铼熔点的高温,进入宇航空间后,温度又急剧下降到 0℃ 以下,只有用抗蠕变性能极好的材料才能满足这种要求。

钨或钼合金中加 25% 的铼可增加其延展性能;铼在火箭、导弹和人造卫星上用作外壳高温涂层;宇宙飞船用的仪器和高温部件如热屏蔽、电弧放电、电接触器、原子反应堆的防护板等;铼还可用于制作笔尖,铼金笔堪称"长寿笔";加铼可赋予铂耐磨性,而不降低其抗蚀性能。

1.6.4 用于电灯泡及电真空仪表的生产

作为高熔点金属的铼,在高温下具有较低的蒸气压,并具有高的电阻,是一种主要的高温仪表材料。铼和铼的合金还可作为电子管元件和超高温加热器以蒸发金属。铼在电机、电子仪器仪表等领域的用途更是令人瞩目。铼很耐磨,用铼与铁、钴、镍、钼、钨及铂制成的合金,有些还加铍、硼、硅等元素制成的合金,坚硬耐磨性特别好,用于制造各种仪表的罗盘及精密仪表的转轴及指针,既精确又耐用。

铼具有很高的电子发射性能,广泛应用于无线电、电视和真空技术中。铼和铼的合金还可用于制造照明灯泡中的白炽灯丝,电子仪表中的加热器,振荡管中直接灼热的阴极,及电真空工业中的其他一些"热附件"零件。

自动电子继电器等许多电气设备中使用的一个重要器件——电触器,通常是用钨制作的,在一些不利的工作条件下,这种电触器的寿命很短,有时用了几昼夜就损坏了,而铼制电触器由于具有独特的性能,能连续使用数月甚至数年。铼合金是制造阴极头的良好材料,一些大功率发射管、磁电式仪表和其他电真空仪表,已采用铼合金阴极头。铼还用作电子管、显像管、特种灯的热离子材料、X射线的靶材。含铼低和含铼高的钨铼合金丝构成的热电偶,测温范围广(0～2500℃),温度与热电动势的线性关系好,价格比铂铑热电偶便宜,用在氢气气氛中测温最理想。

用钨丝制造照明灯泡中的白炽灯丝,灯泡内较少量的水蒸气杂质与灼热的钨丝起作用,生成氢和二氧化钨。二氧化钨聚集到玻璃灯泡内壁上,并被氢还原,重又生成水蒸气。这种现象称为"氢循环",会使玻璃灯泡发黑,并缩短钨丝的寿命。而当电灯泡或真空管中有少量水分存在时,铼在高温(2000～2500℃)真空中不参与"氢循环",不会使玻璃灯泡发黑,灯丝的寿命较长。铼在高温下在惰性介质或真空中的强度较钨大。由于铼对水蒸气的稳定性显著比钨高,因而铼丝的寿命较长。为了加强钨丝的稳定性,常在钨丝上镀铼,这对钨丝的发射性能也有所改善。

1.6.5 用于制造电接触点

铼及其合金,特别是 W-Mo-Re 合金,具有很高的耐磨性、硬度以及在产生电弧的情况下的强抗电蚀能力,因而可有效地用于电接触点的工作部分,特别是电磁机中。

1.6.6 用于制造热电偶合金

对 Pt-Re/Pt、Pt-Re/Pd、Pt-Re/Rh、Rh-Re/Rh、Zr-Re/Zr 等热电路的研究指出,这些热电偶的热电动势比贵金属合金所组成电路的热电动势大 2～3 倍;铼具有很高熔点,钨铼热电偶在 3100℃也不软化,因此用铼制造测量高温(1200～1900℃)的热电偶。

1.6.7 用于电镀金属保护层

铼不与盐酸反应,可以防止盐酸的侵蚀,所以用电解镀铼法在钢、黄铜、镍及钨丝表面镀一层铼作为保护层。普通钨灯丝的表面如果涂上一层铼,使用寿命可延长 5~10 倍,可以用铼的卤化物的热分解法在钨丝上镀铼。通常采用 $ReCl_5$,在 160~200℃下蒸发,并将蒸气通入加热到 1000~1200℃的被镀金属上(过程是在真空或保护气氛——氢气、氮气下进行)。镀铼层有优良的反射能力,可用作工业仪表中的镜子。

总之,铼的用途非常广泛,只是由于价格昂贵,它的使用受到限制。

1.7 世界铼市场

1.7.1 铼的供应

从 1987 年开始,西方世界铼的需求上升,铼的生产者达到 10 家,生产能力为 41000lb/a(18.60t/a)[①];1992 年生产者减为 6 家,但生产能力增加 70%,达到 69000lb/a(31.30t/a)。1998 年生产能力超 100000lb/a(45.36t/a),产量接近 20000lb(3175t)。目前铼的主要生产者及生产能力如表 1-7 所示。

表 1-7 目前铼的主要生产者及生产能力

公司	国家	生产能力(估计值)/(lb/a)	产量(估计值)/lb
Molymet	智利	28000	24000
CyprusClimax	美国	12000	7000
Codelco	智利*	8000	0
Starck	德国	8000	4000
Sumitomo	日本**	8000	2000
西方世界总计		64000	37000
东欧、独联体		40000	4000
世界总计		104000	41000

* 表示智利国营铜公司(Codelco)的 Chuquicamata 厂产铼设施,1992 年关闭

** 表示目前情况不明

目前铼的产量不能以生产能力来估算,因为产量是保密的。近期产量下降的原因,一是近两年铜价下跌,一些铜矿山减产或关闭,导致辉钼矿和铼减产。二是

---

① 1lb=0.453592kg

前几年独联体国家的产量显著降低,特别是哈萨克斯坦,它的年产量仅为生产能力的10%。最近铼价升高有助于某些公司调整产量。智利 Codelco 公司的 Chuquicamata 厂已恢复生产,日本住友公司(Sumitomo)也再次开工,杰兹卡兹甘矿也可能开始处理当地的铜铼矿以增加铼的产量。2009年铼产量为41200kg,较2008年的45600kg的产量下降了10%。2009年几乎2/3的铼是由智利生产的。其他主要生产国分别是美国、波兰、哈萨克斯坦和中国,另外乌兹别克斯坦和亚美尼亚也有一些产量。

1.7.2 铼的需求

传统上铼的需求量是以美国的进口量来衡量的,但近两年这种情况发生了变化,主要原因是其他地区,特别是欧洲的直接消费量增加。1998年美国进口量增加到55448lb,上升约67%;同时欧洲的消费量也在上升。西方世界的总消费量接近70000lb(32t)。中国小金属资源信息网于2010年8月3日发布 Roskill 信息服务公司的一份题为《至2015年铼市展望》的报告显示:2009年作为铜钼副产品的铼需求量下降了16%,产量也下降了10%,然而产量的缩减却并没有抑制价格的大幅降低趋势。2009—2015年铼的年销量将以5%的幅度逐步增加,至2015年将达到71500kg。

目前我国铼的保有储量为237t。铼几乎全部伴生于钼矿床中,集中分布在陕西金堆城钼矿、河南栾川钼矿、吉林大黑山钼矿、黑龙江多宝山铜(钼)矿等矿床中,合计占全国铼总储量的近90%。在铼的市场需求方面,我国铼产量远远无法满足其需求量,特别是近几年来我国航空航天技术的快速发展,使得这一供需矛盾进一步恶化。在铼的供应方面,江西铜业集团公司由于在科技攻关项目"铜冶炼还原终液中回收铼酸铵"获得突破,2004年形成了年产1800kg的生产能力,成为全国最大的铼生产基地。江西铜业集团铼产量占我国总产量的40%。在技术上,我国铼行业生产技术与国际相比还有较大差距。

1.7.3 铼的价格

1998年因哈萨克斯坦的减产及一些铜矿山的停产和减产,铼的供应短缺,价格上升。据美国地质勘探局(USGS)的统计,1998年金属铼的进口价格比1997年高,从409美元/磅上升到437美元/磅,铼的市场价格比较稳定,高铼酸铵价格(以铼计)为450~525美元/磅,金属铼价格为575~625美元/磅。2010年8月3日,Roskill 信息服务公司预测:由于需求呈上升趋势,因此预计此后1~2年内铼价将进一步上升。2009年受经济危机重创,铼价急剧下降,铼现货价格从2008年的12000美元/千克的峰值一度下降至4000~4500美元/千克,而2010年逐步趋于平稳,当前市场价格在4500~5000美元/千克。《至2015年铼市展望》的报告显示,在预测期内铼价将持续上涨,至2015年达到6500~7500美元/千克。

据中商情报网刊载的《2011—2015年中国铼市场发展前景预测报告》指出:2006年以来国际铼市场供应极其紧缺并引起价格暴涨。因供应不足而航空航天领域需求强劲,铼金属价格从7500~8000美元/千克骤然上涨到8500~9000美元/千克,有交易商表示,航空航天领域的需求呈现爆发性增长趋势,作为铼金属生产原料的高铼酸铵(APR)严重匮乏,目前要想拿到APR非常困难。

2005年第四季度高铼酸铵(69.4%)交易价格还曾仅为685美元/磅,而到2006年第一季度和第二季度剧涨至1800美元/磅,第四季度进一步上涨到2000美元/磅,甚至有的高达2300美元/磅。预计可能进一步上涨到3000美元/磅。

据报道,尽管世界最大铼生产商美国钼金属公司铼产量已达顶点,但是铼供应仍难以满足其远期客户的需求。因此不得不从现货市场追加购买量,但是现货市场供应更紧张。目前铼的生产及技术没有任何问题,主要是取决于是否获得充足的原材料辉钼矿等。据了解,铼的主要消费部门是铼基合金、用于飞机引擎和其他应用部门。尤其是最近以来飞机引擎业进入市场大量购买铼,进一步刺激价格上涨。据了解,高铼酸铵的高附加值产品铼粉粒供应更短缺。

1.8 铼-锇同位素定年

铼有两种同位素,分别是^{185}Re、^{187}Re。这两种同位素在地质学上有重要的用途,被广泛应用于研究矿床成因、岩浆形成、地幔演化、天体演化以及同位素定年。铼的同位素体系具有不同于其他常用同位素体系的特性。首先,铼和锇均属于强亲铁和亲铜性元素,倾向于在铁和硫化物相中富集,因此它们在铁-镍金属构成的地核中高度富集,在地幔和地壳中极其贫化。其次,锇是高度相容元素,而铼是相容至中等程度的不相容元素,因而在地幔熔融过程中,锇倾向于富集在地幔残留相中,铼倾向于富集在熔浆中,导致地幔与地壳的Re/Os比值发生很大的变化。最后,地幔岩石中的锇同位素比值不易受后期地幔交代作用的影响而发生大的变化,可以更好地反映这些岩石的成因及地幔演化特征。

参 考 文 献

[1] 华一新. 有色冶金概论[M]. 2版. 北京:冶金工业出版社,2007.
[2] 木子. 铼——最稀少的金属[J]. 金属世界,2004,(3):40.
[3] 吴贤,李来平,张文钲,等. 铼的性质及铼资源分布[J]. 矿业快报,2008,(11):67-69.
[4] 裘立奋. 现代难熔金属和稀散金属分析[M]. 北京:化学工业出版社,2007.
[5] 杨尚磊,陈艳,薛小怀,等. 铼(Re)的性质及应用研究现状[J]. 上海金属,2005,27(1):45-49.
[6] 庄著学. 钼与铼[M]. 西安:西安交通大学出版社,1991.
[7] 周令志,邹家炎. 稀散金属手册[M]. 长沙:中南工业大学出版社,1993.

[8] 张德尧.铼资源及其应用[J].稀有金属快报,2002,(2):15-16.
[9] 宾智勇,刘景槐,冉俊铭.铼的生产、应用与市场[J].湖南有色金属,2005,21(3):7-10.
[10] 王顺昌.世界铼经济[J].中国钼业,2000,24(4):10-12.
[11] 张文钲,李枢本.钼矿选矿[M].北京:冶金工业出版社,1989.
[12] 张文钲.铼的生产与应用研究进展[J].中国钼业,2008,32(4):5-12.
[13] 王城华.德兴铜矿伴生有价元素回收的生产实践[J].金属矿山,2006(5):77-79.
[14] 符新科,尹孝刚.金堆城钼精矿提取铼金属方法探讨[J].中国钼业,2004,28(4):37-39.
[15] 王顺昌,齐守智.世界铼经济[J].中国铝业,2000,24(4):10-12.

第 2 章 铼的化合物

2.1 铼化合物的种类

铼的化合物主要是铼的氧化物、卤化物、硫化物、高铼酸和铼盐类。铼的化合物中最稳定的是七价铼的化合物。已知的有＋7，＋6，＋5，＋4，＋3，＋2，＋1 及 －1 价的化合物。然而在铼的生产工艺上具有价值的只有＋6，＋5，＋4 价的化合物。

2.1.1 铼的氧化物

在铼的氧化物中，化学性质稳定，具有实际价值的有三种，即高铼酸酐（Re_2O_7）、三氧化铼（ReO_3）和二氧化铼（ReO_2）。其高价氧化物 Re_2O_7 呈酸性，低价氧化物 ReO_2 呈碱性。

1. Re_2O_7

Re_2O_7 即高铼酸酐，极易挥发，在 220℃ 以上即升华。Re_2O_7 是由铼在空气中氧化，或其他某些化合物如二硫化铼 ReS_2 氧化而得。Re_2O_7 呈淡黄色，其熔点为 297℃，沸点为 368℃，在 600℃ 时离解，溶于水后生成高铼酸，也能溶于乙醇、丙酮、吡啶、甲醇等有机溶剂中。Re_2O_7 在各种温度下的蒸气压见表 2-1。

表 2-1 Re_2O_7 在各种温度下的蒸气压

温度/℃	50	100	150	200	250	280	300
p/mmHg①	2.5×10^{-8}	2.5×10^{-5}	5.6×10^{-3}	0.35	10.9	61.2	160

① mmHg 为非法定单位，1mmHg＝1.33322×10^2Pa

Re_2O_7 的蒸气压与温度之间的关系由下列方程式表示。

对于固体的 Re_2O_7：

$$\lg p = -7300/T + 15.0 \quad (\text{mmHg})(0\sim297℃)$$

对于液体的 Re_2O_7：

$$\lg p = -3950/T + 9.10 \quad (\text{mmHg})(297\sim363℃)$$

2. ReO_3

ReO_3 是带有金属光泽的红色的细结晶固体物质,不溶于水。当铼粉燃烧不完全时,它作为一种中间产品生成。纯 ReO_3 是在真空中加热 Re_2O_7 和铼粉的混合物而得。在真空中加热到 400℃ 时,ReO_3 即按下式离解歧化:

$$3ReO_3 \longrightarrow ReO_2 + Re_2O_7$$

3. ReO_2

ReO_2 是一种深褐色的固体物质,不溶于水和稀酸,但可溶于浓的氢卤酸、HNO_3、H_2O_2、液氯和醇等溶剂中。ReO_2 在 300℃ 下以氢气还原 Re_2O_7 即得,在真空中加热(750℃ 以上),ReO_2 便分解生成 Re 和 Re_2O_7:

$$7ReO_2 \longrightarrow 2Re_2O_7 + 3Re$$

2.1.2 铼的卤化物

1. 氯化铼

研究得较多的氯化物有 $ReCl_5$ 和 $ReCl_3$。$ReCl_5$ 是由氯气与金属铼在温度 400℃ 左右作用而生成的。$ReCl_5$ 是褐色固体物质,熔点为 260℃,沸点为 338℃,在潮湿的空气中由于水解作用而冒烟。

在真空中加热 $ReCl_5$,就发生离解而生成 $ReCl_3$。$ReCl_3$ 是一种红褐色物质,在 500~550℃ 下升华。在温度高于 250~300℃ 时,$ReCl_3$ 可用氢气还原成金属铼。

2. 氟化铼

在 400℃ 和一定压力下,铼能与氟作用,生成 ReF_7。ReF_7 它是已知的七卤化物中唯一稳定的物质。在 120℃ 时铼与氟直接作用生成 ReF_6,ReF_6 易水解生成二氧化铼、高铼酸和氢氟酸。

2.1.3 铼的硫化物

铼的稳定硫化物有 Re_2S_7 和 ReS_2 两种。铼的硫化物在空气中加热时易于氧化生成 Re_2S_7。

1. Re_2S_7

Re_2S_7 是黑褐色固体,不溶于水,能与硝酸作用生成高铼酸及二氧化硫,难溶于碱金属硫化物的溶液中。ReS_7 在空气中燃烧,产生白烟(Re_2O_7)。

Re_2S_7 用硫化氢从酸性或碱性溶液中沉淀而得。在酸性溶液中,当酸度较高,

如盐酸当量浓度为 $4N$①、硫酸当量浓度为 $6N$ 时,析出才较完全。Re_2S_7 由碱性溶液中析出非常缓慢,要使其完全沉淀,必须将饱和硫化氢溶液放置数小时。

2. ReS_2

ReS_2 是黑色固体,在空气中是稳定的,在 300℃ 以上空气中氧化成 Re_2O_7。隔绝空气加热时,Re_2S_7 即离解生成 ReS_2。ReS_2 也可由硫蒸气与铼直接交互作用而生成。

2.1.4 高铼酸及其盐类——高铼酸盐

高铼酸 $HReO_4$ 是一种强的一元酸,与锰酸不同,它不是一种强氧化剂。与碳酸盐、氧化物及碱发生作用,高铼酸即生成高铼酸盐。高铼酸盐中难溶于水的有铊、钾和铷的高铼酸盐。钠、镁和钙的高铼酸盐能很好地溶于水(表 2-2)。

表 2-2 高铼酸盐在水中的溶解度　　　　　　　(单位:g/L)

盐类	温度/℃									
	18	19	20	21.5	24.6	28	30	80	89.5	93
$TlReO_4$	—	—	1.6	1.7	2.1	—	—	—	—	15.4
$CaReO_4$	—	7.8	—	—	—	—	—	—	—	—
$RbReO_4$	—	10.5	—	—	14.6	—	—	—	—	—
$KReO_4$	9.52	—	—	10.7	—	17.2	—	—	94.6	—
$Ba(ReO_4)_2$	—	—	53.2	—	—	85.9	—	—	—	—
NH_4ReO_4	—	—	62.3	—	—	—	86.4	323.4	—	—
$NaReO_4$	—	—	1000	—	—	—	—	—	—	—
$Mg(ReO_4)_2$	—	—	1679	—	—	—	1798	3141	—	—
$Ca(ReO_4)_2$	—	—	1776	—	—	—	1876	2600	—	—

---

① 当量浓度(N)是用 1L 溶液中所含溶质的克当量数(gram-equivalent number)来表示浓度,用符号 N 表示(英文:normality)。

当量浓度=溶质的克当量数/溶液体积(升)　　克当量数=溶质质量/克当量

克当量(gram-equivalent weight)实际上是指物质的基本摩尔单元的摩尔质量。

一当量就是得失一个电子的意思。如果是盐酸放出一个氢离子,则当量浓度和物质的量浓度是一样的。如果是硫酸,则一当量浓度等于二分之一的物质的量浓度。

物质的量浓度是以 1L 溶液中所含溶质的物质的量(物质的量=溶质质量/摩尔质量)表示的浓度。以单位体积中所含溶质的物质的量来表示溶液组成的物理量。符号为 C,单位为 mol/L,计算式为 $C=n/V$。

同一种物质的同种溶液的克当量浓度和物质的量浓度只有当溶质的克当量与其摩尔质量相同时,在数值上才相同。例如,$4M$ 的硫酸,它的克当量浓度为 $8N$,因为硫酸的克当量为 98/2=49,而其摩尔质量为 98g/mol。又如,$6N$ 的盐酸,它的物质的量浓度为 $6M$,因为克当量=摩尔质量(36.5)。

2.2 铼化合物的分析化学特点

对高纯难熔金属铼及其化合物进行定性定量分析,与现代材料研究的关系十分密切。因为只有对金属进行深度净化提纯,才能进一步揭示其原有的本性特征,从而发现其新的功能和开拓新的应用。随着高纯难熔金属铼应用的不断扩展,对难熔金属铼的纯度要求越来越高,为了满足微电子技术的要求,高纯难熔金属铼的纯度必须达到 5~6N(N 是英文 nine 的缩写,在冶金分析中常用,如 5N 表示 5 个 9,即 99.999%,6N 表示 6 个 9,即 99.9999%)。对个别杂质元素的含量,如 K、Na 等碱金属和 U、Th 等放射性元素的含量必须达到纳克(10^{-9}g)级水平。这无疑对高纯难熔金属的化学分析研究提出了更高的要求。许多现代分析测试技术和仪器在高纯难熔金属铼的分析测试中,发挥了巨大的作用[1]。

高纯难熔金属铼及其化合物的分析化学特性主要有在沉淀反应、络合反应、氧化还原反应中的特性及其电化学性质。

2.2.1 沉淀反应

在 6mol/L $NH_3·H_2O$ -0.5mol/L HCl 介质中,ReO_4^- 与氯化四苯砷形成 $[(C_6H_5)_4As]ReO_4$ 沉淀。在 0.03~0.04mol/L 的 HCl 溶液中,ReO_4^- 与硝酸灵($C_{20}H_{16}N_4$)生成沉淀。在 0.7~1.7mol/L HCl 和 $SnCl_2$ 存在下,ReO_4^- 与 5,6-二苯基-2,3-二羟基(不对称)三叠氮-三硫化酮生成 $ReO(C_{15}H_{10}N_3·S)_2$ 沉淀。

2.2.2 络合反应

在稀盐酸中用 $SnCl_2$ 将 Re(Ⅶ)还原成 Re(Ⅳ)后,与肟类有机化合物生成水溶性有色络合物,肟类有机化合物有 α-联麦夫酰二脉、α-吡啶二肟、4-甲基-1,2-环己二酮肟、丁二酮肟等。硫脲及其一系列的衍生物能与低价铼形成有色络合物。在酸性溶液中,高铼酸经 $SnCl_2$ 还原后,用 KSCN 处理即生成黄红色的络合物。在 HCl 溶液中和 Tl^{3+} 存在下,二硫代吡咯烷与 Re 生成有色络合物。2,2'-二氨基二苯基二磺酸与铼生成暗红色络合物。5,6-二苯基-2,3-二羟基苯并-γ-噻喃与铼生成有色络合物。在 $SnCl_2$ 存在下的 HCl 溶液中,N-(4-甲氧苯基)-α-硫代苯酰胺和铼生成红色络合物。在 H_2SO_4 介质中和 $SnCl_2$ 存在下,Re(Ⅳ)与水杨基氧肟酸生成 1∶2 的有色络合物。这些都可用分光光度法测定铼。铼在溶液中与 EDTA 生成不稳定络合物,不能用 EDTA 直接测定铼,但在 pH 为 4~6 的溶液中,ReO_4^- 与 Tl^+ 定量沉淀,以二甲酚橙作指示剂,可用 EDTA 滴定 Tl^+ 间接测定铼。试样用 MgO(或 CaO)熔融,水浸取,铼以 $Mg(ReO_4)_2$ 进入溶液与其他阳离子分离,碱性染料与 ReO_4^- 形成有色离子缔合物,经苯、二甲苯、CCl_4 萃取,可用于分光光度法测定 Re。常见光度法分析铼的碱性染料有甲基紫、结晶紫、亮绿、孔雀绿、罗丹明 B、乙基紫、甲基绿、胜利蓝 4R、亚甲基蓝、尼罗蓝 A、晶红碱、乙基罗丹明 B 等。

2.2.3 氧化还原反应

ReO_2 溶于 H_2O_2 后被氧化生成 $HReO_4$，可直接用碱来滴定所形成的 $HReO_4$，pH 在 4～9 可以选用任一合适的指示剂来指示终点。+7 价 Re 可用金属锌还原至 -1 价，然后迅速用 $KMnO_4$ 或其他氧化剂来滴定被还原的 Re，Mo、W、V、Nb、Fe 等凡是能被 Zn 还原的元素均有干扰。$HReO_4$ 在 HCl 溶液中可以氧化 KI 而析出 I_2，最后可用硫代硫酸钠滴定所析出的 I_2。应用氯化亚铬($CrCl_2$)作滴定溶液，并用铂电极指示终点，可以进行 Re 的电位滴定，少量 Mo 不干扰测定，利用此法可测定 Fe、Co、Ni、Cr、Ti、Cu、Mn、Mo 合金中的 Re。

2.2.4 电化学性质

$\overset{+7}{Re}$ 的极谱还原可在中性、碱性、酸性溶液以及氯化钾或氯化钠底液中进行，根据介质不同，得到相应于 $\overset{+7}{Re} \to \overset{+4}{Re} \to \overset{0}{Re}$ 的还原波或三个相应于 $\overset{+7}{Re} \to \overset{+4}{Re} \to \overset{0}{Re} \to \overset{-1}{Re}$ 过程的还原波。在 pH 9.5 且含有硫酸盐时，以氯化钠、氯化钾或氯化锂为底液，得到很好的还原波，半波电位为 -1.4V。在 6mol/L 硫酸中，ReO_4^- 产生三个清晰的极谱波，当硫酸小于 4mol/L 时，只形成两个波，这与 $\overset{+7}{Re} \to \overset{+4}{Re}$ 和 $\overset{+4}{Re} \to \overset{0}{Re}$ 是相对应的，第一个波半波电位为 -0.80V，适于测定铼。在 2mol/L 氯化钾底液中，ReO_4^- 产生两个极谱波，半波电位分别为 -1.1V 和 -1.7V。在 2mol/L 氢氧化钠底液中，ReO_4^- 产生一个极谱波，半波电位为 -1.1V。在含有酒石酸钠（或钾）的 2mol/L 氢氧化钠底液中，ReO_4^- 产生一个极谱波，半波电位为 -0.65V。在 2.5～4mol/L 盐酸或高氯酸底液中，铼产生良好的极谱波，半波电位为 -0.38V。在硫酸(1:4)底液中，ReO_4^- 能催化 Fe^{3+} 还原于 0.75V，产生 Fe^{2+} 的还原波。在 10.5mL 硫酸(1:1)-5mL 硫酸钠(200g/L)-2.5mL 硫酸羟胺(100g/L)-3.5mL 抗坏血酸(100g/L)-25mL 底液中，于 -0.90V 处（银片为参比电极），铼-碲有一个清晰而灵敏的催化导数极谱波。在亚硫酸钠底液(60～100g/L)中，可用示波极谱法测定铼，峰电位为 -1.59V。

2.3 分析铼含量的不同方法及要求

2.3.1 分光光度法

分光光度法是测量低含量铼的常用方法。近年来光度法测定铼的显色剂有盐酸羟胺、结晶紫、丁二酮肟、氨氯吡咪盐酸(4-甲基-2-戊酮)、硫脲、乙基紫、2-呋喃甲酰二肟、甲基蓝、SCN-α-苯偶酰二肟、硫氰酸、亮绿。它们在不同的测量体系中反应,测量体系有 NaOH 介质、盐酸介质、pH 为 7 的中性六亚甲基四胺-硫酸缓冲介质、pH 为 2.4 的磷酸氢二钠-柠檬酸缓冲溶液、H_2SO_4 介质、乙酸盐缓冲液等。它们的吸收波长位于 300～658nm,摩尔吸光系数为 10^3～10^5 L/(mol·cm)。

2.3.2 电感耦合法

电感耦合等离子体原子发射光谱和电感耦合等离子体质谱不仅灵敏度高、运用范围广,而且可以多元素同时测定。在实际运用中也用来测定样品中的铼,如用 $HF-HNO_3-HClO_4$ 溶解样品,在 0.6mol/L 盐酸介质中,采用 ICP-AES 对铀矿石中钪、硒、铼进行测定[2,3]。用盐酸-硝酸溶解样品至反应停止,再加 HF 溶解不溶物,加入柠檬酸,应用电感耦合等离子体原子发射光谱法(ICP-AES)测定 DD2 单晶合金中的铼和铪[4]。王军芝等[5]应用逆王水分解硫化物样品,也就是首先加入浓 HNO_3,将样品中的硫氧化成高价,再加浓 HCl,使溶液成为逆王水,逆王水能使样品完全分解,同时将锇完全蒸馏出来,应用 ICP-MS 测定辉钼矿(JDC)样品中的铼同位素,该方法适用于铼和锇含量较低、硫化物较纯的矿物样品分析。孟庆等[6]使用 ICP-MS 建立镁铁-超镁铁岩铼-锇同位素体系分析方法。梁细荣等[7]使用多接收器 ICP-MS 测定铼及其同位素的丰度。

2.3.3 中子活化法

中子活化法也可以用来测定铼。通过蒸馏、萃取 TBP 色谱分离法进行岩石中痕量铼的放化分离中子活化分析(RNAA)。对岩石试样中的痕量铼进行分离,然后运用中子活化法测定痕量铼。汪小琳等[8]用苯并 15-冠-5(B15C5)的硝基苯溶液从 KOH 分解岩石试样溶液中定量萃取铼,应用中子活化测定岩石中的铼,也可用于其他复杂体系中痕量铼 Re 的分离分析。屈文俊等[9]将同位素稀释法的准确性与中子活化分析(NAA)的高灵敏度相结合,建立一种新的痕量铼的测试方法,铼的检测限为 0.004ng。

许修禄[10]选择 K_2SO_4 作铼的特效缓冲剂,应用发射光谱法测定了矿石中的微量铼。

高新华等[11]用 XRF 二元比例法测定钨铼合金中的铼。包生祥[12]介绍行波管用钨铼合金中高含量铼的 X 射线荧光光谱法测定,分析了测定过程中的基体效应、谱线重叠、背景干扰,从理论上解释了 XRF 二元比例法测定钨铼合金中的铼校正曲线差的现象,直接用 $ReL_α$ 分析线强度绘制的曲线比二元比例法获得更好的线性。

高效液相色谱(HPLC)已广泛应用于分离和测定金属离子与有机络合体系，利用高效液相色谱法可鉴定铼的磷配位联吡啶络合物。

铼的化合物以多种氧化态存在，王文进[13]测定了Re-MDP（HEDP）中铼的氧化态。

电化学方法在测定铼也得到实际运用。通过在试样中加入抑制剂N，以过氧化氢溶解样品极谱法测定催化剂中的铼。李永梅[14]提出以单扫描示波极谱法测定铜烟灰中铼的方法，结果表明，微量铼在 $HClO_4$(2mol/L)-H_3PO_4(1.5mol/L)-NaH_2PO_4(0.02mol/L)体系中于$-0.40V$产生一个灵敏的极谱波，铼的浓度在$1.08\times10^{-5}\sim1.51\times10^{-3}$mol/L范围内与峰电流呈线性关系。

有关铼化合物中其他元素的测定有：高铼酸铵中铝的分析[15]；运用ICP-AES测定高纯铼酸铵中12种杂质元素[16]；硫氰酸盐光度法测定高铼酸氨中的钼[17]；加入法原子吸收测定钨铼丝中的钾[18]。

在国内和国外标准中也有一些有关铼的测量方法，如铂钨铼合金化学分析方法，钨矿石、钼矿石化学分析方法，硫氰酸盐光度法测定铼量；钼精矿化学分析方法测定铼量；铀矿石中铼的测定，丁基罗丹明B光度法测定铀矿石中的铼；钼铼合金分析方法；真空器件用钍钨铼丝中氧化钍和铼的分析方法等。

参 考 文 献

[1] 裘立奋. 现代难熔金属和稀散金属分析[J]. 北京：化学工业出版社，2007.
[2] 王道贤，杨金辉. 电感耦合等离子体发射光谱法测定铀矿石中微量钪、硒、铼 [J]. 铀矿开采，2001，25(1)：53-55.
[3] 杨金辉，杨江柳，胡鄂明，等. 电感耦合等离子体发射光谱法(ICP-AES)测定铀矿石中微量钪、硒、铼[J]. 南华大学学报，2004，18(4)：83-85.
[4] 王荣，田丹华. 稀有元素铼的光度分析[J]. 光谱实验室，1998，15(1)：61-65.
[5] 王军芝，杜安道. 硫化物矿物中铼和锇的ICP-MS测定——逆王水分解样品方法[J]. 质谱学报，1999，20(3)：111-112.
[6] 孟庆，郑磊. 镁铁-超镁铁岩铼-锇同位素体系分析方法[J]. 岩矿测试，2004，23(2)：92-96.
[7] 梁细荣，李杰，漆亮，等. 多接收器等离子体质谱精确测定铼含量及其同位素丰度[J]. 岩矿测试，2005，24(1)：1-6.
[8] 汪小琳，刘亦农. F299316铼技术分析研究应用[J]. 核技术，1998，21(1)：31-34.
[9] 屈文俊，邹晓秋. 痕量铼的同位素稀释中子活化分析[J]. 分析化学，1995，23(12)：1368-1389.
[10] 许修禄. 矿石中微量铼的高灵敏度光谱测定[J]. 铀矿冶，1990，9(4)：55-58.
[11] 高新华，殷凤艳. 用XRF二元比例法测定钨铼合金中的钨和铼[J]. 冶金分析，1994，14(6)：28-31.
[12] 包生祥. 行波管用钨铼合金中高含量铼的X-射线荧光光谱法测定[C]//全国地球化学分析学术报告会与X射线光谱研讨会，北戴河，2003.
[13] 王文进. Re-MDP(HEDP)中铼的氧化态测定[J]. 核化学与放射化学，2001，23(4)：246.

[14] 李永梅. 稀散元素铼(Ⅶ)的示波极谱分析法研究[J]. 河北能源职业技术学院学报,2004(1):95.
[15] 束斌强. 铼酸铵中铝元素分析方法的探讨[J]. 有色金属分析通讯,2001(5):14-16.
[16] 梁亚群. 电感耦合等离子体原子发射光谱法测定高纯铼酸铵中 Ca、Cd、Mn、Fe、Mg、Al、Cu、Co、Mo、Pb、Sn 和 Ni[J]. 光谱实验室,1998,15(5):101-104.
[17] 刘水发. 硫氰酸盐光度法测定磷酸铵中的钼[J]. 铜业工程,2001(4):47-48.
[18] 翟步英. 铜、钨、硫辛酸的电化学行为研究和应用[J]. 光谱实验室,1997,14(2):45-46.

第 3 章 铼金属的冶炼提取

3.1 冶金基本知识

3.1.1 矿物、矿石和精矿

矿物是地壳中具有固定化学组成和物理性质的天然化合物或自然元素。

能够被人类利用的矿物,称为有用矿物。含有用矿物的矿物集合体,如其中金属的含量在现代技术经济条件下能够回收加以利用时,这个矿物集合体称为矿石。有用矿物在地壳中的分布是不均匀的,由于地质成矿作用,它们可富集在一起,形成巨大的矿石堆积。在地壳内或地表上矿石大量积聚具有开采价值的区域称为矿床。

在矿石中,除了有用矿物,几乎总是含有一些废石矿物。这些废石矿物称为脉石。所以,矿石由两部分构成,即有用矿物和脉石。

矿石有金属矿石和非金属矿石之分。金属矿石指在现代技术经济条件下可从其中获得金属的矿石。在金属矿石中,按金属存在的化学状态又分成自然矿石、硫化矿石、氧化矿石和混合矿石。有用矿物是自然元素的称为自然矿石,如自然金、银、铂、元素硫等。硫化矿石的特点是有用矿物为硫化物,如黄铜矿($CuFeS_2$)、方铅矿(PbS)、闪锌矿(ZnS)等;氧化矿石中有用矿物是氧化物,如赤铁矿(Fe_2O_3)、赤铜矿(Cu_2O)、锡石(SnO_2),一般含氧的矿物,如硅酸盐、碳酸盐、硫酸盐等也包括在氧化矿内;混合矿石内则既有硫化矿石,又有氧化矿石。

矿石的名称是根据从其中得出的金属而确定的,如铜矿石、铁矿石、锡矿石等。只产出一种金属的称为单金属矿石;从其中可提取两种以上金属的矿石,称为多金属矿石,如我国攀枝花的钒钛磁铁矿就是有名的多金属矿石。

矿石中有用成分的含量称为矿石品位,常用百分数表示,例如,品位 1% 的铜矿石,是指矿石中金属铜的含量为 1%。对于贵金属,由于它们的含量一般都很低,所以其矿石品位常以每吨中含有的克数来表示。

矿石品位没有上限,越富越好,而其下限则由技术和经济因素确定。技术和经济条件的变化,使矿石的下限品位不断改变。过去抛弃的尾矿堆,由于技术进步和国民经济日益增长的需要,现在又被重新利用,这样的事实并不少见。

矿石的品位越低,则获得每吨金属的冶炼费用就越高。所以,为了降低冶炼费用,总是希望矿石品位越高越好。各种选矿方法是提高矿石品位的手段,同时,选矿方法还可用来分开两种以上的有用矿物，以便在冶金过程中对这些矿物分别处理，这对于简化冶金工艺流程和降低冶炼费用都是很有利的。

选矿是用物理或化学方法将矿物原料中的有用矿物和脉石或有害矿物分开，或将多种有用矿物分离开的工艺过程。选矿又称矿物加工。选矿产品中，有用成分富集的部分称为精矿，如铜精矿、锡精矿等；无用成分富集或有用成分含量最低的部分称为尾矿；在精矿和尾矿之间，需要进一步处理的部分称为中矿。

3.1.2 冶金学的分类[1]

冶金学是研究从矿石或二次金属资源中提取金属或金属化合物，用各种加工方法制成具有一定性能的金属材料的科学。冶金学不断地吸收自然科学，特别是物理学、化学、力学等科学的新成就，指导着冶金生产技术向广度和深度发展。另外，冶金生产又以丰富的实践经验，充实着冶金学的内容，发展成为两大领域：物理冶金学和提取冶金学。

研究通过成形加工，制备有一定性能的金属或合金材料的科学，称为物理冶金学，或称金属学。金属（包括合金）的性能（物理性能及力学性能）不仅与其化学成分有关，而且被成形加工或金属热处理过程产生的组织结构所决定。成形加工包括金属铸造、粉末冶金（制粉、压制成形及烧结）及金属塑性加工（压、拔、轧、锻）。研究金属的塑性变形理论、塑性加工对金属力学性能的影响以及金属在使用过程中力学行为的学科，则称为力学冶金学。显然，力学冶金是物理冶金学的一个组成部分。

研究从矿石提取金属（包括金属化合物）的生产过程的科学称为提取冶金学。由于这些生产过程伴有化学反应，又称化学冶金学。它研究分析火法冶炼、湿法提取或电化学沉积等各种过程、方法的原理、流程、工艺及设备，故又称过程冶金学。后一名词根据国内冶金工作者的习惯简称为冶金学。也就是说，狭义的冶金学指的是提取冶金学，而广义的冶金学则包括提取冶金学及物理冶金学。提取冶金学的任务是，研究各种冶炼及提取方法，提高生产效率，节约能源，改进产品质量，降低成本，扩大品种并增加产量。

作为冶金原料的矿石或精矿，其中除含有所要提取的金属矿物外，还含有伴生金属矿物以及大量无用的脉石矿物。冶金的目的就是把所要提取的金属从成分复杂的矿物集合体中分离出来并加以提纯。冶金分离和提纯过程通常不能一次完成，需要进行多次，通常包括预备处理、熔炼和精炼三个循序渐进的作业过程。

在现代冶金中，由于矿石（或精矿）性质和成分、能源环境保护以及技术条件等情况的不同，实现上述冶金作业的工艺流程和方法也是多种多样的。根据冶炼金属的不同，冶金工业通常分为黑色冶金工业（或钢铁冶金工业）和有色冶金工业。前者包括生铁、钢和铁合金（如铬铁、锰铁等）的生产；后者包括其余所有各种金属的生产。

3.1.3 冶金生产的主要方法

根据各种方法的特点,现代冶金工业大体上可归纳为三类:火法冶金、湿法冶金和电冶金。

1. 火法冶金

火法冶金是在高温条件下进行的冶金过程。矿石或精矿中的部分或全部矿物在高温下经过一系列物理化学变化,生成另一种形态的化合物或单质,分别富集在气体、液体或固体产物中,达到所要提取的金属与脉石及其他杂质分离的目的。实现火法冶金过程所需热能,通常依靠燃料燃烧来供给,也有依靠过程中的化学反应来供给,如硫化矿的氧化焙烧和熔炼无需由燃料供热,金属热还原过程也是自热进行的。火法冶金过程没有水溶液参加,所以又称干法冶金。火法冶金是提取金属的主要方法之一,其生产成本一般低于湿法冶金。

火法冶金包括干燥、熔解、焙烧、熔炼、精炼、蒸馏等过程。

2. 湿法冶金

湿法冶金是在溶液中进行的冶金过程。湿法冶金温度不高,一般低于100℃。现代湿法冶金中的高温高压过程,温度最高473K,极个别情况温度可达573K。

湿法冶金包括浸出、净化、制备金属等过程。

(1) 浸出:用适当的溶剂处理矿石或精矿,使要提取的金属呈某种离子(阳离子或络阴离子)形态进入溶液,而脉石及其他杂质则不溶解,这样的过程称为浸出。浸出后经澄清和过滤,得到含金属(离子)的浸出液和由脉石矿物组成的不溶残渣(浸出渣)。对某些难浸出的矿石或精矿,在浸出前常需要进行预备处理,使被提取的金属转变为易于浸出的某种化合物或盐类。例如,转变为可溶性的硫酸盐而进行的硫酸化焙烧等,都是常用的预备处理方法。

(2) 净化:在浸出过程中,常有部分金属或非金属杂质与被提取金属一起进入溶液,从溶液中除去这些杂质的过程称为净化。

(3) 制备金属:用置换、还原、电积等方法从净化液中将金属提取出来的过程。

3. 电冶金

电冶金是利用电能提取金属的方法。根据利用电能效应的不同,电冶金又分为电热冶金和电化冶金。

(1) 电热冶金:是利用电能转变为热能进行冶炼的方法。在电热冶金的过程中,按其物理化学变化的实质来说,与火法冶金过程差别不大,两者的主要区别只是冶炼时热能来源不同。

（2）电化冶金（电解和电积）：是利用电化学反应，使金属从含金属盐类的溶液或熔体中析出。前者称为溶液电解，如铜的电解精炼和锌的电积，可列入湿法冶金一类；后者称为熔盐电解，不仅利用电能的化学效应，而且也利用电能转变为热能，借以加热金属盐类使之成为熔体，可列入火法冶金一类。

从矿石或精矿中提取金属的生产工艺流程，通常既有火法过程，又有湿法过程，即使是以火法为主的工艺流程，如硫化铜精矿的火法冶炼，最后尚需经过湿法的电解精炼过程；而在湿法炼锌中，还需要用高温氧化焙烧对硫化锌精矿原料进行炼前处理。

3.2 铼的原料来源、选矿行为及分离富集方法

3.2.1 铼的原料来源

铼在地壳中的含量很低，约为 $10^{-7}\%$（质量分数）。铼多伴生于钼、铜、锌、铅等矿物中。与其地壳中的平均含量相比，铼在花岗伟晶岩及气成矿床中含量较高。含铼较高的矿物有辉钼矿、硫化铜、铌铁矿、钽铁矿、锆酸盐（含钍锆石）、钇土及铒土矿物（钪钇石、硅铍钇矿），迄今只发现辉钼矿和铜铼硫化矿两种独立的铼矿物，但均不具有工业开采价值。

目前，具有经济价值的提炼铼的主要原料是辉钼矿和铜精矿。工业上主要是从处理辉钼矿和铜精矿冶炼过程中的烟尘、母液和洗涤酸中回收铼。

铼和钼的结合是由于 MoS_2 和 ReS_2 类质同象（离子半径：Mo^{4+} 为 0.68Å，Re^{4+} 为 0.56Å）。

铼在不同矿床的辉钼矿中的含量范围为 $10^{-5}\% \sim 10^{-2}\%$。应该指出，铜钼矿床中的辉钼矿含铼最高。例如，德国曼斯菲尔德含铜页岩矿床的辉钼矿含 0.01% 铼，而俄罗斯的一些铜钼矿床中获得的辉钼精矿含 0.025%～0.04% 的铼。

3.2.2 铼在选矿中的行为

在含铼铜矿的选矿过程中，铜矿中 60%～90% 的铼转入铜精矿或铜铅精矿。表 3-1 列出了铼在铜矿选矿中的分布数据。

表 3-1 铼在铜矿选矿中的分布数据

选矿产品	铜精矿	尾矿	选矿水
铼的含量	0.004	—	—
铼的分布率/%	60～90	30	10

当进行含铼的铜钼矿选矿时,铼在铜钼精矿中成百倍(甚至上千倍)富集。其富集数据列入表 3-2 中。

表 3-2 铼在铜钼选矿中的分布数据

选矿厂	进料		产出物			
	铜钼矿		粗精矿	铜精矿	钼精矿	尾矿
	铼的品位/%	铼的分布/%	铼的品位/%	铼的品位/%	铼的品位/%	铼的品位/%
1	<0.0001	100.0	0.001	0.0002	0.026	0.0001
2	0.0003	100.0	0.0003	0.00016	0.05	0.0002
3	<0.0001	100.0	0.0002	<0.0001	0.23	<0.0001

在选粒度-200 目占 80% 的钼矿时,矿中约 40% 的铼进入钼精矿,约 11% 的铼进入中矿,余下 46% 的铼转入尾矿内。由于矿含水溶性铼,所以在湿磨与浮选中有一部分铼随水损失。

3.2.3 铼的分离富集方法

铼主要与铜钼矿、辉钼矿伴生,炼钼的烟灰是提炼铼的主要原料,铼的分离是分析过程中最重要的环节之一,铼的分离富集方法主要有萃取分离法和离子交换法,还有其他方法。

(1)萃取分离法。萃取分离法是目前工业生产中分离提取的主要方法,也是提取铼的一种比较成熟的方法。采用萃取分离法提取铼时,所用的萃取剂多数为胺类萃取剂,即指胺分子中的三个氢原子部分或全部被烷基所取代,另外还有酮类、醇类、磷类、冠醚类等萃取剂。通过萃取使某些组分进入有机相,而另一些组分则留在水溶液中,从而达到分离的目的。

(2)离子交换法。铼在水溶液中主要以 ReO_4^- 形态存在,所以可利用阴离子交换树脂与溶液中的 ReO_4^- 发生离子交换,然后用更强的离子交换剂取代 ReO_4^- 或用试剂破坏离子缔合物,使 ReO_4^- 脱离树脂,达到分离目的。

(3)其他方法。铼的其他分离方法有蒸馏法、共沉淀法、纸色谱法、干氯化法、火试金法、液膜法、泡塑吸附法、活性炭吸附法、沉淀分离法、氧化还原法以及电化学方法等。

3.3 铼在处理辉钼精矿和铜矿石过程中的行为

3.3.1 铼在处理辉钼精矿过程中的行为

辉钼精矿通常是在 550~600℃ 下进行氧化焙烧,结果获得含三氧化钼及一些杂质的焙砂。此时，辉钼矿中的铼生成 Re_2O_7，并被炉气流带走（Re_2O_7 的沸点为 363℃）[2]。

铼升华率取决于进行焙烧的条件和精矿的矿物成分。如在马弗炉内焙烧不合规格的辉钼精矿时，铼的升华率为 65%～75%，而在焙砂中尚有 25%～35% 的铼。

在马弗炉中焙烧时，铼升华是由于 Re_2O_7 与方解石、铁铜氧化物等发生部分交互作用而生成高铼酸盐。反应式为

$$CaCO_3 + Re_2O_7 \longrightarrow Ca(ReO_4)_2 + CO_2 \tag{3-1}$$

在空气不足的情况下，如在烧结块之内，由于 Re_2O_7 被二氧化硫气体还原或由于 Re_2O_7 与 MoS_2 交互作用而生成不挥发的 ReO_2。铼升华得最完全的是在辉钼矿的沸腾层焙烧时，其升华率达 92%～96%。这是由于在沸腾层焙烧的条件下，一些能生成高铼酸盐的副反应进行很慢，并且铼的低价氧化物也难以形成。

马弗炉焙烧的收尘系统是由收尘室、电收尘器或旋风收尘器组成，很难充分捕集铼。有些铼会随废气损失掉。

在沸腾层焙烧的情况下，炉气含尘很高，有 25%～45% 的钼被炉气带走。所带走的钼大部分被旋风收尘器所捕集。为使铼不致沉积到旋风收尘器中，必须保持其中的温度在 400℃ 以上。这样，铼将沉积在旋风收尘器后的收尘设备中，以提高铼在烟尘中的含量。铼在旋风收尘器烟尘中的含量为 0.1%～0.4%。

在旋风收尘器之后，安装湿法泡沫收尘器（图 3-1），可以有效地捕集铼。

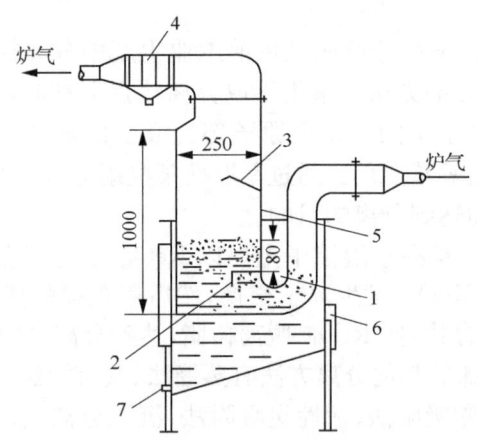

图 3-1 回收铼的湿法泡沫收尘器
1. 气体分配筛板；2. 阻挡气体用的翼缘；3. 液滴挡板；4. 百叶窗式液滴收聚器；
5. 泡沫收尘器外壳；6. 清洁孔；7. 矿浆流出孔

铼的湿法泡沫收尘器的效率为 89%～96%，同时大部分的铼是以高铼酸的形态存在于水溶液中。由于气体中合有硫酸酐，起泡器中溶液的酸度逐渐增大。从起泡器中取出溶液，最好是在酸度为 30～60g/L，而铼的浓度为 0.15～0.3g/L 时进行。

当铼在辉钼矿精矿的焙烧中没有完全升华时,在用苏打溶液或氨液浸出焙砂的过程中,留在焙砂中的铼和钼一起进入溶液。经沉淀析出钼以后,铼便留在母液中。因此,处理辉钼矿精矿时,铼的来源为焙烧辉钼矿精矿的烟尘、收尘系统中的溶液(在采用泡沫收尘器时)以及水冶法处理钼焙砂后的母液(废液)。

3.3.2 铼在处理铜矿石过程中的行为

在以铜矿石炼冰铜的鼓风炉熔炼中,已知大部分的铼是和锌、铅、镉、铊、锗、硒一起进入被捕集到的烟尘中。

鼓风炉熔炼产生的烟尘中,大部分的铼都呈硫化物形态,是和铅、锌及其他元素的硫化物一起升华出来的。下面以鼓风炉熔炼德国曼斯菲尔德铜矿时所获得的烟尘的成分比例列于表 3-3。

表 3-3 鼓风炉熔炼曼斯菲尔德铜矿时所获得的烟尘的成分

元素	含量/%	元素	含量/%
Zn	21.7	Cs	0.0013
Pb	18.02	Ag	0.0738
Ca	0.84	I	0.015
Cd	0.12	S	17.2
Se	0.06	Cl	0.92
Re	0.043	沥青(有机物质)	6.67
Ge	0.0073		

由曼斯菲尔德矿石炼铜时,铼还存在于鼓风熔炼的另一种废料炉积铁(铁沉渣)中。这种渣是在炉缸和炉渣及冰铜的沉淀槽(前床)中生成的。其中除铼外,还含有钼、钴、镍及其他许多元素。

铜矿石及精矿的反射炉熔炼烟尘以及冰铜的转炉吹炼烟尘都含有较高的铼,风炉熔炼的烟尘都可作为提炼铼的来源。

3.4 铼的综合回收技术

铼主要的提纯原料有辉钼矿及铜铼矿,从这些原生矿中提取铼,大多是利用铼的硫化物容易氧化,生成易挥发而又极易溶于水的 Re_2O_7 的特性,然后通过沉淀析出、萃取或离子交换等方法从溶液中回收。

3.4.1 从辉钼矿中回收铼的方法

目前,世界上80%的钼用于制造合金钢与钼铁等,主要采用的是 MoO_3。氧化焙烧辉钼矿,即可产出 MoO_3。

在氧化焙烧含铼的辉钼矿时,为使原料中铼的硫化物氧化为易挥发的 Re_2O_7,除需保持炉内充足空气外,还应适当提高焙烧温度。所用的冶金炉型,也影响氧化焙烧的效果。生产实践表明,以沸腾焙烧炉的效果较好,在 550℃ 左右进行氧化沸腾焙烧辉钼矿时,能得到高达 85%~97% 的铼挥发率,而在相同条件下,用一般的多膛炉或回转窑氧化焙烧辉钼矿,铼的挥发率都在 60% 左右。

在氧化焙烧辉钼矿的过程中,首先发生铼的硫化物升华、离解。如 Re_2S_7 在 250℃ 就开始离解,到 350~400℃ 时就基本离解为较稳定的 ReS_2 及金属铼。而 ReS_2 在 960~1050℃ 下只有少量离解,同时以 ReS_2 形态升华,但一般焙烧辉钼矿达不到这样高的温度,即使在这么高的温度下金属铼也不发生挥发。

$$Re_2S_7 \longrightarrow 2ReS_2 + 3S(液) \tag{3-2}$$

$$ReS_2 \longrightarrow Re + 2S(液) \tag{3-3}$$

$$ReS_2 \longrightarrow ReS_2 \uparrow \tag{3-4}$$

由于铼是以类质同象存在于钼矿中,所以在氧化焙烧辉钼矿时,铼与钼会同时被氧化,并发生硫化物与氧化物间的交互反应:

$$MoS_2 + \frac{7}{2}O_2 \longrightarrow MoO_3 + 2SO_2 \tag{3-5}$$

$$MoS_2 + 6MoO_3 \longrightarrow 7MoO_2 + 2SO_2 \tag{3-6}$$

氧化生成的三氧化钼及铜、铅、锌、铁等杂质的氧化物($Me'O$)发生如下反应:

$$MoO_3 + Me'O \longrightarrow Me'MoO_4 \tag{3-7}$$

此时,铼的硫化物已在 300~500℃ 时就强烈氧化脱硫,其脱硫速度与温度的关系如图 3-2 所示。

铼硫化物脱硫的反应如下:

$$2Re_2S_7 + 21O_2 \longrightarrow 2Re_2O_7 \uparrow + 14SO_2 \uparrow \tag{3-8}$$

$$4ReS_2 + 15O_2 \longrightarrow 2Re_2O_7 \uparrow + 8SO_2 \uparrow \tag{3-9}$$

而氧化形成的 Re_2O_7 在 300~400℃ 时几乎已挥发完全。氧化焙烧辉钼矿的时间和温度对挥发铼的影响如图 3-3 及图 3-4 所示。

从图 3-3 可以看出,辉钼矿在 300~400℃ 下焙烧 4h 后,物料已基本达到完全

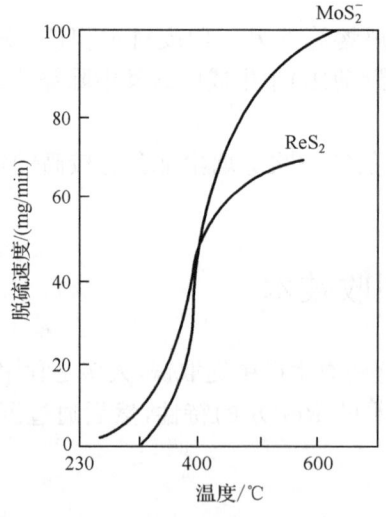

图 3-2 铼的硫化物的脱硫速度与温度的关系图

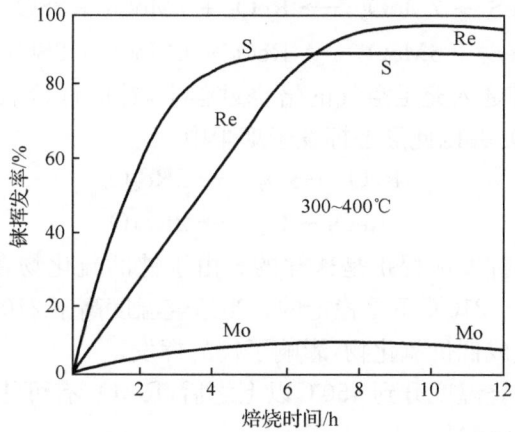

图 3-3 焙烧辉钼矿的时间与铼挥发率的关系曲线

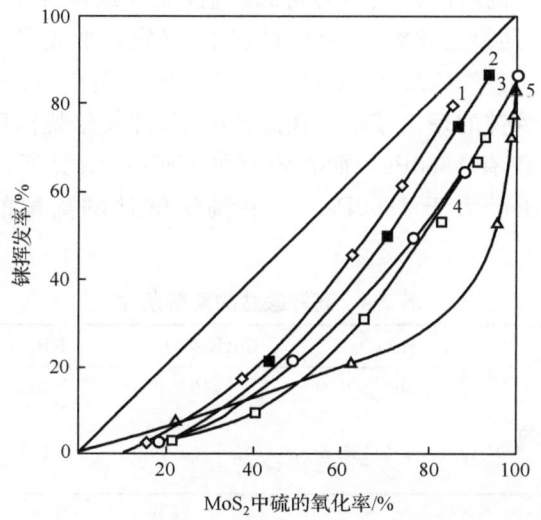

图 3-4 铼挥发率与辉钼矿焙烧温度和 MoS_2 氧化程度的关系
1. 580℃,供 20％的氧；2. 580℃,供 10％的氧；3. 525℃,供 20％的氧；
4. 525℃,供 10％的氧；5. 625℃,供 10％的氧

脱硫。若焙烧 8h,则铼挥发率可达 95％以上,与此同时,钼的挥发率仅 10％。采用沸腾焙烧炉进行氧化焙烧,铼完全挥发的时间将大大缩短。焙烧过程中铼挥发率不仅与温度和炉型有关,而且与料中 MoS_2 的氧化程度有关(图 3-4)。

经研究表明,只有 90％ 的 MoS_2 被氧化之后,才会发生铼的明显挥发。这是由于铼以类质同象存在于辉钼矿中,并由于发生下述交互反应而促进铼的挥发:

$$Re_2S_7 + 16MoO_3 \longrightarrow 2ReO_2 + 16MoO_2 + 7SO_2 \uparrow \tag{3-10}$$

$$ReS_2 + 7MoO_3 \longrightarrow ReO_3 + 7MoO_2 + 2SO_2 \uparrow \qquad (3-11)$$

$$ReS_2 + 6MoO_3 \longrightarrow ReO_2 + 6MoO_2 + 2SO_2 \uparrow \qquad (3-12)$$

在高于290℃和通入充足空气的焙烧过程中,铼的低价氧化物会氧化成派生的高价氧化物 Re_2O_7 并以此形态挥发于烟尘中。

$$4ReO_2 + 3O_2 \longrightarrow 2Re_2O_7 \qquad (3-13)$$

$$4ReO_3 + O_2 \longrightarrow 2Re_2O_7 \qquad (3-14)$$

实践表明,铼的挥发进程正是这样的。由于铼的硫化物在160℃时已开始氧化,而 Re_2O_7 在160~210℃下是稳定的。当焙烧温度高于210℃后,Re_2O_7 不稳定而发生交互反应,生成低价氧化物,影响了铼的挥发。

然而,在氧化焙烧温度升到450℃以上之后,Re_2O_7 有可能与杂质中的氧化物($Me'O$)反应形成高铼酸盐:

$$Re_2O_7 + Me'O \longrightarrow Me'(ReO_4)_2 \qquad (3-15)$$

尤其是会生成高温才离解的钾或钙的高铼酸盐,而导致铼难于挥发。特别是当配料中 Re_2O_7 与 CaO 质量之比等于10的情况下,必定会形成 $Ca(ReO_4)_2$。

$$CaO + Re_2O_7 \longrightarrow Ca(ReO_4)_2 \qquad (3-16)$$

这是石灰烧结法提炼铼的理论基础。在此情况下,即使焙烧温度到600℃,料中的 Re_2O_7 的蒸气压也仅有1360Pa。而在没有加 CaO 的情况下,当温度处于250℃时,Re_2O_7 的蒸气压已大于1360Pa。一些高铼酸盐的离解的条件见表3-4及图3-5。

表3-4 高铼酸盐的离解条件

高铼酸盐	$Fe(ReO_4)_3$	$Cu(ReO_4)_2$	$KReO_4$	$Ca(ReO_4)_2$
离解温度/℃	400	460	740	760
500~600℃下高铼酸盐的离解压/Pa	1386.5~14425.5	40~106.7	0.1	4

在640℃以上温度氧化焙烧辉钼矿时,主要的焙烧产物有 MoO_3、Re_2O_7 和 SO_2 等,少部分是 Re_2O_2、ReO_3、$Me'(ReO_4)_2$。

3.4.2 冶炼辉钼矿过程中提炼铼的主要方法

冶炼辉钼矿过程中提炼铼主要有以下8种方法:氧化焙烧-沉铼法、石灰烧结法、氧化焙烧萃取法、电解提铼法、氧化焙烧-离子交换法、电溶氧化法、高压浸煮法、特效剂沉铼法。

1. 氧化焙烧-沉铼法

这是传统的提炼铼的工艺。物料首先经过制粒,然后投入沸腾焙烧炉内,在

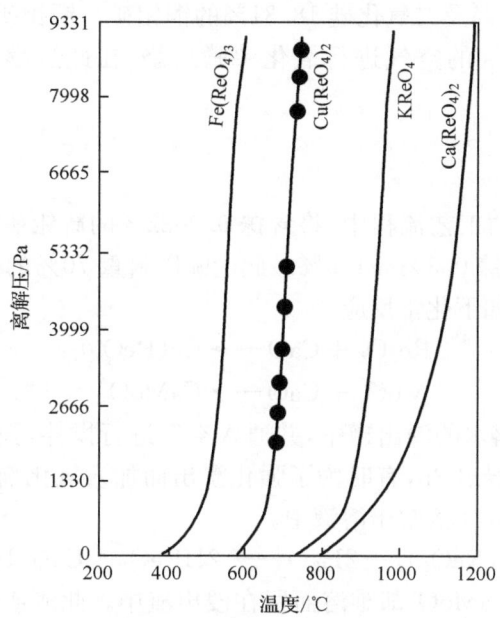

图 3-5　高铼酸盐的离解压

500~540℃下进行氧化沸腾焙烧。在焙烧过程中,辉钼矿中铼的硫化物发生氧化,生成 Re_2O_7 而挥发:

$$4ReS_2 + 15O_2 \longrightarrow 2Re_2O_7 + 8SO_2 \uparrow \tag{3-17}$$

铼的挥发率高达 95% 左右。含 Re_2O_7 的烟气经淋洗塔和湿式电收尘器收尘,烟气中的 Re_2O_7 溶于水而生成高铼酸:

$$Re_2O_7 + H_2O \longrightarrow 2HReO_4 \tag{3-18}$$

溶有 Re_2O_7 的水溶液循环使用,当其富集到一定程度后,抽出一部分浓缩到原液的 1/10,用气管向溶液中通入压缩空气进行搅拌,加入 KCl(按 $1m^3$ 需 27kg 计),便生成白色的高铼酸钾沉淀:

$$HReO_4 + KCl \longrightarrow KReO_4 \downarrow + HCl \tag{3-19}$$

沉淀为不纯物,需用热纯水进行重溶。为加速溶解,有时要加入氧化剂如过氧化氢。溶解完后,让其冷冻到 0℃ 以下,此时重结晶析出 $KReO_4$,如此重复两次,即获得纯 $KReO_4$。欲进一步制取金属铼,则通氢气还原:

$$2KReO_4 + 7H_2 \longrightarrow 2Re + 2KOH + 6H_2O \tag{3-20}$$

开始在低温下还原,以防止 $KReO_4$ 的熔结与飞溅,后期升温到 600~1000℃ 再通氢气还原得铼粉。铼粉经水洗、乙醇洗后,再在 1000℃ 下通氢气还原得纯度达 99.8% 的铼粉。铼的回收率高达 85%~95%。

也可用此法处理含钼 20.5%、铼 0.04%、钨 0.21%、硫 17.5%、铜 4.06%、铁

7.16%、氧化钙1.60%及二氧化硅18.31%的铜钼矿。铜钼矿在炉温590～630℃下通入流速0.09m/s的空气进行氧化沸腾焙烧,在此过程中铼挥发率达93%左右。

2. 石灰烧结法

在石灰烧结法的工艺流程中,将含铼0.0022%的辉钼矿经过氧化焙烧,铼挥发于旋风尘中,富集铼0.3%～1.6%。此尘配以料重70%的石灰,在570～670℃下烧结2～4h,发生如下化学反应:

$$Re_2O_7 + CaO \longrightarrow Ca(ReO_4)_2 \qquad (3-21)$$
$$MoO_3 + CaO \longrightarrow CaMoO_4 \qquad (3-22)$$

将烧结料投入盛水的浸出罐中,并通入空气进行搅拌,控制液固比3:1。再加温到60～80℃下浸出2h,有时为了强化浸出而加入氧化剂(如MnO_2),以加速烧结料中的$Ca(ReO_4)_2$溶解于溶液中。

$$Ca(ReO_4)_2 + 2H_2O \longrightarrow 2HReO_4 + Ca(OH)_2 \qquad (3-23)$$

但烧结料中的$CaMoO_4$却难溶而留在浸出渣中。此渣或返烧结,或单独处理以回收其中的钼。滤液含铼0.1～0.5g/L,钼0.1～0.2g/L。钙1～1.5g/L及硫酸40～60g/L,需进一步除钼。为此,在80℃下向滤液加$Ca(OH)_2$中和,使滤液中的钼生成$CaMoO_4$沉淀析出而除去。中和后滤液经浓缩到含铼20～30g/L时,按1g铼需2g KCl计加入KCl而获得粗$KReO_4$。此粗$KReO_4$按1kg $KReO_4$需加入10L纯水和17～33L硫酸配成溶液,在100℃下再进行溶解,然后冷却到5～7℃进行重结晶而获得白色纯的$KReO_4$。通氢还原(前两小时在500℃下进行,后两小时在1000℃下进行)$KReO_4$,便得到纯度达99.9%的铼粉。

水浸时,料中90%以上的铼转入溶液,余约5%进入浸出渣而返回利用。铼的总回收率为80%～92%。

有两种浸出石灰烧结的方法。

一种是用石灰烧结后,先用水浸出烧结料中的铼,然后用酸浸出钼,铼与钼的浸出率分别达到86.9%与96.9%。此后,或通过萃取,或用离子交换法提取铼。而溶液中的钼通过铁屑还原、中和沉淀析出$Mo(OH)_3$。此$Mo(OH)_3$经燃烧得商品MoO_3。

另一种是用料重0.9%的硫酸配成稀酸溶液,浸出石灰烧结产出的烧结料,使料中的铼与钼转入溶液,铼与钼的浸出率分别高达94%与98%,然后用萃取或离子交换法从浸出液中分别回收铼与钼。

石灰烧结法简单易行,对于制取$CaMoO_4$或仲钼酸铵有利。但是由于添加石灰,料中铼与钼的含量更趋贫化,带来了工艺设备的增加和占地的增多,并使富集周期延长,导致铼的回收率不高。此法使料中的硫转为硫酸钙,比火法冶炼回收铼

减少了 SO_2 的危害与处理的工艺。所以,应结合硫的利用及产品方案来选择处理流程。

3. 氧化焙烧萃取法

氧化焙烧萃取法是从焙烧辉钼矿烟气中回收铼的工艺。将含铼 0.03% 的辉钼矿投入 7 层的多膛焙烧炉进行氧化焙烧,炉料先在低温段 400～500℃ 焙烧脱硫,料中约 5% 的铼转入此低温段烟气,经收尘后得到的烟尘作为返料而返回多膛炉。然后提高焙烧温度到 500～600℃ 挥发铼。在此过程中,87.5% 的铼进入高温段烟气(料中 7.5% 的铼残留在焙砂 MoO_3 中),此烟气经过硫酸吸收,获得含铼 0.3～0.8g/L、钼 0.5～17g/L 及硫酸 50～150g/L(一般 100g/L 左右)的吸收液。用异戊醇萃取吸收液中的铼,由于铼与钼的分配比相差极大(D_{Re} 达 50～100,而 D_{Mo} 仅为 0.2～0.13),所以铼与钼的分离良好。

然后用 10% NH_4OH 溶液反萃,得到铼钼比达 10～20 的 NH_4ReO_4 反萃液。先向反萃液中加入 NH_4OH,得到含铼 99.6% 的 NH_4ReO_4,然后加 KCl 得到 99.5% 的 $KReO_4$,接着经离子交换得到含铼 99.6% 的 NH_4ReO_4。二次合并后经净化,最后通氢将 NH_4ReO_4 还原得到纯度为 99.9% 的铼粉,铼回收率约为 74.7%。

4. 电解提铼法

电解提铼法是从 pH 为 0.9～1 的含 $KReO_4$ 11g/L 的硫酸溶液中电解提取铼。电流效率为 7%～15%。多次进行改进后,铼的电流效率提高到 90%,电解得到含铼达 75% 的电解产物。在含 ReO_4^- 的 0.25～0.5mol 的硫酸和 0.5mol $(NH_4)_2SO_4$ 的溶液中,在电流密度 2000～10000A/m^2 下电解铼,电流效率却小于 2%,阴极铼呈黑色,在电流密度大于 30000A/m^2 下电解,得到灰色电解铼。其电化学反应如下:

$$ReO_4^- + 8H^+ + 7e \longrightarrow Re\downarrow + 4H_2O \qquad (3-24)$$

含硫酸 75g/L、硫酸铵 60g/L 的 NH_4ReO_4 电解液,在电流密度 10000A/m^2 下电解时,溶液中 NH_4ReO_4 含量与电流效率关系的结果列入表 3-5。

表 3-5 在 10000A/m^2 下 NH_4ReO_4 含量与电流效率的关系数据

参数	NH_4ReO_4 含量/(g/L)					
	40	59	68	90	100	170
溶液温度/℃	25	40	50	60	70	90
电流效率/%	16.5	30.5	39.5	45.6	48.8	51.8

由此可见,电流效率随 NH_4ReO_4 含量的增加而提高,在 70～150g/L

NH_4ReO_4 的范围内,增大电流密度到 $20000 \sim 10000 A/m^2$,电流效率相应提高 $3\% \sim 10\%$。若使用的电解液含 $KReO_4$ 50g/L、$(NH_4)_2SO_4$ 40g/L 及 H_2SO_4 75g/L,在 25℃ $10000A/m^2$ 下电解铼,电流效率达 30%,产出的阴极铼易剥离,用水洗后,在 800℃下用氢还原 30min,即得到纯度达 99.9% 的铼粉。铼的回收率约 75%,每产 1kg 铼的消耗为:2.1kg $KReO_4$、0.7kg H_2SO_4、0.4kg $(NH_4)_2SO_4$、$9m^3$ H_2、42.2L H_2O、40kW·h 的电能。

本法简易,但回收率低,获得的铼粉的粒度比较大。

5. 氧化焙烧-离子交换法

氧化焙烧-离子交换法是将含铼辉钼矿投入 2 座直径 5.9m 的 12 层的多膛焙烧炉中,在 540~660℃范围内进行氧化焙烧。料中 90%以上的铼以 Re_2O_7 形态挥发入烟气。Re_2O_7 经水淋洗转为 $HReO_4$ 而入液,多次循环淋洗便获得含铼 $0.2 \sim 0.5$g/L 的循环吸收液,经浓密机得到含铼的上清液。向此液通入氯气的同时,加入 Na_2CO_3,使溶液中的杂质铁、铜及镉等以碳酸盐($Me'CO_3$)的形态沉出:

$$MeSO_4 + Na_2CO_3 \longrightarrow Me'CO_3 \downarrow + Na_2SO_4 \quad (3-25)$$

过滤后,得到含铼约 0.5g/L 的净化液,向此液中加入 NaOH 调整酸度至 pH 为 10 后,送往阴离子树脂交换塔(ϕ4.6m×3.05m,装高 2.13m)交换吸附铼,其交换机理为

$$R—N(CH_3)_3Cl + HReO_4 \longrightarrow R—N(CH_3)_3ReO_4 + HCl \quad (3-26)$$

待树脂饱和后,用 NaOH 洗涤除杂质,然后用含 3% NH_4SCN 的溶液(代替有危险性的 $HClO_4$)从含铼 $64.3 kg/m^3$ 的饱和树脂中解析出铼:

$$R—N(CH_3)_3ReO_4 + NH_4SCN \longrightarrow R—N(CH_3)_3SCN + NH_4ReO_4 \quad (3-27)$$

所得的解析液经浓缩、冷却结晶得到纯 NH_4ReO_4。

含铼 0.053%、钼 39.9%、金 0.001 39% 及银 0.005% 的辉钼矿经过沸腾氧化焙烧,料中 92%~96% 的铼挥发入烟气。在淋洗塔中用循环淋洗液淋洗,得到含铼 0.1~3.4g/L、铜 16g/L 及硫酸 300g/L 的溶液。让此溶液通过阴离子树脂塔吸附铼,直到流出液含铼小于 0.005g/L。先用 3% NaOH+10% NaCl 的溶液洗涤树脂除钼,然后用 1mol NH_4OH+3% NH_4SCN 溶液解析,铼的解析率高达 90%~99%。解析液含铼 20g/L,铼的回收率大于 96%。铼解析液经蒸发浓缩、冷却结晶得产品 NH_4ReO_4。

从焙烧辉钼矿产出的含铼 0.5~0.7g/L、钼 7~12g/L 及硫酸 120~150g/L 的循环吸收液中回收铼,也可采用 AM 阴离子树脂吸附。用 10% NaOH 溶液洗涤除去钼后,再用 1mol NH_4OH 解析,获得含铼达 25g/L 的解析液,然后再通过浓缩、结晶等处理,便得到纯 NH_4ReO_4。

氧化焙烧-离子交换法提铼工艺,具有适应性强、工艺简短、操作简便及回收率

较高的优点,适合从含铼量低的溶液中回收铼。

6. 电溶氧化法

电溶氧化法是为处理低品位的钼中矿而发展起来的,适合处理含钼1%～35%及铜6%～15%的原料,能达到综合利用铼、钼等的目的。

含铼0.018%～0.10%、钼4.76%～28.6%、铜14.7%～4.28%、铁16.3%～5.6%、硫20.5%～25.6%及碳0%～14%等的钼中矿。用本工艺产出的萃余液浆化到3%～15%矿浆浓度后,泵入电溶氧化槽下部,保持矿浆温度在45～50℃,加入食盐到溶液至含112g/L左右,并添加Na_2CO_3,控制适当的pH。每块有效面积17.8cm×101.6cm的10块石墨电极,按间距8mm分成4组,1～3组的溶液控制pH在6～7,第4组控制pH在8～8.5,在电流密度590A/m²,总槽电压125V下电溶氧化沐浴中矿,料中铼与钼转入溶液。

此过程中的电化学反应可分为两步,其一是电解食盐获得NaClO:

阳极 $\qquad 2Cl^- \longrightarrow Cl_2\uparrow + 2e^-$ \hfill (3-28)

阴极 $\qquad 2H_2O + 2e^- \longrightarrow 2OH^- + H_2\uparrow$ \hfill (3-29)

$\qquad 2OH^- + Cl_2 \longrightarrow OCl^- + Cl^- + H_2O$ \hfill (3-30)

其二是NaClO氧化矿中的MoS_2及Re_2S_7的反应。

$$MoS_2 + 9ClO^- + 6OH^- \longrightarrow MoO_4^{2-} + 9Cl^- + 2SO_4^{2-} + 3H_2O \quad (3-31)$$

$$Re_2S_7 + 28ClO^- + 16OH^- \longrightarrow 2ReO_4^- + 28Cl^- + 7SO_4^{2-} + 8H_2O \quad (3-32)$$

电溶氧化经8～18h结束。生产能力为0.23kg钼/h,电能耗达21.5～19.8kW·h/kg钼。在此过程中,铼与钼的溶解率取决于原料的含铜量。如果原料含铜小于7%,铼与钼的电溶率分别达99.1%与98.9%;如原料含铜在15%以上,铼与钼的电溶率都仅有75%。且含铜高,过程的电能耗也大。

电溶氧化后的矿浆经浓密,获得含铼0.025～0.040g/L及钼10～18g/L的上清液。向此上清液通入SO_2 6～8h,以还原CO_3^{2-}及将料液的pH调整到1,SO_2的消耗量为1.6～1.8kg/kg钼。

酸化后液进行萃取。采用浓度7%三辛胺(TOA)+7%癸醇的萃取剂,经3～4级萃取,铼与钼的萃取率可分别达到99.7%与94.4%。负载有机相用1mol盐酸溶液洗涤,盐酸消耗量为0.018kg/kg钼。然后用1.7mol的NH_4OH溶液,经2～3级反萃后,获得含铼0.20～0.41g/L及钼90～110g/L的水相。

此水相以0.33L/min的流速通过活性炭吸附塔,塔的直径ϕ100mm,装入7.7kg目数60、粒径245μm的活性炭,流出液含铼小于0.0001g/L,而饱和的活性炭含铼可达1%。用75%甲醇溶液解析,活性炭中97%的铼被解析,得到含铼40g/L、钼0.24g/L、Cl^- 3～5g/L的解析液。此液经蒸馏回收甲醇后得到NH_4ReO_4溶液,再经离子交换得纯的NH_4ReO_4。铼的回收率大于95%。活性炭吸附塔的流出液基本上保留了所有的钼,可经浓缩结晶获得仲钼酸铵$(NH_4)_6Mo_7O_{24} \cdot 4H_2O$,经干燥及煅烧便得到$MoO_3$。

此法对处理低品位钼精矿有利,能达到选择浸出的效果。矿料中杂质钼、铁、铅及Al_2O_3等基本进入矿渣,并具有流程短、富集比高等优点。与用次氯酸钠直接浸出法相比,其经济效益约提高1倍。钼精矿中的硫生成Na_2SO_4而无需处理火法冶金产出的SO_2烟气。但从钼铁生产需要MoO_3来权衡,提炼钼的周期长,消耗试剂多,最后还要经过煅烧才能得到MoO_3。

7. 高压浸煮法

高压浸煮法提取铼有高压氧浸法、高压硝酸分解法和高压碱煮法三种。

1) 高压氧浸法

高压氧浸法能有效回收辉钼矿中的铼、钼及硫,工序少,无SO_2污染,适于处理含铜和铁的矿料。但高压氧浸要求设备能够耐腐蚀,且需要一个氧气站供应氧气。

将含铼辉铜矿投入高压釜内,在200~220℃下送入氧气浸出4~6h,浸出液的终点pH为8~9。过程中铼和钼发生如下反应:

$$4ReS_2 + 19O_2 + 10H_2O \longrightarrow 4HReO_4 + 8H_2SO_4 \quad (3-33)$$

$$2MoS_2 + 9O_2 + 6H_2O \longrightarrow 2H_2MoO_4 + 4H_2SO_4 \quad (3-34)$$

料中95%~99%的铼、钼和硫等转入溶液,而杂质铜及铁等仍保留在渣中。过滤后,向浸出液加入$Fe_2(SO_4)_3$氧化,然后加入Na_2CO_3进行中和,此时钼转入中和渣中。中和渣经干燥后通氢还原得钼粉。调整中和后液至pH 3,然后让其通过活性炭吸附。吸附饱和后,在80~90℃下用浓度1%的Na_2CO_3溶液解析,接着从解析液中进一步提取铼。

有人用类似上述的方法处理含铼0.01%~0.014%及含钼5.8%~6.9%的辉钼矿。在130℃及氧分压202.7kPa下,加入理论量103%~105%的Na_2CO_3进行压煮,过程中铼与钼转入溶液,铼与钼的浸出率均高达98%~99%。为了分离铼与钼,而向含钼15~60g/L的压煮液中加入钼粉,使Mo^{6+}还原成Mo^{4+}从而完全沉淀析出:

$$2H_2MoO_4 + Mo \longrightarrow 3MoO_2 \downarrow + 2H_2O \quad (3-35)$$

除钼后液用萃取或离子交换法回收铼。

2) 高压硝酸分解法

用硝酸分解辉钼矿来提取铼和钼的高压硝酸分解法,在20世纪70年代得到了发展。分解过程主要发生下述放热反应:

$$3ReS_2 + 19HNO_3 \longrightarrow 3HReO_4 + 6H_2SO_4 + 19NO\uparrow + 2H_2O + \Delta H_1 \quad (3-36)$$

$$MoS_2 + 6HNO_3 \longrightarrow H_2MoO_4 + 2H_2SO_4 + 6NO\uparrow + \Delta H_2 \quad (3-37)$$

所生成的 NO 在高压釜的上部被氧化成 NO_2：
$$2NO + O_2 \longrightarrow 2NO_2 + \Delta H_3 \qquad (3\text{-}38)$$
氧化产物 NO_2 与高压釜下部的水溶液作用，生成次生的 $HNO_3(\text{II})$：
$$3NO_2 + H_2O \longrightarrow 2HNO_3(\text{II}) + NO + \Delta H_4 \qquad (3\text{-}39)$$
故此硝酸分解过程实际上仅消耗氧，而硝酸只起催化剂作用。由于反应式(3-38)的反应速率与氧的分压 P_{O_2} 和 NO 浓度的平方成正比，又是放热反应，所以需要在高压下进行，并在高压釜上下部安装散热设施。

美国所用的方法是，先用水及返回液将辉钼矿浆化后泵入高压釜，加入硝酸后，在 125℃ 下通入氧气，并使氧分压保持在 1013.3kPa 下压煮 2~3h。此时发生如下反应：
$$2ReS_2 + 19HNO_3 + 5H_2O \longrightarrow 2HReO_4 + 19HNO_2 + 4H_2SO_4 \qquad (3\text{-}40)$$
$$MoS_2 + 9HNO_3 + 3H_2O \longrightarrow H_2MoO_4 + 9HNO_2 + 2H_2SO_4 \qquad (3\text{-}41)$$

压煮结束后，经减压、冷却、过滤得到含水的 $MoO_3 \cdot H_2O$ 滤渣。绝大部分的铼与部分钼转入压煮液，该液含铼 0.118g/L、钼 24.5g/L、硫酸 247g/L。然后用 5% 的叔胺(TCA，相当于我国的 N235 萃取剂)和 95% 的芳香烃(cyclosol 53)萃取压煮液中的铼和钼，随后用 5mol NaOH 反萃钼，得到含铼 0.86g/L、钼 195g/L 的水相。为了进一步分离钼，又用 5% 的季铵(MTC，相当于我国的 N 263)和 95% 的芳香烃萃取铼，然后用 1mol $HClO_4$ 反萃铼。向铼水相中加入氯水后，经浓缩结晶得到 99.9% NH_4ReO_4。萃铼的萃余液含钼 195g/L 及铼 0.08g/L，送去喷雾干燥得 MoO_3。

我国某厂采用此法从辉铜矿中回收钼与铼，将含铼约 0.07% 的辉钼矿投入高压釜中，加入硝酸在 1471.5~1962.0kPa 氧分压 P_{O_2} 及 180~220℃ 下压煮 2~3h，过程中 7% 以上的铼与钼进入溶液。它们主要以 $HReO_4$、H_2MoO_4 形态，小部分以 $H_2[MoO_2(SO_4)_2]$ 形态存在于溶液中。2%~3% 的铼及 1%~2% 的钼留在压煮渣中。此渣用氨水浸出，所得滤液与萃铼余液合并后用于生产仲钼酸铵，钼的回收率约 95%。

用 N235 萃取压煮液中的铼，易达到定量萃取，用 NH_4OH 反萃，获得的铼水相经浓缩结晶产出纯度超过 99.9% 的 NH_4ReO_4，铼的回收率约 95%。

3) 高压碱煮法

高压碱煮法将含钼 35.2%~51.6%、铼 0.02%、铜 0.76%~3.53%、硫 28.5%~34.2% 及二氧化硅 4.4%~24.2% 的钼精矿投入转动式高压釜内，按液固比 8 加入 20% 的 NaOH 溶液，通入 5066.3kPa 的氧气，在 150~200℃ 下压煮 3~5h，溶液终点 pH 控制在 10，便有 95%~100% 的铼、钼及硫发生如下化学反应转入压煮液：

$$4ReS_2 + 20NaOH + 19O_2 \longrightarrow 4NaReO_4 + 8Na_2SO_4 + 10H_2O \quad (3\text{-}42)$$

$$2MoS_2 + 12NaOH + 9O_2 \longrightarrow 2Na_2MoO_4 + 4Na_2SO_4 + 6H_2O \quad (3\text{-}43)$$

经多次循环压煮而得到的多次循环液,含铼高达 71~109g/L,含钼 0.024~0.51g/L 及 Na_2SO_4 145~147g/L。向循环液加 CaO 除钼:

$$Na_2MoO_4 + CaO + H_2O \longrightarrow CaMoO_4 \downarrow + 2NaOH \quad (3\text{-}44)$$

过滤后,向滤液加入 $CaCl_2$,发生如下反应:

$$Na_2SO_4 + CaCl_2 \longrightarrow CaSO_4 + 2NaCl \quad (3\text{-}45)$$

向净化后的溶液加入 KCl 沉淀析出 $KReO_4$。

8. 特效剂沉铼法

从焙烧辉钼矿所得含铼烟尘,经水浸出得到含铼 0.25g/L、钼 12g/L 及硫酸 34.76g/L 的溶液,用特效试剂红光碱性紫染料(ZCl)沉淀析出其中的铼,ZCl 属于氨基三苯甲烷系染料,故称为甲基紫,其分子式为

$$(CH_3)_2N-\!\!\!\!\!\bigcirc\!\!\!=\!\!\!\bigcirc\!\!\!=\!\!N^+(CH_3)_2 \quad Cl^-$$

ZCl 沉铼法的工艺流程如图 3-6 所示。

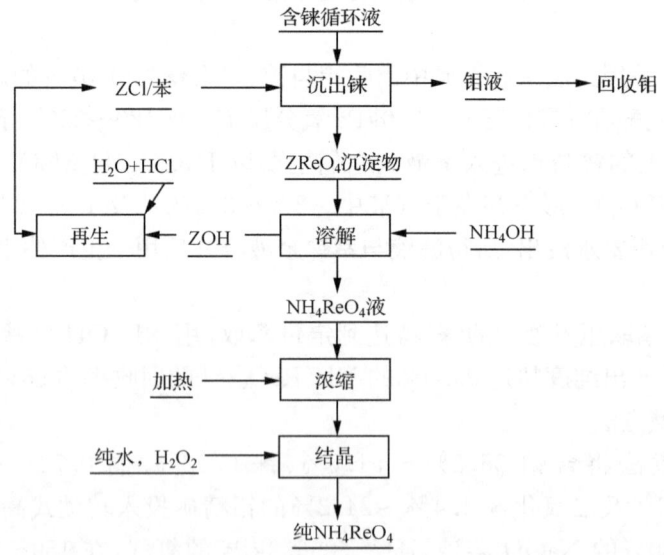

图 3-6 ZCl 沉铼法的工艺流程图

把氧化焙烧辉钼矿产出的含铼循环吸收液调节酸度到 pH 为 8~8.5 后，用以苯稀释的 ZCl 沉出铼。ZCl 的用量按沉淀溶液中铼所需量的 3~4 倍加入，沉淀铼率在 91%~97%。

$$HReO_4 + ZCl \longrightarrow ZReO_4 \downarrow + HCl \quad (3\text{-}46)$$

所得的 $ZReO_4$ 沉淀，经稀 ZCl 洗涤后，用含 200g/L NaOH 的溶液在液固比为 4 及 40℃下溶解：

$$ZReO_4 + NH_4OH \longrightarrow ZOH + NH_4ReO_4 \quad (3\text{-}47)$$

溶出率可达 90%~95%。过滤分离 ZOH，同时也得到含铼 8~8.5g/L 的 NH_4ReO_4 滤液。滤液经过浓缩、冷却结晶，便得到纯 NH_4ReO_4。

产出的 ZOH 经 HCl 处理而再生：

$$ZOH + HCl \longrightarrow ZCl + H_2O \quad (3\text{-}48)$$

3.4.3 从铜矿中回收铼的方法

从铜物料中回收铼的原料有火法炼铜的烟尘及炉结，湿法冶金过程中用铜置换产出的含铼物料及铜铼合金废料等。从铜矿中回收铼的方法有挥发-硫化沉铼法、碱浸-置换法、硫酸沉铼法和高温氧化挥铼法四种。

1. 挥发-硫化沉铼法

挥发-硫化沉铼法是在处理含铼的铜页岩时，把含铼的铜页岩投入炼铜鼓风炉熔炼，除得到含铜 40%~45% 的冰铜外，还产出两种含铼的副产物。一种是含铼 0.043%~0.05% 的烟尘，另一种是含铼 0.005% 的鼓风炉炉结。把含铼炉结敲下后，配以料重 3~4 倍的硫酸，并添加少量 Na_2S 于 40℃下浸出。浸出过程中铼以硫化物形态沉淀析出。过滤后，将干燥过的沉淀物进行氧化焙烧，使铼挥发转入烟气，然后以水吸收得到 $HReO_4$ 溶液。经过浓缩后，加入 KCl 析出 $KReO_4$。该厂从含铼烟尘中提铼，也是采用再挥发工艺，即在 1100℃ 的中性或还原性气氛中，使烟尘中的铼挥发出来，仍用水吸收，获得含铼 0.1g/L 的吸收液。吸收液经结晶净化脱铜后，加入 $FeSO_4$ 和锌粉，脱铜和镉后，用 20% 的硫酸溶液将净化后的溶液酸化到含 15% 硫酸的终酸度。此后，加入 Na_2S，使溶液中的铼以硫化物形态析出，得到含铼 0.4%~0.5%、钼 15%~18%、铁 11.2%、SiO_2 27.2%、Al_2O_3 18%、CaO 1.4%、MgO 0.9% 及硫 1.4% 的沉淀物，沉铼率超过 90%。获得的含铼硫化物沉淀配以其质量 3% 的 Na_2CO_3，在 350℃ 下烧结，用水浸出烧结产物，铼转入碱液。过滤后，滤液经浓缩后如前所述获得 $KReO_4$。为了制得铼粉，先在 600℃ 下通氢加热分解，然后在 900~1000℃ 下通氢还原获得灰黑色铼粉，铼的回收率较低，仅 50%。

2. 碱浸-置换法

在铜矿的选矿过程中,60%~80%的铼转入铜精矿或铜铅精矿中。可用碱浸-置换法回收其中的铼。

含铼 0.003%、铜 30%、铅 3%及锌 2%的铜精矿,用含 100g/L NaOH 的溶液及含 50g/L $CuSO_4$ 的返回液混合后,控制液固比为 3,在 100℃下碱浸 60min,铜精矿中的铼 30%~70%转入溶液,滤液在室温下加入锌片置换 1h,获得含铼 0.1%的铼铅海绵物。有关碱浓度与锌片置换铼率的关系数据列入表 3-6。

表 3-6　碱浓度对锌片置换铼的影响

碱浓度/(g/L)	5	20	50	100
置换铼率/%	5	85	95	100

从表 3-6 可见,要获得高的置换铼率,必须采用含碱大于 50g/L 的溶液。置换后的母液残含铼约 0.002g/L。需返碱浸加以回收。实践表明,返回 20 次,也不影响铼的浸出率,故只需抽出 1/20 的溶液净化即可。得到的铼铅海绵物,在 150℃左右通入空气氧化,氧化后的海绵物在铼的母液中浸出。过滤后,将所得的滤液浓缩到含铼 15~20g/L 时,加入 KCl 析出 $KReO_4$。至此铼的回收率为 50%~55%。提铼单耗为:NaOH 3kg/kg 铼、CaO 0.1kg/kg 铼、$CuSO_4$ 2kg/kg 铼、Zn 1kg/kg 铼及 KCl 0.01kg/kg 铼。在此过程中各组分的变化归纳入表 3-7。

表 3-7　铼在碱浸置换物料及产物中的含量　　　　(单位:g/L)

物料		Re	Cu	Pb	Zn	S	NaOH
进料	铜精矿	0.003	30~32	3	2	—	—
产物	碱浸渣	0.001	32	1.5	1.5	—	—
	碱浸液	0.006	0.01	6	0.5	0.5	80
	置换物	0.1~0.2	1	70~60	20~15	—	—
	置换后液	0.5~0.002	0.2	0.5	1~12	—	80

用转动锌筒置换铼,如含铼 0.015g/L、NaOH 0.02~0.1g/L 的 $HReO_4$ 液,在加热到 80℃下用转动锌筒置换 120min,置换铼率由料液含 0.02g/L 碱的 90%增加到含 0.1g/L 碱的 100%。其置换反应如下:

$$2ReO_4^- + 4H_2O + 3Zn \longrightarrow 2ReO_2 \downarrow + 8OH^- + 3Zn^{2+} \qquad (3-49)$$

置换物显暗棕色或黑色,含两个结晶水。耗锌量为液中含铼量的 35~45 倍。

含铼 0.0005%~0.03%的铜渣,其中的铼以 ReO、$ReO_2 \cdot 2H_2O$ 等形态存在,可用加碱选择溶解法处理。即将原料投入小于 1mol NaOH 或 Na_2CO_3 溶液中,控制液固比为 3,加热到 100℃,在通入空气搅拌的同时加入氧化剂 NaClO 溶解

10h,料中的铼几乎全部转入溶液,溶液含铼 0.08~0.6g/L,然后通过阴离子交换树脂吸附、盐酸洗涤后,用 $HClO_4$ 液解析回收铼。

也可以用铜、铁这样一类贱金属置换含 0.00001~1.0g/L 铼液中的铼,置换的技术条件及结果列入表 3-8。

表 3-8 贱金属置换铼的技术条件及结果

序号	原液			添加物/g		技术控制			置换后液		置换物含铼比例/%	铼回收率/%
	体积/L	Re 浓度/(g/L)	Cu 浓度/(g/L)	pH	铁粉	铜粉	温度/℃	时间/min	终点 pH	Re 浓度/(g/L)	Cu 浓度/(g/L)		
1	0.5	0.000150		1.15	1.5	20.0	40	60	1.8	—	—	—	83
2	0.5	0.000033	0.5	2.30		20.0	80	5	—	0.0000022	0.03	0.002	91

获得置换物的含铼量并不高,置换物中 25%~40% 为 $ReO_2 \cdot 2H_2O$、余下 60%~75% 为金属铼。采用被氧气所饱和的并含 5% Na_2CO_3 的溶液浸出,可使置换物中 95% 的铼转入溶液。为富集铼,可将 Na_2CO_3 浸出液多次返回浸出新的置换物,最终得到含铼达 1g/L 的溶液,然后按通常的办法提铼。

此法铼的回收率很低,但能从极贫铼的溶液中富集铼。

3. 硫酸沉铼法

德国曼斯菲尔德铜厂采用硫酸沉铼法回收铜阳极泥中的铼。该厂将阳极泥进行硫酸化焙烧,使料中的铼转为硫酸盐,产出的焙砂用水浸出,过滤所得的浸出液经数次结晶除去镍、钼等杂质,铼在结晶母液中富集,母液经浓缩后加入 KCl 析出铼,然后再经重结晶与氢还原得到铼粉。

4. 高温氧化挥铼法

将含铼冰铜投入炉内,在高于 1200℃下通入空气氧化挥发 60~80min,即可使冰铜中几乎全部的铼挥发,然后从吸收液中回收铼。

3.5 由烟尘及其他生产废料中提取铼

在辉钼矿精矿的焙烧烟尘中,铼主要呈 Re_2O_7 状态,因而可以用水直接浸出烟尘以提取铼。但当烟尘中有较多低价氧化铼甚至硫化铼时,可以采用加入氧化剂(如氯、次氯酸盐、硝酸、软锰矿等)的水浸出方法,以提高铼的浸出率。

然而,在浸出之前,大多有一些预备性的火冶作业,如再次升华焙烧(以提高烟尘中铼的含量)或者加石灰焙烧烟尘。加石灰焙烧时,钼和铼的氧化物生成钼酸钙($CaMoO_4$)和高铼酸钙[$Ca(ReO_4)_2$]。随后以水浸出时,难溶的钼酸钙便与进入溶液中的高铼酸钙分离。蒸发水溶液使铼浓缩之后,用氯化钾沉淀出难溶的高铼酸钾($KReO_4$),并用再结晶法净化。或用铁置换法,使贫含铼的溶液初步析出铼,也可由酸性溶液沉淀析出硫化铼。

富铼沉淀物经 CaO 或 Na_2CO_3 氧化焙烧后,以水进行浸出,使铼进入溶液中,然后析出高铼酸钾。

铜矿石鼓风炉熔炼的烟尘中,大部分的铼都是呈难溶的硫化物形态。这种以含硫化铅和硫化锌为主的烟尘,可用升华法(维尔兹过程)进行处理,或者进行氧化硫酸化焙烧。在以上两种情况下,铼都可变为可溶于水的形态。

下面举例阐述由各种生产成品提取铼的一些技术工艺流程。

3.5.1 从辉钼矿精矿的焙烧烟尘中提取铼

所处理的辉钼矿精矿的焙烧烟尘中含有 0.3%~1.6% 的铼,提炼可以得到纯高铼酸钾。

烟尘在加热和空气流搅拌下用水浸出。100kg 烟尘加 300L 水,经搅拌 1h 后,过滤矿浆,将滤渣以水洗涤两次。洗涤水返回浸出循环中。在浸出过程中,进入溶液的有一部分为呈 $HReO_4$ 形态的铼,一部分为多钼酸盐形态的钼和其他杂质元素。

在冷滤液中加入氯化钾(每 100L 溶液约 2650g),以沉淀析出高铼酸钾:

$$HReO_4 + KCl \longrightarrow KReO_4 \downarrow + HCl \tag{3-50}$$

溶液经空气搅拌后(30~60min),以过滤的方法使粗高铼酸钾与溶液分离。母液蒸发至干,残渣返回精矿焙烧作业。

粗高铼酸钾沉淀略带褐色,含 85%~95% 的 $KReO_4$。净化高铼酸钾是采取先后五次再结晶的方法。100℃ 时,$KReO_4$ 在 100g 水中可溶解 14g;而在 7℃ 时,100g 水中仅溶解 0.55g 左右。这使得在每一结晶阶段,在冷却溶液至 7℃ 时,可析出 90%~95% 的铼。当粗高铼酸盐溶于水,而水的用量比获得饱和溶液(100℃ 时)所需量略多时,大部分的杂质均留在不溶残渣中。将热溶液过滤,分离出沉淀物,然后在搅拌下冷却溶液至 7℃。沉淀后的 $KReO_4$ 经滤出,以少量冷水进行洗涤。

前三次再结晶阶段的母液需蒸发至干,残渣则返回到第一再结晶阶段中。第四、第五再结晶阶段的母液,则分别返回第一和第二再结晶阶段。

经过 5 次再结晶后的 $KReO_4$ 晶体,纯度可达到 99.9%。

3.5.2 由生产钼酸钙的母液中提取铼

用马弗炉焙烧辉钼矿精矿时,不能升华出全部的铼。部分铼(25%~35%)留在焙砂中,当浸出时,和钼一起进入溶液。在处理不合格的辉钼矿精矿时,以苏打溶液澄出焙砂。所得的钼酸钠溶液,除去杂质后,以氯化钙沉淀析出钼酸钙$CaMoO_4$,在母液中实际上含有全部的铼。

母液的大致成分:Re 0.015~0.035g/L,Mo 0.4~0.9g/L,Cl^- 27~30g/L,SO_4^{2-} 15~35g/L,ClO_3^- 0.7~1.3g/L,Na 28~35g/L,溶液的pH为8.5~8.7。

一种由母液中提取铼和钼的方法是:用海绵铁由溶液中置换出铼和钼,随后从富铼和钼的沉淀物中提取铼和钼。

用铁置换:在加热到80~90℃的弱酸溶液中(pH=1.5~2),以铁还原铼,钼成为难溶的低价化合物甚至可能成为金属。例如,按下列反应还原:

$$2ReO_4^- + 3Fe + 8H^+ \longrightarrow 2ReO_2 + 3Fe^{2+} + 4H_2O \quad (3\text{-}51)$$

$$2ReO_4^- + 7Fe + 16H^+ \longrightarrow 2Re + 7Fe^{2-} + 8H_2O \quad (3\text{-}52)$$

$$MoO_4^{2-} + Fe + 4H^+ \longrightarrow MoO_2 + Fe^{2+} + 2H_2O \quad (3\text{-}53)$$

$$MoO_4^{2-} + 3Fe + 8H^+ \longrightarrow Mo + 3Fe + 4H_2O \quad (3\text{-}54)$$

应该指出,反应式(3-51)和反应式(3-53)中假定生成ReO_2或MoO_2的氧化物,但可能还生成其他低价氧化物。

由上述反应式可知,在还原过程中需消耗酸。

过程的机理:可能是由于铁溶于酸中所析出的活性氢还原ReO_4^-和MoO_4^{2-}。要使置换顺利进行,必须不断地向溶液中加入一定量的酸。

由于置换是多相过程,所以反应速率取决于铁粉的粒度(粉粒越细,则接触表面积越大)和搅拌速率。

将收集槽(1)中的母液注入加热槽内加热到80~85℃,以硫酸酸化溶液至当量浓度为0.1N。再将热溶液注入置换槽中,并加入铁粉(55%颗粒的粒度为0.074mm),共用量为每立方米溶液13~15kg。置换时搅拌器的搅拌速率为350r/min。

置换开始10~15min后,开始在置换槽中补加酸;其加入量以每20~30min,每立方米溶液需消耗15~19kg酸计算。

当溶液中铼的含量降至0.001~0.002g/L,钼的含量降至0.01~0.015g/L时,加酸即停止。经过长时间(10~12h)的澄清后,将清液倾出。当沉淀物中铼的含量没有达到0.4%~0.5%时,则仍留在槽内。达到此数需经过超过10~15次置换。每一次置换作业中,每立方米溶液均需加13~15kg海绵铁。

滤出的沉淀物,大致成分如下:0.5% Re,19.8% Mo,27.2% SiO_2,11.2% Fe,18.0% Al_2O_3,1.38% CaO,0.38% MgO,1.83% S。

从溶液中平均可回收得90%的铼和99%的钼。

每立方米的母液要消耗26.4kg H_2SO_4和17kg铁粉。

3.5.3 由置换沉出物中提取铼

为了提取铼,将沉淀物与石灰混合(每吨沉淀物用400~500kg石灰),在

600~650℃下在马弗炉内进行焙烧,生成 $Ca(ReO_4)_2$ 和 $CaMoO_4$。焙烧产品在 90~95℃下以水浸出,需进行四个阶段浸出。而且将第Ⅲ阶段和第Ⅳ阶段的溶液分别返回第Ⅰ阶段和第Ⅱ阶段,将第Ⅰ和第Ⅱ浸出阶段的含铼溶液合并,加以蒸发浓缩使铼含量达 12~15g/L。

3.5.4 从炼铜鼓风炉烟尘中提取铼

鼓风炉熔炼铜矿所获得的烟尘,其成分列于表 3-3 中。烟尘中主要含有铅、锌、铜、镉、铁等的硫化物以及铼、锗、镓、铊和硒等分散性元素的硫化物及氧化物。

处理烟尘时,首先是将烟尘干燥,然后在回转窑内在 500℃下焙烧,以除去沥青化合物。继而将物料拌以焦炭屑,在回转窑中 1000℃左右进行焙烧,当炉内保持中性气氛或弱还原性气氛时,硫化铅很容易升华,而硫化锌则基本上留在熔结块中。和硫化铅一起升华的有硫化铼,以及镉、铊、砷的硫化物。在炉头的炉气出口处的环形缝隙中供给以空气,用于氧化铅、镉、铊的硫化物,成为硫酸盐或氧化物。硫化铼被氧化成 Re_2O_7,它能与氧化铅和其他形式的氧化物起作用,生成可溶于水的高铼酸盐,主要由硫化铅组成的烟尘以布袋滤器进行捕集。

铅升华物以水浸出。大部分的铅呈硫酸铅形态留于不溶残渣中。进入溶液中的有铼及少量的锌、铜、镉、铊及其他元素。溶液蒸发至原体积的 1/8 并冷却,即沉降出大量的硫酸锌和石膏以及部分呈碘化物形态的铊,以锌粉从溶液中置换出铜、镉、铊。置换是在冷时进行,以免置换出大量的铼。但是一部分铼仍被沉淀。为了将其提出,需要把铜镉海绵物在 200℃下干燥若干天,以使铼氧化。此时铊也被氧化。海绵物以水浸出,把浸有铼、铊和部分镉的溶液与主要的铼溶液合并返回至蒸发作业。

置换除去铜、镉以后,使铼从溶液中呈硫化物 Re_2O_7 形态沉淀析出。为此,往溶液中加 Na_2S,然后加硫酸至游离 H_2SO_4 浓度为 15%。所沉淀下来的 Re_2O_7 含有杂质镉、砷和铊的硫化物以及元素硫。铼在硫化物沉淀中的含量达 30%。硫化物沉淀混以 3% 的苏打,在 350℃下焙烧,即烧去元素硫,而一部分重金属硫化物则变成硫酸盐,可以用少量的冷水进行浸出。残料在 400℃下再次焙烧,并用热水浸出。铼以高铼酸钾的形态进入溶液。进入溶液中的铊可用硫化钠沉淀析出。将氯化钾加入含高铼酸钠的溶液中,使铼呈高铼酸钾形态沉淀析出。然后以再结晶法将高铼酸钾净化。经热水浸出后的残料中含有一部分硫化物形态和高铼酸铊 $TlReO_4$ 形态的铼。残渣以溴水在氨液中进行氧化,铼进入溶液,而铊留在沉淀中呈氢氧化物形态。

另一种处理铜矿鼓风炉熔炼所得烟尘的流程,可以较完全地提取出烟尘中的一些贵重成分,包括硒、锗、铊和铼。烟尘在 500℃下焙烧以除去沥青化合物。然后加硫黄或黄铁矿在 600℃下进行硫酸化焙烧。大部分锌、镉和铜均变为硫酸盐。

硫酸化产品经粉碎后,以水在80℃下浸出2h。进入溶液中的有80%锌、95%铜和80%铼(与其在溶液中含量之比)。以分步置换法加锌粉从溶液中首先沉淀出铜,然后沉淀出镉、铼和铊(置换这些元素时需加热溶液)。置换沉出物加以处理而获得高铼酸钾和金属铊及镉。以水浸出硫酸化产品后的残渣含有硫酸铅、全部的锗和大部分镓,这种残渣加上焦炭屑、苏打和石灰进行还原熔炼。熔炼得到粗铅和废渣以及含锗 0.1%~0.3% 的铁砷渣,其中的锗可提取。

3.6 从其他物料中回收铼

美国曾用环己酮提取太平洋某洋面上含铼仅 0.0084μg/L 的海水中的铼。据说,在海藻中也发现有铼的富集。

苏联曾试验过从钨铼废料中回收铼,做法是在 950℃ 下通入氧气氧化废料 7~8h,此过程中,铼以 Re_2O_7 形态挥发,经水吸收后,用 25% 浓度的 NH_4OH 溶液将铼沉淀析出,铼的回收率可达 92%~99%。此法的关键在于控制好合适的气氛和温度。通氧量增加,有利于挥发铼。气氛对铼挥发率的影响列于表 3-9。

表 3-9 气氛对铼挥发率的影响

气氛	气速/(m/s)	废料中的铼含量/%	残渣中的铼含量/%	铼挥发率/%
纯氧	0.5	14.7	5.74	95.0
40%氧+60%空气	1.5	11.59	4.62	60.0
空气	2.15	7.19	4.59	36.0

美国雪佛龙(Chevron)公司于 1967 年首次将铂铼催化剂用于石油重整,此催化剂含铼 0.3%~0.6%、铂 0.2%~0.5%,其余为骨架 Al_2O_3。美国每年用于铂铼重整催化剂的耗铼量约占全美耗铼量的 92%,因而废催化剂回收铼具有现实的意义。可用硫酸浸出废铂铼催化剂,浸出液通过阴离子树脂吸附,待吸附饱和后,选用 5~8mol 盐酸解析,从解析中沉淀析出铼。从沉铼的母液中综合回收铂。

3.7 钼精矿氧化焙烧-离子交换法提取金属铼新工艺

陕西金堆城钼业公司生产的钼精矿含铼量为 17~20mg/kg。经回转窑焙烧后,少量的铼在回转窑焙烧过程中挥发。这部分挥发的铼金属在烟道中降温、凝结,并随其他烟尘一起进入电除尘烟灰中。对电除尘烟灰的回收,选择一新工艺,使电除尘烟灰中的铼由固相进入液相,再进行液相提取[3]。

3.7.1 铼回收机理

赋存于钼精矿中的 ReS_2,在钼精矿氧化焙烧条件下,能很容易被氧化成高价铼氧化物 Re_2O_7,并挥发进入烟气,但在温度低于 280℃ 的还原性气氛中又发生还原,转化为铼的低价氧化物。由于 Re_2O_7 极易溶于水,可进入液相:

$$2Re_2S_7 + 21O_2 \longrightarrow 2Re_2O_7 + 14SO_2 \tag{3-55}$$

$$4ReS_2 + 15O_2 \longrightarrow 2Re_2O_7 + 8SO_2 \tag{3-56}$$

$$ReS + 2O_2 \longrightarrow ReO_2 + SO_2 \tag{3-57}$$

$$Re_2O_7 + H_2O \longrightarrow 2HReO_4 \tag{3-58}$$

3.7.2 焙烧过程铼的行为分析

矿物中的硫化铼经钼精矿焙烧过程,氧化为高价铼氧化物,但同时铼氧化物在焙烧过程中会与辉钼矿、硫化铼以及氧化钼等发生反应,生成低价铼氧化物:

$$6Re_2O_7 + MoS_2 \longrightarrow 12ReO_3 + 2SO_2 \uparrow + MoO_2 \tag{3-59}$$

$$2Re_2O_7 + MoS_2 \longrightarrow 4ReO_2 + 2SO_2 \uparrow + MoO_2 \tag{3-60}$$

$$ReS_2 + 7Re_2O_7 \longrightarrow 15ReO_3 + 2SO_2 \uparrow \tag{3-61}$$

$$ReS_2 + 2Re_2O_7 \longrightarrow 5ReO_2 + 2SO_2 \uparrow \tag{3-62}$$

$$ReS_2 + 7MoO_3 \longrightarrow ReO_3 + 7MoO_2 + 2SO_2 \uparrow \tag{3-63}$$

$$ReS_2 + 6MoO_3 \longrightarrow ReO_3 + 6MoO_2 + 2SO_2 \uparrow \tag{3-64}$$

$$Re_2S_7 + 16MoO_3 \longrightarrow 2ReO_2 + 16MoO_2 + 7SO_2 \uparrow \tag{3-65}$$

在温度高于 190℃ 和过剩空气条件下,低价氧化物又会氧化成高价氧化物:

$$4ReO_2 + 3O_2 \longrightarrow 2Re_2O_7 \tag{3-66}$$

$$4ReO_3 + O_2 \longrightarrow 2Re_2O_7 \tag{3-67}$$

当高价氧化物进入烟气时,随着烟气温度的降低又会与烟气中的 SO_2 发生交互反应:

$$Re_2O_7 + 3SO_2 \longrightarrow 2ReO_2 + 3SO_3 \tag{3-68}$$

$$Re_2O_7 + SO_2 \longrightarrow 2ReO_3 + SO_3 \tag{3-69}$$

由于这些共同作用的影响,电除尘烟灰中铼的赋存形式为 Re_2S、ReS_2、ReO_2、ReO_3、Re_2O_7 及 $Me(ReO_4)_2$。

在直接水浸过程中,只有 Re_2O_7 可以很快进入液相,其余铼的氧化物极难溶,高铼酸盐不能被浸出。

3.7.3 提取铼工艺

对于电除尘回收的回转窑焙烧烟尘中铼金属的提取,由于其部分铼以低价氧化物形式及部分以硫化物形式存在，直接水浸，存在浸出率低的问题，要使铼从固相进入液相，必须添加氧化剂，使低价铼变成高价铼，这就需要选择一种价格低廉的氧化剂。对常见的氧化剂如 HNO_3、Br_2、Cl_2、ClO^-、H_2O_2 等分析，除 H_2O_2 外都会对环境产生一定程度的危害，且对设备要求较高。

如果用氧气作为氧化剂，对该烟灰进行氧化焙烧可使铼挥发进入气相，再对烟气进行淋洗，使高价铼以高铼酸根形式进入液相，再进行湿法回收。通过在反射炉进行烟尘氧化焙烧测定得知，反射炉对铼的焙烧回收率在 90% 以上，如果进行适当调整焙烧操作可达 95% 以上，这给用焙烧-淋洗工艺提取铼金属创造了条件。烟尘焙烧-烟气淋洗提取工艺流程如图 3-7 所示。

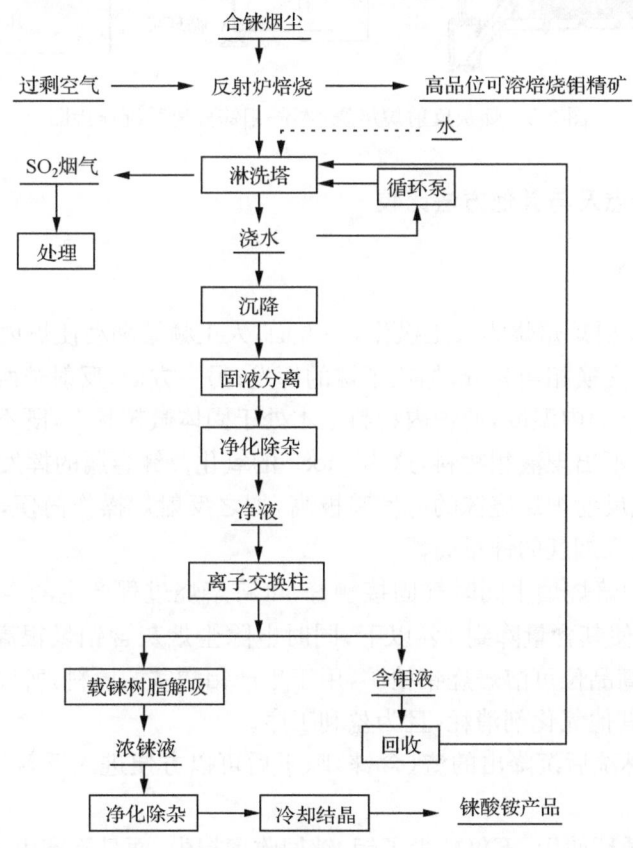

图 3-7　烟尘焙烧-烟气淋洗提取工艺流程

烟尘中的钼金属经焙烧后变成高品位可溶焙烧钼精矿，既可以作为普通生产产品出售，又可以作为钼酸铵生产用优质原料，该工序使用氧气作为氧化剂，不仅几乎不产生原料消耗，而且又获得一定的利润。烟灰反射炉焙烧-淋洗-钼铼分离系统连接如图3-8 所示。

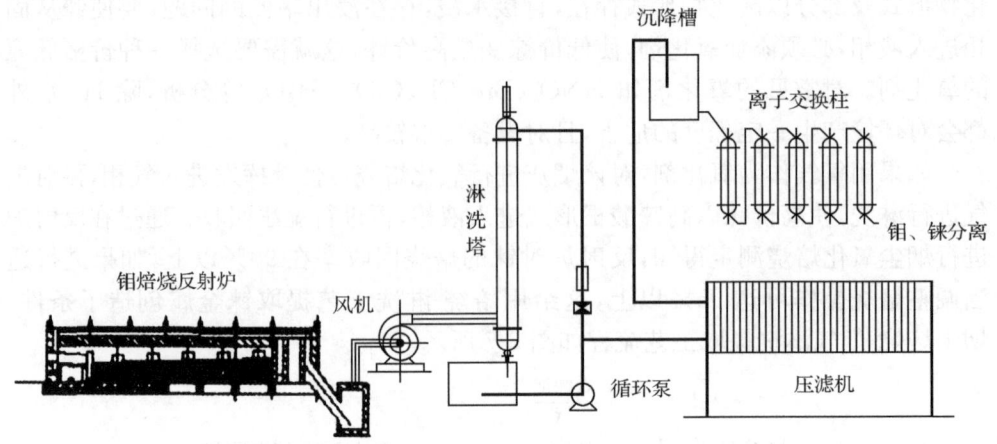

图 3-8 烟灰反射炉焙烧-淋洗-钼铼分离系统连接图

3.7.4 工艺特点及与其他方法比较

1. 工艺特点

(1) 由于反射炉焙烧为人工操作,一方面,人工频繁翻动使炉内物料与炉气之间的热量、物质交换相当充分,加快了铼的挥发;另一方面,反射炉两侧的多个炉门可以方便地调整炉内温度,使炉内物料基本处于固体微粒状态,既不产生大量的物料固体硬块,也不出现液相物料,这为 MoS_2 的氧化及铼金属的挥发创造了十分有利的条件,因此反射炉焙烧铼的挥发率极高,加之反射炉操作简便,易于调整焙烧作业条件,使进入烟气的铼量高。

(2) 反射炉焙烧烟尘同时气固接触好,可将焙烧过程产生的 MoO_2 进一步氧化成 MoO_3,并使其含量降到 1% 以下;同时电除尘烟灰含钼量很高(约为 59%),因而可生产出高品位可溶焙烧钼精矿,用于生产钼酸铵的原料,所以氧化低价铼过程不但不增加其他氧化剂消耗,且为盈利工序。

(3) 烟气淋洗后沉降出的渣(含铼)晾干后可以方便进入反射炉二次焙烧,将残留铼收回。

(4) 洗水循环使用,不仅减少了钼、铼回收率损失,而且不产生新的废液污染。

(5) 虽然电除尘烟尘含硫较钼精矿低许多,但焙烧、淋洗后的 SO_2 烟气仍需处理后才能排放。

2. 与其他工艺的比较

提取铼的方法的主要区别是铼由固相到液相的途径有差别,进入液相后,一般都用离子交换或溶剂萃取的方法,没有太大的差别,据此划分提取铼的方法主要有氧压煮法、过氧化氢浸出法、硝酸氧化浸出法、次氯酸盐浸出法、软锰矿氧化浸出法、石灰烧结法。这些方法可以归成3类:第1类为氧压煮法及硝酸氧化法,第2类为各种氧化剂氧化法,如次氯酸盐、软锰矿氧化浸出、过氧化氢浸出法,第3类为石灰烧结法。现分别对这3类方法进行利弊分析。

(1) 第1类:氧压煮法及硝酸氧化法,钼、铼化合物全部氧化,均对设备及管道要求较高。低价态硫经氧化后变为硫酸根,所以不产生 SO_2 污染,但有烟尘焙烧-烟气淋洗提取工艺流程及烟灰反射炉焙烧-淋洗-钼铼分离系统连接,如图 3-7 和图 3-8 所示。NO 污染及含亚硝酸盐废水污染,均需处理才能排放;硝酸盐及亚硝酸盐对后序除杂工序产生影响;另外硝酸及氧压煮工艺中添加的硝酸盐需要购入,需要原料支出。

(2) 第2类:各种氧化剂氧化法。此法不产生 SO_2 及废气污染,S^{2-} 被氧化成 SO_4^{2-},根据氧化剂的氧化能力不同,低价铼化合物在适当条件下氧化程度较高,ReO 被氧化的程度不同。除双氧水氧化法外,其他氧化剂均对除杂工序产生一定影响。

(3) 第3类:石灰烧结法。①此类方法的优点也是不产生 SO_2 污染,但 CaO 加入量为烟尘量的1.5倍,需购置大量氧化钙在焙烧过程加入,如果周边有廉价的原料资源,该法在此工序的支出较小;②添加的 CaO 对钼及铼贫化严重,极大影响铼及钼的回收率;③生产的钼酸钙中钼的回收工艺复杂,如作为产品出售,还需相当复杂的处理工艺。综合以上几点,可知此法不可取。

3.7.5 小结

采用电除尘烟灰反射炉焙烧-烟气淋洗-湿法提取工艺回收铼,烟尘中低价铼的氧化挥发率高。氧化低价铼的同时也可生产用于钼酸铵用的优质原料,不增加氧化剂费用,且有盈利。铼金属进入液相后,采用离子交换工艺属较成熟工艺,且烟气淋洗、洗液提铼工艺在国内已有应用,无太大的技术问题。反射炉焙烧的优点是烟气淋洗液沉降出的含铼钼渣可以方便地返回焙烧,铼与钼的回收率较高。

3.8 离子交换法从炼铜废液中提取贵金属铼

金属铼没有单独的矿物,主要伴生在辉钼矿中,还存在于铜矿中。由于它伴生于其他矿物中,且含量也低,因此在冶炼过程中往往随废液流失,造成了贵重金属资源的损失。一种从炼铜废液中回收铼的离子交换法比较实用[4]。

3.8.1 废液成分

在冶炼铜的过程中,当矿物焙烧时,铼在高温下转化成易挥发的 Re_2O_7,混在 SO_2 气体中。当净化 SO_2 气体用酸液洗涤时,铼就以 ReO_4^- 形态存在于废液中。废液中铼的含量为 0.12g/L。

3.8.2 提取步骤

1. 预处理

经过多次对比实验,选用南开大学化工厂生产的大孔强碱性树脂 D296 进行交换,具有良好的效果。在用离子交换树脂进行交换之前,需进行下列预处理:用蒸馏水浸泡 D296 离子交换树脂 24h,并不断搅拌,弃去浸液后,再用 5% 盐酸液浸泡,并不断搅拌 2h,向含铼废液中添加一定量的浓硫酸,调节废液酸度,使硫酸含量为 1.5mol/L,并把机械杂质滤去。

2. 固定床离子交换柱的装置

用湿法把经过上述预处理的 D296 离子交换树脂,装入一根直径为 300mm、高 1500mm 的玻璃柱中,注意玻璃柱的底部用玻璃丝作床衬。当装满离子交换树脂后,再用 5% NaOH 溶液洗涤树脂床,直到洗涤液使三氯化铁稀溶液呈深红色为止。

3. 铼离子交换过程

把预处理过的废液从高位储槽中慢慢流入上述离子交换树脂柱中,流入的速度以 30mL/min 为佳。

4. 洗涤工艺

先把交换过铼的树脂用 5 倍于床体积的蒸馏水洗涤,洗涤速度为 60mL/min,洗涤后,弃去洗涤液。然后用 2mol/L 的硫氰酸铵(NH_4SCN)溶液作为洗涤液,洗涤速度为 60mL/min,把 ReO_4^- 洗脱,收集所得洗脱液。当流出液使三氯化铁稀溶液变成血红色时,即可停止洗脱。

5. 高铼酸铵晶体的制备

把收集到的洗脱液加热蒸馏,注意溶液温度不宜高于 100℃,最后可析出高铼酸铵晶体。不过这时所得产品纯度并不高,含高铼酸铵量仅 86% 左右,还需继续精制,才可用于制造铼的有用化合物。

6. 离子交换树脂的再生

把上述洗脱过的离子交换树脂，先用蒸馏水洗两次，每次大约用 2 倍于床体积的蒸馏水洗涤，然后用 7～8 倍床体积的 0.1mol/L NaOH-2mol/L NaCl 混合液洗交换柱，淋洗速度为 120mL/min。经过上述处理后的离子交换树脂，可以循环交换铼。经研究发现，D296 离子交换树脂经再生处理后，可以使用 8 次，且效果没有明显下降。

3.8.3 用离子交换法提取废液中铼的操作要点

用离子交换法提取废液中铼的操作要点如下：

（1）采集的废液必须加入一定量的硫酸，使其含量达到要求，因为这是排除废液中其他离子干扰的重要条件。

（2）在变换、洗脱、再生等工序中，一定要控制好液体流速，否则会影响树脂的正常工作效率。如果流速过快，将导致树脂床过早被穿透。

（3）在洗涤树脂中铼的最后阶段，由于洗涤液中 ReO_4^- 浓度含量不高，所以洗涤液可循环使用，这样可避免收集的洗涤液过多，从而导致制铼酸铵晶体时能耗过多。

参 考 文 献

[1] 华一新. 有色冶金概论[M]. 北京:冶金工业出版社, 2007.
[2] 周令治. 稀散金属冶金学(上册)[M]. 3 版. 北京:冶金工业出版社, 1988:426-438.
[3] 符新科, 尹孝刚. 金堆城精矿提取铼金属方法探讨[J]. 中国钼业, 2004, 28(4):37-39.
[4] 王敏. 从废液中提取贵金属铼[J]. 资源再生, 2007(4):21-22.

第4章 铼合金与铼膜涂层

4.1 铼合金的研究

4.1.1 铼合金是航天高科技领域的重要材料

火箭发射时,几秒钟内便加热到接近铼熔点的高温,进入宇航空间后,温度又急剧下降到0℃以下,只有用具有优良高温抗蠕变性能的铼和铼合金才能满足这种要求。钼铼合金的开发是各国超耐热合金研究领域的重点,目前我国已将其列入军工配套新材料的科研计划。

具有密排六方晶格(胞)(hcp)的铼在晶体点阵为bcc或fcc的过渡金属(如钨、钼)中有很高的溶解度[1],铼可抑制碳和氧的脆化作用,使钨、钼合金的加工性、理化和热电特性等得到大大改善,成为性能优良的合金,称为"铼效应"。

密排六方晶格(胞)(hcp)(hexagonal close packing):常见的金属立方晶格如图4-1所示。

密排六方晶格是一个六方柱体。柱体的上下底面六个角及中心各有一个原子,柱体中心还有3个原子。属于这类晶胞类型的金属有铍(Be)、镁(Mg)、锌(Zn)、镉(Cd)等。

晶胞常数:底面边长a和高c,$c/a=1.633$;

原子半径:$r=1/2a$;

原子数:$n=12\times1/6+2\times1/2+3=6$;

致密度:$K=n_{原子}/V_{晶体}=0.74$;

原子配位数:12。

关于c/a的证明:取密排六方中间层某原子,为保证密排,其投影位于底面三个原子三角形的中心,该投影距离底面某原子的距离为$d_1=a/3^{1/2}$,而由于该中间层原子与底面原子距离为$d_2=a$,故$c=2\times(d_2\times d_2-d_1\times d_1)^{1/2}=1.633$。

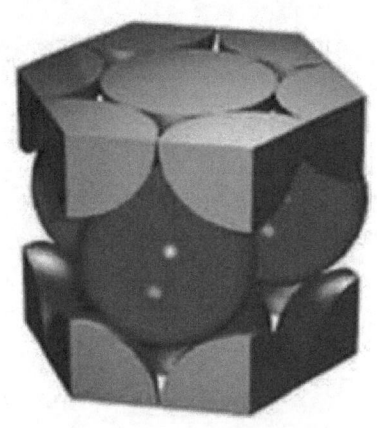

图4-1 密排六方晶格(胞)

体心立方晶格(胞)(body center cubic,bcc)是晶体结构的一种。体心立方晶格的晶胞是一个立方体,如图4-2所示。

在体心立方晶格的晶胞中,八个原子处于立方体的角上,一个原子处于立方体的中心,角上八个原子与中心原子紧靠。具有体心立方晶格的金属有钾(K)、钼(Mo)、钨(W)、钒(V)、α-铁(α-Fe,<912℃)等。

单位晶胞原子数：2；
配位数：8；
致密度：0.68。

面心立方晶格（胞）（fcc）（face center cubic/face-centered cubic），是晶体结构的一种，如图4-3所示。

面心立方晶格的晶胞是一个立方体，立方体的八个顶角和六个面的中心各有一个原子。属于面心立方的金属有γ-Fe（温度在912～1394℃的铁）、铝（Al）、铜（Cu）、银（Ag）、金（Au）、镍（Ni）等。

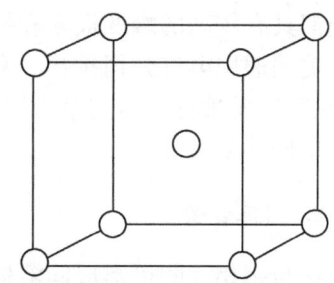

图4-2 体心立方晶格（胞）

面心立方晶胞的特征是：
晶格常数：$a=b=c,\alpha=\beta=\gamma=90°$；
晶胞原子数：$1/8\times8+1/2\times6=4$（个）；
致密度：0.74（74％）。

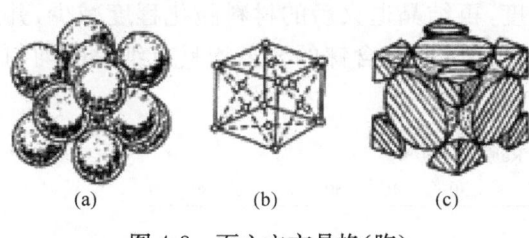

图4-3 面心立方晶格（胞）

4.1.2 铼合金的分类

目前超耐热合金是消费铼最多的领域，消费量约占铼总消费量的80％。目前我国铼及铼合金的研究正在逐步开展，重点是要在制备技术、加工处理、复合合金化、焊接性能、热处理制度和防氧化处理等应用方面进一步加强研究，在合金化机理、微观组织、疲劳破坏机理和氧化机理等基础理论方面作系统深入的探索，以推动我国铼的应用和铼工业的发展。

典型的超耐热含铼合金多种多样，其中最常见的主要有Mo-Re、W-Re、加铼镍基高温合金、冷磨氮化锆（铪）铼合金。

1. 钨铼合金

钨铼合金（W-Re）主要用于电热丝和测温仪器。钨铼合金丝构成的热电偶，测温范围广（0～2500℃），温度与热电动势的线性关系好，价格比铂-铑热电偶便宜，用在氢气气氛中测温最理想。

钨铼合金一般含铼3％～5％（质量分数）。含铼26％的钨铼合金不但耐高温性能好，其延展性也十分优良，用作灯丝和热电偶等。在钨中加10％～26％（质量分数）的铼，可显著改善合金性能，如WRe26合金的硬度比纯钨的高20％，抗拉强度为纯钨的2倍，δ为15％～18％，纯钨的再结晶晶粒尺寸为62μm，而WRe26减少为32μm。由于铼及第二相微粒的加入，如HfC或ThO_2等，第二相微粒弥散分布，钉扎位错，改善了钨铼合金的高温力学性能。WRe4-0.26HfC合金在1727℃

以上都具有较高的蠕变极限和持久强度。

美国通用电气公司推出一种 X 射线管用阴极灯丝[2]。这种再结晶卷丝含铼 3％～7％(质量分数),其余为钨,钨铼丝掺钾 30～110mg/kg。灯丝的内部组织颗粒平均尺寸≥20μm。

2. 钼铼合金

铼与钼相互间可形成固溶体,其二元合金相图如图 4-4 所示。钼为体心立方结构,加工性能较差,铼显著提高钼的加工性能和力学性能,使锻制和轧制的合金产品具有很低的"塑性-脆性"转变温度,再结晶退火后的材料脆化程度减少,并且具有比其他过渡金属更高的电阻率。此外,所有含铼的合金均具有细晶的均匀再结晶显微组织[3]。

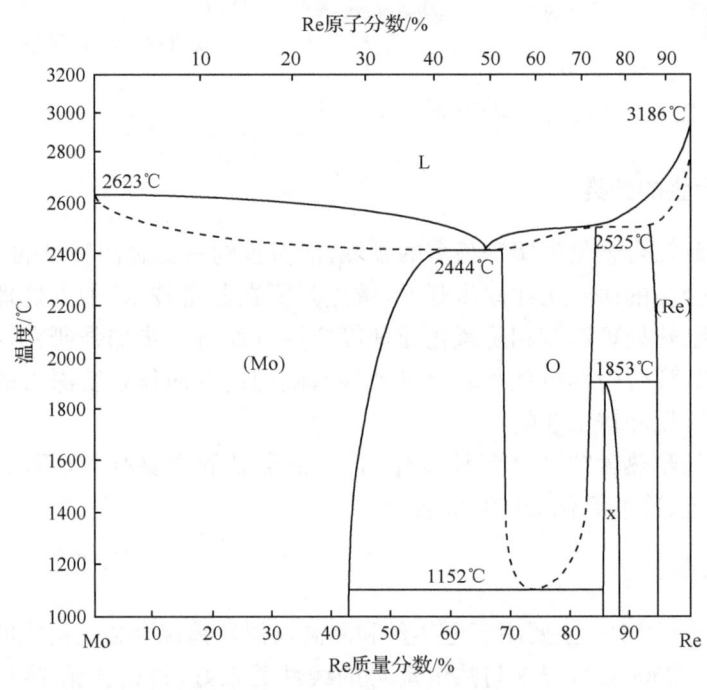

图 4-4　Mo-Re 的二元合金相图

Mo-Re 合金是一种固溶合金,铼含量一般不超过 50％(质量分数),当铼含量超过 45％时,Mo-Re 合金将析出第二相(σ相),σ相为高强度和高硬度的组织结构,给 Mo-Re 合金的压力加工及热处理带来困难,同时对材料的性能特别是均匀性有显著的不良影响。研究表明,碳、氧等元素对 Mo-Re 合金强度、塑性、临界应力有较大影响[4]。

目前研究的 Mo-Re 合金有三种：Mo-Re 系列，铼含量为 2%～50%；W-Re-Mo 系列合金；弥散强化 Mo-Re 合金[5]。

Mo-Re 合金的制造有粉末冶金工艺和电弧熔炼工艺，粉末冶金工艺占主导地位。生产 Mo-Re 合金所用的铼和钼原料，其化学纯度要求在 99.95% 以上，主要用离子交换或化学萃取技术获得高纯度原料，且质量必须稳定。

MoRe40 合金可用于空间站高性能电加热肼控制发动机。MoRe41 的硬度高于纯钼 60%，强度提高 75%，延伸率可达 15%～20%，比其他过渡金属合金有相对较高的电阻率，在非氧化性环境如 H_2、惰性气体或真空的高温环境中工作，不产生脆化，用于制造高温加热元件。MoRe47 合金具有高的抗拉强度和较好的延性，用于生产微米尺寸截面的箔带和极细丝材的弹性元件，此合金弹性元件在塑性变形超过 80% 时达到最大强化。如再添加铪、锆或钒元素，则合金变形 45%～50% 时即可达到明显强化。MoRe50 的蠕变断裂寿命高于纯钼，用于温度高达 2127℃ 的加热器、反射器和空间站部件等，MoRe50 合金无缝管是极好的高温热电偶保护管材料。此外，MoRe41、MoRe47.5、MoRe50、MoRe5-0.5HfC、WRe35-18Mo 等也都用作火箭推进器的结构材料。

Mo-Re 合金除可用于制造火箭发动机的喷嘴和核能工业中的部件（如国际热核实验装置中转换器的散热片，控热核装置中的转换元件）外，还用于其他高科技领域的国防尖端产品，如各种固体推进热敏元件，单、双推进热敏元件，氢氧气体推进元件，碳氢化合物燃烧装置，超声波仪器，以及测量战略导弹轨迹的卫星站等[6]。

Mo-Re 合金具有良好的导电性、耐磨性和抗电弧烧蚀性，用作触点材料时它所产生的氧化物具有良好的导电性，接触电阻变化较小，使用寿命长。Mo-Re 合金用作电子管、特种灯泡的热离子材料、X 射线靶和集成电路的薄膜电极，在各种气体中不但具有高热稳定性和热离子特性、高电子逸出、高电阻，并且在热处理后仍保持着较好的塑性、较高的再结晶温度、良好的热电性能和抗机械冲击性能，因此在电子学领域应用前景十分广阔。

钼铼合金中，有一种性能优异的新型合金，即氧化镧弥散增强钼铼合金（简称 ODS 钼铼合金），是 Bianco[7] 研制的。该合金含铼 7%～14%（质量分数），含稀土氧化物（氧化镧、氧化钇或氧化铈等其中一种或多种）2%～4%（体积分数）。这种合金的制法与含氧化镧钼粉制法相近。首先将纯三氧化钼、硝酸镧（或乙酸镧、乙酸铈）分散在去离子水中，加热氢还原得钼粉和氧化镧，之后加入设定的铼粉，在真空下压制得坯锭，在氢气流下烧结、轧制出产品。该合金含铼 14.7%～14.9%（质量分数）、三氧化二镧 1%（质量分数）、氧 0.33%～0.35%、碳 0.015%～0.018%，余量为钼。与纯钼、钼铼合金（含铼 14%）比较，氧化镧弥散增强钼铼合金的极限抗拉强度要高得多，其低温与高温力学性能明显改善。

3. 铼镍基单晶高温合金

合金中加铼是新一代单晶高温合金的显著特征,在镍基单晶高温合金中加入铼,可以显著提高它的抗蠕变性能、疲劳性能及抗氧化性能。研究表明,铼的扩散行为直接影响铼的偏析行为、合金中沉淀相的粗化以及合金的焊接性能,对镍基高温合金的显微组织、高温力学性能及蠕变动力学有着重要的影响[8,9]。含铼3%~7%的镍基高温合金,可用来制造新一代喷气发动机的热区涡轮叶片。

铼和铼合金还用于速射炮炮筒衬里,这种衬里采用化学气相沉积法制造。在石化工业中,铼用作铼铂重整催化剂,该催化剂以氧化铝为载体,加入0.3%铼和0.3%铂。铼能提高铂催化剂的使用寿命,特别是在生产高辛烷含量的无铅汽油时,铼铂催化剂可在苛刻条件下使用。汽车尾气净化器添加铼可降低尾气污染。目前铼在催化剂中的用量约为铼总消费量的20%。

4. 冷磨铼合金

冷磨铼合金(cold mill rhenium alloys)是Jerry[10]研制的一种新型铼合金。该铼合金主体为铼,还含有2%(原子分数)左右的氮化物(如氮化铪、氮化锆、氮化钽)或碳化物(如碳化钼、碳化钨)。氮化物或碳化物在铼中以10~40mm的超细态弥散分布。它们在铼合金中起着晶界钉(栓)(grain boundary pins)的作用,从而明显减少了在高温环境下铼晶粒的长大,提高了铼合金的屈服强度和抗拉强度。冷磨氮化锆(铪)铼合金的制法如图4-5所示。

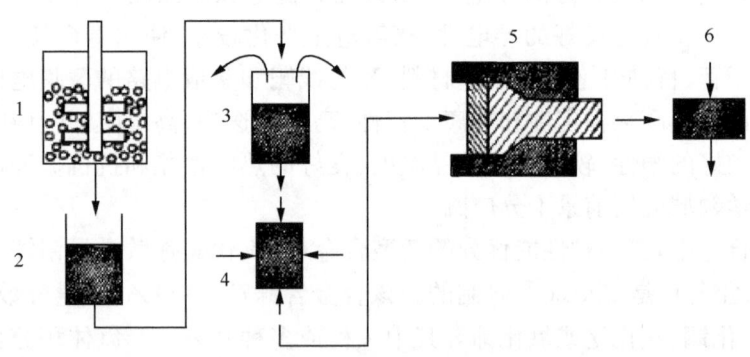

图4-5 铼合金的制法
1. 高能搅拌磨(冷磨机);2. 料罐;3. 脱气;4. 压制;5. 挤压机;6. 锻造

将0.1μm的铼粉与纳米氮化锆粉混合后加入一种特制的高能搅拌磨内,在液氮中(温度-240~-150℃)用2~4mm的陶瓷球进行冷研磨(或称低温细磨),为防止团聚可加少量硬脂酸$CH_3(CH_2)_{16}COOH$作表面活性剂。高能磨的转数一般为80~150r/min,磨机中保持一定的真空度,磨至50~100min后放出物料,进行真空脱气,脱除残留的氮气,然后将物料送热等静压机(HIP),在 1200~1600℃、惰性气体保护下,在 138000kPa 压制 4h,得到的产品几乎无任何孔隙,再进行挤压,挤压面积比大于 6∶1。挤压机推杆速度约 50cm/min。必要时,再将挤压件加温至 1200℃锻造。

4.2 铼粉和铼涂层、铼膜的制备

4.2.1 铼粉的制备

早在 20 世纪末,美国克莱麦克斯钼业公司的研究人员就制出球状钼粉。研究人员在氮和氩气气氛中,利用直流电弧等离子将钼块熔化并射击在旋转的冷却铜板上制出 50~300μm 的钼粉,该钼粉含氮 1000~1100mg/kg。受球状钼粉的启示,美国铼合金公司的研究人员 Todd[11]利用类似的原理,在氩、氢气流中,将 0.15~0.30mm 的传统似片状铼粉用感应等离子熔融,然后收集在冷却水中,得到平均粒度为 75~80μm 的似球状铼粉,该铼粉含氧 270mg/kg。

用这种铼粉制出的金属铼的密度与理论铼金属密度接近。而传统形状并不十分规则的铼粉流动性差,含氧至少为 900mg/kg,用这种铼粉制出的铼材一般仅为理论铼密度的 75%~80%。铼材的物理、化学和力学性能并不理想。

球状铼粉经压制、预烧结后,产品密度为理论密度的 84%,最终烧结后为理论密度的 95.5%。模制棒材的收缩率仅为 5%,传统棒材为 33%。研究显示,平均粒度为 10~50μm 的球状铼粉特别适宜用粉末冶金技术制造形状特殊、结构复杂的钼铼合金部件和钨铼合金部件。

4.2.2 铼涂层、铼膜的制备

铼耐高温,在高温环境下特别耐腐蚀,也特别耐热化学磨蚀、剥蚀,涂铼的钼铼合金部件在高温下保持材料结构的完整性。在 2700℃高温下抗拉强度＞48MPa(在室温下抗拉强度＞1172 MPa)。Mettendod[12]利用化学气相沉积法(CVD 法),将铼沉积在钼芯制造的火箭喷嘴上,其厚度为 10~25μm。Tuffies[13]用 CVD 法将铼涂在火箭的燃烧室。Sherman[14]用 CVD 法将铼沉积在炮筒、枪膛的基材上,制成耐高温、耐高压、耐磨蚀、耐剥蚀的铼膜。这种铼膜在热冲击下不会发生热化学剥蚀。

位于华盛顿的 Secretary of Navy 的 Amarnath[15]研制了一种铼膜的新制法,这种铼膜的基材是碳纤维强化的碳基材(carbon fiber rein-forced carbon matrix),这种碳基材质量轻、强度高,是良好的结构材料,但耐剥蚀性差。将其涂上铼膜就变成性能优异、耐高温、高耐剥蚀的结构材料,也可应用于高温工业产业。其涂敷方法是将碳基材先涂上四氯化铼-盐酸、二氧化铼-盐酸和二氧化铼-过氧化氢悬浮液,先低温加热,再在氢气流中高温还原上述铼化合物为铼,之后再涂一次上述铼化合物溶液,再加热、还原铼化合物为铼。经两次涂敷后,在碳材上形成厚度为10~100μm的铼膜。铼增强碳纤维碳基材的结合十分牢固,耐高温削蚀。

4.3 铼合金的应用现状

由于铼及铼合金所具有的特性,决定了它在高技术工业中的应用前景,尤其是在宇航、原子能、冶金、电子、石油化学等工业上的应用,日益引起了各国材料学家的高度重视。

4.3.1 铼合金在航空航天上的应用

铼是最难熔的金属之一。铼及其合金成形件主要用于航空航天元件、各种固体推进热敏元件、抗氧化涂层等。由铼与其他金属可制作一系列耐高温、抗腐蚀、耐磨损的合金,如 WRe25 曾是空间站核反应堆材料;Re-Pt 用作原子能反应堆结构材料,可抗 1000℃高温下载热体的腐蚀;Re-Mo 合金在 3000℃仍具有高的机械强度,可用来制造超音速飞机及导弹的高温高强度部件。从 20 世纪 80 年代,美国航空航天局下属 Ultramet 公司就开始研究以金属铼作基体,耐高温抗氧化金属铱作涂层的液体火箭发动机燃烧室,并且已经成功制备和应用于卫星姿控发动机上。Ultramet 公司还通过 CVD 法在石墨基体上沉积金属铼涂层,用来做火箭发动机的燃气舵。实验表明,金属铼能够和石墨或者 C—C 基体很好结合,同其他硬金属碳化物相比,铼和石墨或者 C—C 的结合是塑性的,有良好的热相容性,因此其熔点要高于其他硬金属的碳化物,并且在废气存在情况下,呈现出化学惰性。由于金属铼还具有抗氢腐蚀和低的氢气渗透率,被用于制作太阳能火箭的热交换器件,通过这个热交换器件,太阳辐射的热能被传递到氢气,然后氢气被吸入铼管,由此产生推力,其最高工作温度可达 2500℃。近年来,铼在高温合金方面的用量已超过在催化剂方面的用量,其超耐热合金已成为其最重要的应用领域[16]。

铼与钨及钼制成的合金具有良好的力学性能,可在高温下使用,现已成为宇航、火箭和导弹等方面的重要材料。铼可用来制造火箭和人造卫星的外壳。美国曾在阿波罗 1 号宇宙飞船上使用 W-Re 热电偶测定宇宙飞船的热屏蔽效果。用铼合金作为飞船、火箭及导弹上的高温部件(如热屏蔽、电弧放电、接触器热扩散挡板及发射体等),用 W-Re-ThO$_2$ 的钨合金纤维——高温复合材料作宇宙飞行器涡轮喷气发动机的叶片材料。铼在宇航工业中还可用作镀层材料,俄罗斯已在火箭头锥和发动机上采用了铼涂层,用来保护远程火箭的头部。美国的 Los Alamos 科学实验室(LASL)还成功地研制了原子核火箭发动机用的 W/WRe26 高温热电偶,并经历了50次以上的冷热循环试验,最高温度达到2050K。它们也能够在一个相当长的高温区内测量温度,直到2300K时还不出现短路误差。如果使用钽、钼和化学沉积钨铼的合成套管(composite sheath),还可进一步研制供原子核火箭发动机用的精确而又长寿命的高温热电偶。中国已把W和W-Re合金作为航空电磁机电接点材料,并且还研制出了一种含有Co、Ni、Cr、Mo、W、Re的材料,用作导弹、卫星仪表上的陀螺轴尖[17]。

4.3.2 铼合金在原子能工业上的应用

钨铼合金的强度高,密度大,可用作原子能和核工程的核燃料储存器和控制器。其抗蚀性能好,在核动力系统中用作液态金属钠、锂的储存器。高钨铼合金可加工成管材,作核反应堆中的热交换器,如锅炉集管和输热管道,通过它把反应堆中的热传递给锅炉和发动机,同时还可用作金属蒸气驱动的旋转部件。美国曾采用WRe25合金作为原子能发电反应堆的结构材料,由于铼具有中等的热中子捕获截面,且在高温(2600℃)时与铀无明显的反应,因此可在原子能反应堆中使用。如W/WRe25热电偶可用于原子能反应堆中,其在3100℃下也不发生软化。还有Ta-2.5Re-3W合金在原子能工业中也常用作液态金属容器和高温释热元件的扩散壁[18]。

4.3.3 铼合金在电子材料和高温材料上的应用

铼的耐高温性,被广泛应用于加热元件、热电偶、特殊金属丝以及电子管中的元件。在这一领域,铼最突出的应用是制造超高温发射极。日本东京钨公司制作在钨单晶定向功能材料衬底上涂一层铼基的含铌、钽合金和钼复合材料体系作为基础材料的高温发射极,将热电子放电效果提高20%,同时也大大提高电流密度,改善了热电发射性能[19]。

W-Re和W-Th-Re合金用作电子管元件,能提高电子管元件的强度,做成加热器的加热丝,即使在再结晶和渗碳之后也可以避免受损坏。由于铼的蒸气压较小,在作镍矩阵阴极时可用它代替镍。

铼是电子管的良好材料。铼及铼合金(尤其是W-Re合金)在电子管中主要用作加热灯丝,阳极、阴极、栅极和电子管封皮及结构材料,效果好,寿命长[19]。用铼代替钨制造的电子管阴极使用寿命可提高100倍。在氧化物配合器阴极或钨配合器阴极的应用中,W-Re合金可代替纯钨,其电子逸出功可由4.55eV降至1.2eV,以减低纯钨所具有的脆变因素。且由于其具有较高的电阻率,不会像纯钨那样使管套变黑。

W-Re和W-Th-Re合金用作电子管元件,能提高电子管元件的强度,做成加热器的加热丝即使在再结晶和渗碳之后也可以避免受损坏。由于铼的蒸气压较小,在作镍矩阵阴极时可用它来代替镍,Mo-Re-W 合金是很有前途的阴极材料。在金属阴极材料中添加铼,可以使发射值获得显著改善。混合比为 1:1 的 Th-Re 合金阴极的发射流密度在 1630K 下比钨导线的理论值高 2.74 倍[20]。

钨铼合金可用作质谱仪的阴极、气相色谱仪的导热丝等,还可用作抗震灯泡、闪光灯泡、大功率日光灯、铁路信号灯等的灯丝。铼和铼合金用作电子管、显像管元件和超高温加热器,加热温度可达到 2800℃,这种加热器可用来蒸发金属。铼用作电接触器,特别是制作舰船永磁发电机中的接触器,经久耐用,抗蚀性能好。

电子计算机信息传输系统中针式打印机的打字材料,过去采用镍基弹性合金和钨。现在用钨铼合金代替上述材料,它具有弹性模量高、耐磨性好、抗色带侵蚀性好等优点,从而提高了打印针的使用寿命和打字质量。

铼与钨、钼或铂族金属所组成的合金或涂层材料,因其熔点高、电阻大和对环境的稳定性好而广泛应用于电子工业。掺 3%~20%Re 的钨丝或 $HReO_4$ 涂层的钨丝,既不像钨丝那样易脆,又能提高其延伸率与电阻,具有较高抗冲击与振动性能,所以在真空技术及易振动场所的电子器件或灯丝中展示了其重要用途,如作 X 射线靶、闪光灯、声谱仪、高真空测定电压部件、飞机灯泡的钨铼丝等。

医疗上广泛使用的旋转 X 射线阳极靶,有纯钨靶、钨和钼或石墨的复合靶,如果用钨铼合金代替或者在靶上面沉积一层铼或钨铼合金,可使靶不易脆化和龟裂,并能很好地保持 X 射线的焦径,提高辐照效果。

4.3.4 铼合金在冶金工业上的应用

铼在冶金工业上可用作合金添加剂。合金中加入铼可以大大改善合金的性能,特别是作为钨或钼的添加剂可以提高钨、钼合金的强度,克服这些金属在再结晶后的脆变倾向,改善金属的成形性和焊接性,使钨和钼合金具有更好的坚固性和稳定性。钼铼合金的抗拉强度比纯钼大 2 倍以上,不脱层,加工性能也比纯钼好。钼铼合金是非磁性的,可用来密封金属和玻璃,用作高温热电偶保护套和高温炉的部件等。在钨合金中添加铼可改善其高温性能和高温延性,钨铼合金比纯钨更坚硬,其抗拉强度高达 3260MPa,耐磨性能比纯钨大数倍,易于焊接,并且加工温度范围较宽。在铂和铑的合金中加入铼能够提高耐磨性而不降低其抗腐蚀性,这些合金同样可用作热电偶材料。

4.3.5 铼合金是制造钢笔尖的极好材料

由于铼具有良好的耐磨性,因此可作钢笔尖合金材料的成分,已研制的有 Pt-Re 合金、Re-Pt-Ni-W 合金、R_3-Ru-W 合金及 Os-Re 合金等,据报道,含 10%~40%Re,15%~45% Os,50% W 的三元合金是制造钢笔尖的极好材料。以锇和铼为主体的合金(在 60%~90%的铼内添加 10%~40%的锇)作为钢笔尖材料具有良好的耐磨性、可加工性,并且价格比较便宜。曾经有人系统地研究过铼锇二元合金的耐磨性能,发现在铼内添加 10% 的锇,则其耐磨性显著增强。

4.4 铼合金研究的发展趋势

4.4.1 铼合金研究的方向

铼合金研究概括起来有如下几个方向。

(1) 研究和优化钨铼系列合金的制造工艺,开发以丝材为主的片材、带材、管材等各种元器件,以进一步扩大其在测温及零部件制造中的应用。

(2) 不断研究和探索 Mo-Re 合金、W-Mo-Re 合金、W-Th-Re 合金、Co-Ni-Cr-Mo-W-Re 合金的性能及用途,开发其他一些高强耐磨、耐高温、抗蚀铼合金材料及元件以满足高科技发展的需要。

(3) 研究和开发新型的铼复合材料如铼镀层、铼合金镀层材料等,以满足高科技发展的一些特殊需要。

(4) 进一步研究和开发铼及铼化合物新型催化剂,提高其催化效率,以满足石油化学工业发展和科研需要。

(5) 寻求以铼及铼合金代替稀贵金属的新途径。

4.4.2 利用镧和钇改进含铼合金的性能[21]

据美国 ASME *Journal of Engineering for Gas Turbines and Power* 1999 年 1 月报道,在最新型大型商用航空发动机设计中,当发动机达到最大功率时,涡轮进口温度已接近 1650℃,推力超过 445kN。为达到更高的可靠性和使用寿命,设计中结合涡轮叶片先进的空气冷却、应力和气动力设计技术,应用含铼的镍基单晶超耐热合金和陶瓷热障涂层技术。在铸造叶片超耐热合金中加入铼,不仅改进了抗蠕变和热力机械疲劳强度,也改进了涂层的性能。据此,对应用于涡轮叶片含 3% 铼的 CMSX-4 单晶超热合金进行了改进,使硫和磷含量减小到少于 2×10^{-6},并添加 $10\times10^{-6} \sim 30\times10^{-6}$ 的镧和钇。实验表明,CMSX-4[La+Y] 单晶合金的性能有了明显改善,可使其循环氧化寿命增加约 10 倍。

4.5 铼对单晶高温合金铸态组织的影响

Re 是新型单晶高温合金性能得到提高的关键元素,其对单晶合金的作用得到了广泛关注[22]。不同研究者研究了 Re 对单晶合金 γ' 形态及长大特征[23]、两相错配度[24,25]、合金元素扩散行为[26,27]、TCP 相[28] 等微观组织的影响,对 Re 影响合金成分偏析[29,30]也有报道。然而,从已见的文献看,对 Re 影响单晶合金铸态组织的研究报道不多。此外,由于 Re 价格昂贵,过去对 Re 影响单晶合金组织的研究大多限于某一种单一成分的合金。对于通过单独调整 Re 含量,探索 Re 对单晶合金铸态组织的影响的研究尚未见报道。当前 Re 资源缺乏,作为战略元素 Re 在新型单晶合金发展中的地位更显重要。为充分研究 Re 对单晶合金的影响,最大限度地发挥 Re 的强化效应,合理利用 Re 元素,有必要细致研究 Re 对单晶合金铸态组织的影响。下面以 DD6 合金成分为基础,单独调整 Re 含量,探讨 Re 对单晶高温合金铸态组织的影响。

4.5.1 实验方法

实验用合金以第二代单晶 DD6 合金为基础(DD6 合金成分见文献[31]),单独调整 Re 含量,A、B、C、D 合金 Re 质量分数分别为 0%、2%、3%、4%。采用螺旋选晶法在 HRS 定向炉 ZGD-1 上进行小炉熔炼,熔炼工艺按 DD6 单晶合金熔炼工艺进行,制得[001]取向 ϕ15mm 试棒。制得的单晶试样经常规金相技术处理,利用莱卡 DMR HCS 光学显微镜和 S-3500N 扫描电子显微镜观察枝晶形貌、共晶分布、γ' 相形态。用单位面积枝晶法[32]测算枝晶间距,用 JDll-I,IM-2000 金相图像分析仪测定共晶含量及 γ' 相尺寸。利用 EDAX 能谱测定共晶相成分受合金枝晶和枝晶间区域成分。

4.5.2 实验结果与讨论

1. 一次枝晶间距

图 4-6 是合金 Re 含量与一次枝晶间距的关系图。由图可知,Re 含量对单晶合金一次枝晶间距有明显影响。对于合金 A、B、C,随 Re 质量分数从 0% 增加到

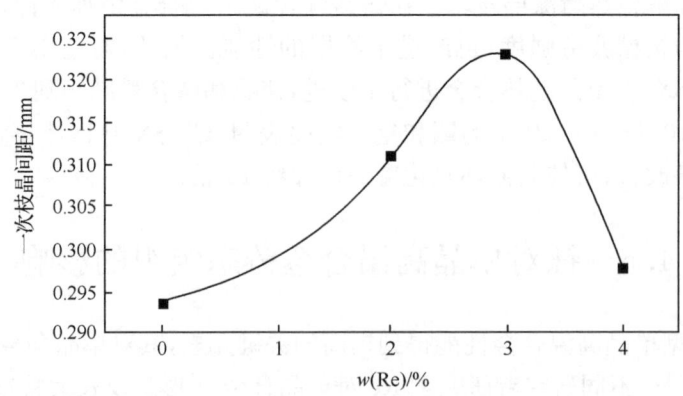

图 4-6 Re 含量与一次枝晶间距关系

3%,其一次枝晶间距明显增加。但对于 Re 质量分数为 4% 的合金 D,其一次枝晶间距反而小于合金 C 的。由于考虑到合金的稳定性,在调配合金成分时,对于合金 D,适当降低了其 Cr 含量,这也许是引起合金 D 一次枝晶间距规律与合金 A、B、C 不一致的原因。

2. 共晶形态及含量

图 4-7 是合金 Re 含量与图像分析仪测得的各合金共晶相含量关系图。由图可见,Re 含量的增加使合金中共晶相含量稳定增加。

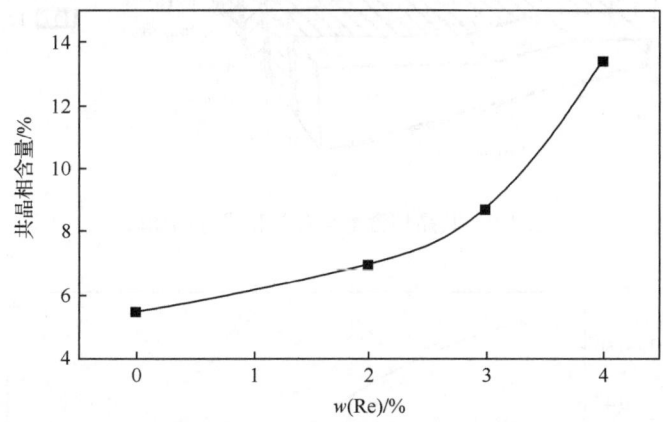

图 4-7 Re 含量与共晶相含量关系

据 EDAX 能谱测得的各合金共晶成分及图像分析仪测算得到的共晶含量,作出各合金共晶相含量与共晶相成分中主要元素含量的比较图,如图 4-8 所示。从图可知,Re 含量不同的合金,其共晶相组成有很大差异。对于不含 Re 的合金 A,共晶相中 W、Cr 含量最高,Al、Ta 含量最低;但 Re 质量分数为 4% 的合金 D,其共晶相中 Al、Ta 含量最高,W、Cr 含量最低。随 Re 含量的增加,合金的共晶相含量增加。共晶相成分中 Al、Ta 含量逐渐增加,W、Cr 含量递减。可见,Re 的添加不仅改变了单晶合金共晶相含量,而且改变了其共晶相的组成。

3. γ' 相形态及大小

合金元素 Re 对单晶合金 γ' 相组织有较大影响。随 Re 含量的增加,枝晶主干和枝晶间的 γ' 相都越来越细小,γ' 相形态逐渐规则。图 4-9 是根据图像分析仪测定的枝晶主干 γ' 平均尺寸与 Re 含量的关系图。很明显,合金中 Re 的含量严重影响着 γ' 尺寸。图 4-9 充分说明,Re 的添加,强烈抑制合金凝固后析出 γ' 的长大。

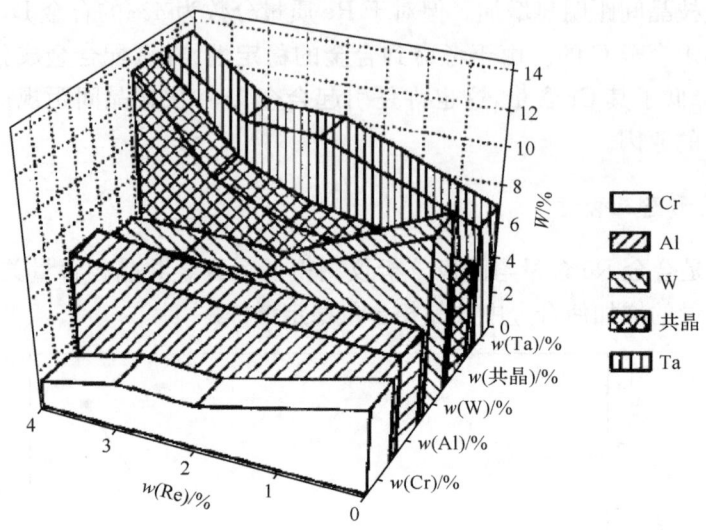

图 4-8　共晶相含量与共晶相成分的比较

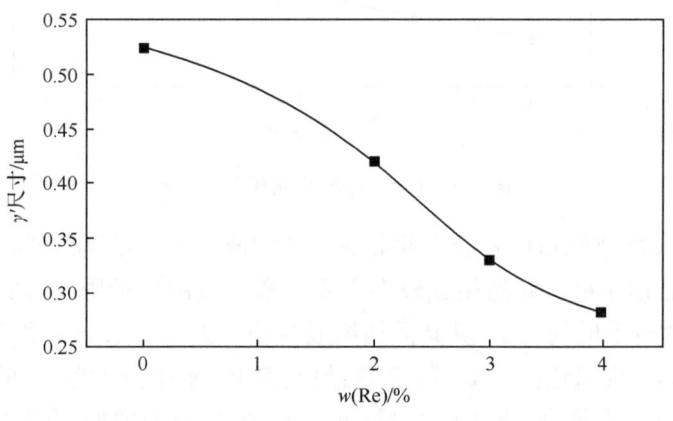

图 4-9　Re 含量与 γ' 尺寸关系

4. 成分偏析

表 4-1 是电子探针测得的合金 A 到合金 D 枝晶干和枝晶间区域平均成分（五次测量的平均值），及各合金各元素偏析比（偏析比为枝晶间成分值与枝晶干成分值之比 C_{inter}/C_{core}[33]）。从表可见，四种合金的元素成分偏析程度有很大差异。这四种合金中，合金 D 成分偏析最严重，而合金 A 偏析程度最轻。其中，含 Re=2% 的合金 B 与无 Re 的合金 A 相比，合金 B 的元素偏析较合金 A 的严重得多。

表 4-1 合金枝晶干和枝晶间区域平均成分

合金钢	Al	Cr	Co	Ni	Mo	Ta	W	Re
合金 A 枝晶干	5.39	5.15	10.62	60.53	2.24	5.37	10.7	—
合金 A 枝晶间	6.04	3.70	8.70	64.44	1.11	8.78	7.23	—
合金 B 枝晶干	4.35	5.95	10.84	58.82	2.33	3.15	12.11	2.45
合金 B 枝晶间	5.89	3.94	8.49	63.66	1.06	7.88	7.56	1.52
合金 C 枝晶干	4.16	5.72	11.03	57.43	2.23	3.15	11.72	4.56
合金 C 枝晶间	5.86	3.34	8.33	64.28	0.99	8.32	6.86	2.02
合金 D 枝晶干	4.07	3.33	11.05	57.28	1.53	2.67	12.26	7.81
合金 D 枝晶间	6.42	1.65	8.18	65.21	0.67	8.02	7.02	2.83
合金 A	1.12	0.72	0.82	1.06	0.50	1.64	0.68	—
合金 B	1.35	0.66	0.78	1.08	0.45	2.50	0.62	0.62
合金 C	1.41	0.58	0.76	1.12	0.44	2.64	0.59	0.44
合金 D	1.58	0.50	0.74	1.14	0.44	3.00	0.57	0.36

图 4-10 是合金元素偏析情况随 Re 含量变化关系图。可见,Re 严重影响合金的成分偏析。随合金 Re 含量的增加,合金的成分偏析程度明显增加。其中,Ta 元素的偏析行为受合金 Re 含量的影响最强烈,其次是 Al 元素;Re 含量的变化对 Ni、Co、Mo 的偏析行为影响较小。另外,从 B、C、D 三种合金的比较可知,随合金 Re 含量的增加,Re 元素在枝晶中的偏析越来越严重。

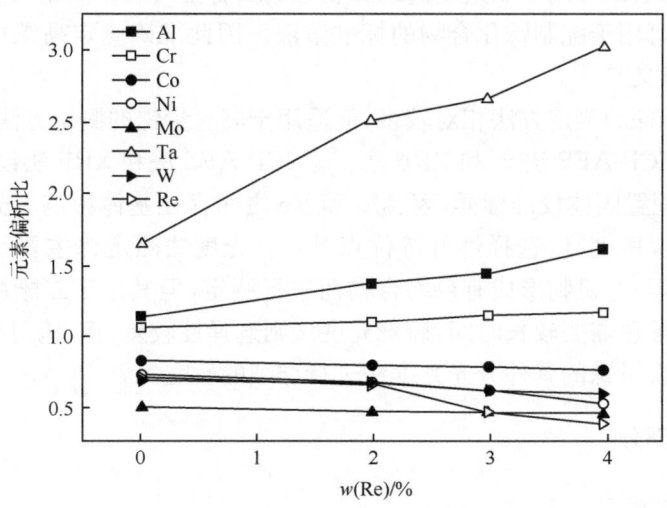

图 4-10 合金元素偏析比与合金 Re 含量关系

4.5.3 小结

(1) 随 Re 含量增加,合金枝晶间距有增加的趋势。

(2) 单晶合金中 Re 含量的变化对共晶相含量及组成有重要影响;随 Re 含量的增加,共晶相含量明显增加;共晶相成分中 Al、Ta 含量逐渐增加,W、Cr 含量递减。

(3) 随 Re 含量的递增,枝晶主干和枝晶间的 γ' 相越来越细小,γ' 相形态逐渐规则。

(4) Re 的添加,强烈影响合金的成分偏析。合金元素的偏析行为随合金 Re 含量的增加而加剧。

4.6 紫外分光光度法测定合金中含铼量

铼属稀散难熔贵金属,其中高铼样品主要有钨铼合金、钼铼合金和高铼酸铵等。其中钨铼合金广泛用于彩色显像管热丝、各种电子管灯丝和栅极,具有室温和高温强度大、再结晶后塑性好、电阻率大、电阻系数低、能抗氧化和碳化、抗"水循环反应"能力强和焊接性能好等优点[34]。钼铼合金可用作高速旋转的 X 射线管靶材、微波通信的长寿命栅板、空间反应堆堆芯加热管、高温炉发热体、高温热电偶等。高铼酸铵大量应用于石化工业贵金属催化剂中,用来制造铂铼双金属重整催化剂;高铼酸铵是制造铼金属粉末的重要原料,也在许多含铼合金中用作元素添加剂。超高纯铼酸铵可用于制造超高纯铼粉、铼靶、合金等各种高精尖科技领域适用的铼材料,还可用于配制铼化合物的标准溶液。因此准确测定高铼样品中的铼含量具有重要意义[35,36]。

目前关于铼的测定方法相对较多,但适用于高含量铼的测定方法不多,主要有光度法[37,38]、ICP-AES 法[39] 和 XRF 法[40]。ICP-AES 法和 XRF 法设备投入大,且 XRF 法需要配置固体校准标样,W、Mo 和 Re 之间存在基体影响。分光光度法具有仪器简单,灵敏度高,选择性好等优点[41-43]。光度法测定铼主要是基于在酸性介质下低价铼与有机物形成有色络合物而进行测定,但其中丁二酮肟光度法络合物稳定性差,显色需要较长时间,硫脲光度法则选择性较差,钼、钨对铼的测定有干扰,因此对高含量铼的紫外分光光度法进行详细的研究。

4.6.1 实验部分

1. 仪器与试剂

T-6 型紫外分光光度计(北京普析通用)。氢氧化钠(50%),盐酸羟胺(1%),

铼标准储备溶液(1.0000mg/mL)，钨铼合金(咸阳艾斯克材料有限公司)，钼铼合金(西北有色金属研究院)，高铼酸铵(江西铜业公司)，所用试剂均为分析纯，水为二次去离子水。

2. 实验方法

移取 1.0000mg/mL 的铼标准溶液 1mL(1000.0μg 铼)于 50mL 容量瓶中，加入 40mL NaOH(50%)、4mL 盐酸羟胺(1%)，摇匀后静置 30min，定容。于波长 300nm 处用 1cm 比色皿测定，随同做试剂空白参比。

3. 实验步骤

称取 0.1g 样品(精确至 0.0001g)，加入 20mL 水、2mL 过氧化氢，微热溶解。待样品溶解完全后，加入 1mL 氢氧化钠(10%)，置于电炉上微热至冒大泡。取下冷却后定容于 500mL 容量瓶中，按表 4-2 分取后按实验方法测定(在溶解高铼酸铵时不需加入过氧化氢，其余相同)。

表 4-2 分取体积

铼的质量分数/%	移取试液体积/mL
1.0~25.0	20.00
25.0~50.0	10.00
50.0~70.0	5.00

4.6.2 实验结果与讨论

1. 样品溶解方式的选择

分别采用过氧化氢溶解和氢氧化钠碱熔的方式对钨铼合金、钼铼合金样品进行前处理。结果表明，两种方法均能保证试样溶解完全，且实验测定结果一致。但碱熔融法操作繁琐，坩埚也因腐蚀报废造成资源浪费。采用过氧化氢溶解钼铼、钨铼样品，在滴加过氧化氢至样品完全溶解后，可采用持续加热煮沸的方式分解过氧化氢，但需加热时间较长，不仅耗时且容易引起样品水解，导致分析结果偏低。因此在样品溶解完全后加入适量的氢氧化钠分解过氧化氢，同时保证了溶解样品后溶液介质和测定介质一致。

2. 吸收波长的选择

移取一定量的铼(100μg、300μg、500μg)按实验方法处理后在 190~600nm 处绘制吸收光谱曲线，结果如图 4-11 所示。

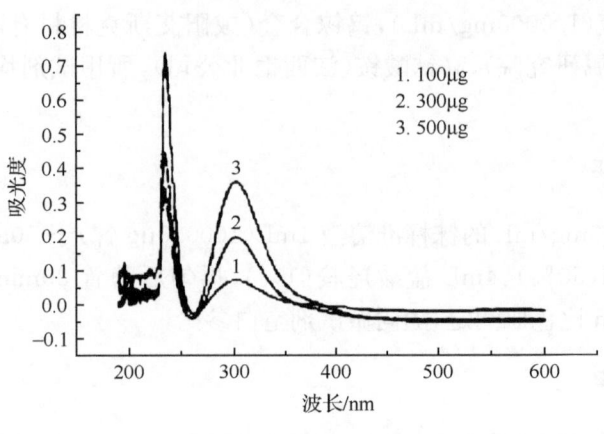

图 4-11　扫描曲线

由图 4-11 可看出,反应产物在 230nm、300nm 处有最大吸收峰,但在 230nm 处的吸收强度和浓度不成正比,实验采用 300nm 为测定波长。

3. 氢氧化钠用量

实验结果表明(图 4-12),随着氢氧化钠加入量的不断增加,除在加入量为 20mL 处吸光度值稍有降低外,吸光度值不断增加,在 35～40mL 时出现吸收平台,随后随氢氧化钠加入量的增加,吸光度值又继续增加。实验选择加入 40mL 氢氧化钠。

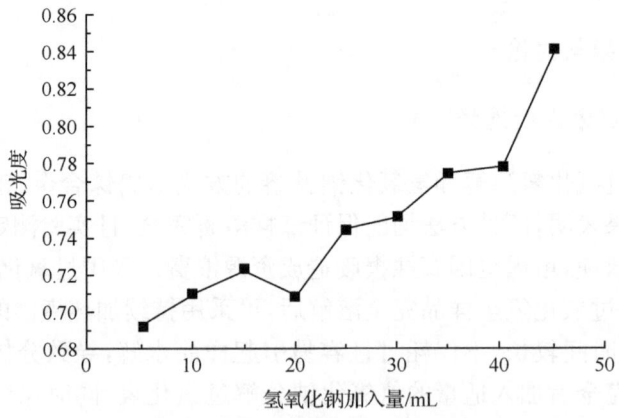

图 4-12　氢氧化钠加入量影响实验

4. 盐酸羟胺用量

按实验方法改变盐酸羟胺的用量,盐酸羟胺的用量在 2～6mL 时,吸光度最大且稳定。选取加入盐酸羟胺用量为 4mL。盐酸羟胺加入量影响如图 4-13 所示。

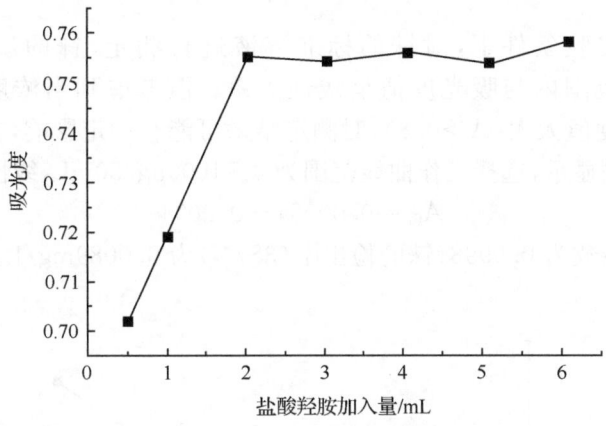

图 4-13　盐酸羟胺加入量影响实验

5. 反应时间

实验证明,加入盐酸羟胺摇匀后,反应产物的吸光度值随时间的变化而逐渐变大,30min 后吸光度值达到最大且一直稳定。反应时间影响如图 4-14 所示。

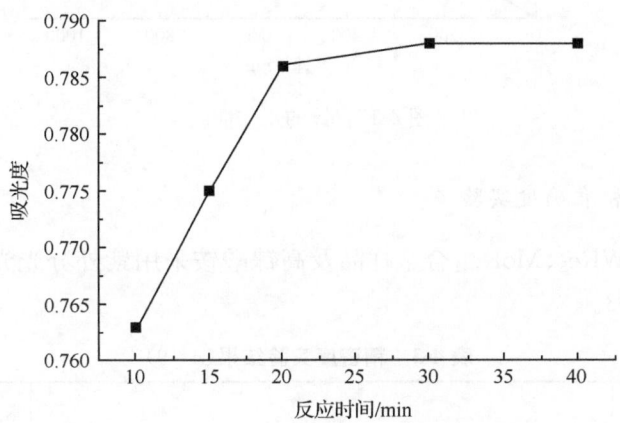

图 4-14　反应时间影响实验

6. 共存元素的干扰

实验结果表明,常见的阴离子中 SO_4^{2-}、F^- 及 H_2O_2 都会导致溶液中出现大量白色结晶,无法进行正常测定,NO_3^- 则会产生严重的正干扰。阳离子中 Zn^{2+} 和 Pb^{2+} 对实验有正干扰,K^+、NH_4^+、Al^{3+}、Sn^{2+} 不干扰实验。

7. 工作曲线及检出限

在选定的实验条件下,对铼的标准溶液进行测定,铼的质量浓度在 0～2000μg/50mL 范围内与吸光度值呈线性关系。但考虑到当浓度超过 1000μg/50mL 时,吸光度值太大($A>0.8$),对测定结果可能有一定影响,在普通 721 分光光度计上也无法显示,选择工作曲线范围为 0～1000μg/50mL,线性回归方程为

$$A_{Re}=0.0008x-0.0094$$

线性相关系数为 0.9998,铼的检出限(3S/N)为 0.0089mg/L。铼的工作曲线如图 4-15 所示。

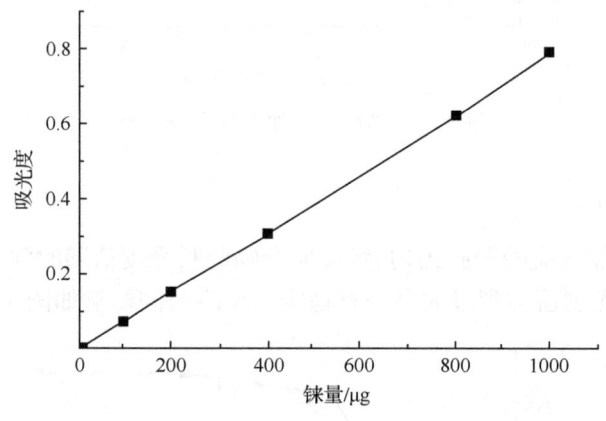

图 4-15　铼的工作曲线

8. 精密度和准确度实验

对现有的 WRe_5、$MoRe_{41}$ 合金样品及高铼酸铵采用紫外分光光度法测定铼含量,结果见表 4-3。

表 4-3　精密度实验结果($n=9$)

样品	理论值	测定值								均值	标准偏差	相对标准偏差/%
WRe_5	5.00	4.92	4.92	4.89	4.92	4.91	5.03	5.01	5.00	4.98	4.95	0.051	1.04
$MoRe_{41}$	41.00	40.71	41.43	41.42	40.67	41.42	41.38	40.87	41.36	40.67	41.10	0.36	0.87
NH_4ReO_4	>69.20	58.98	69.20	70.80	70.25	70.45	70.30	70.25	69.33	70.21	69.97	0.63	0.91

由表 4-3 结果可见,紫外分光光度法与丁二酮肟光度法、ICP-AES 法的结果有较好的一致性,证明紫外分光光度法准确可靠,可以满足分析要求。

4.6.3 小结

紫外分光光度法测定高铼样品中铼的含量,反应速率快,准确度高,钼、钨、铵根等各类离子均不干扰铼的测定,可用于各类高铼样品中铼的测定。

参 考 文 献

[1] 张文钲. 铼的生产与应用研究进展[J]. 中国钼业,2008,32(4):5-12.
[2] Mass R. Cathode wire filament of X-ray tube application[P]:JP,2001152275. 2001.
[3] 杨尚磊,陈艳,薛小怀,等. 铼(Re)的性质及应用研究现状[J]. 上海金属,2005,27(1):45-49.
[4] 黄宇,吕忠. 添加碳和铼或钛对再结晶钼强度和塑性的影响[J]. 中国钼业,1994,18(2):31-34.
[5] 刘沙,曹昱,舒金波. 低铼钼合金力学性能的研究[J]. 稀有金属与硬质合金,1999,9:33-36.
[6] 胡昌义,邓建国,高逸群. CVD铱涂层,铼基复合喷管研究进展[J]. 宇航材料工艺,1998,(3):7-10.
[7] Bianco R. Oxide sterengthened moiybdenum-rhenium alloy[P]:US,612979. 2000.
[8] 曾强,马书伟,郑运荣,等. 铼在镍中的扩散行为研究[J]. 稀有金属,2002,26(1):43-45.
[9] 魏朋义,钟振刚,桂钟楼,等. 合金成分对含铼镍基单晶合金高温持久及断裂性能的影响[J]. 材料工程,1999,(4):3-6.
[10] Jerry W. Brockmeyer rhenium compasite alloy and a method of preparing same[P]:US,20080003452. 2008.
[11] Todd A L. Sphencal rhenium powder[P]:US,6551377. 2003.
[12] Mettendod B. Method for making a rhenium rocket Nozzle[P]:US,5874015. 1999.
[13] Tuffies R. Method of a forming a composite structure rocket Combustion chamber[P]: US,5855828. 1999.
[14] Sherman A. Method for making a high temperature coating[P]:US,5935350. 2000.
[15] Amarnath P D. Rhenium composite[P]:US,7090893. 2006.
[16] Huang Y. Overseas trends of Nonferrous and Rare Meml[J]. 有色与稀有金属国外动态,1996,(1):12.
[17] 程挺宇,熊宁,彭楷元,等. 铼及铼合金的应用现状及制造技术[J]. 稀有金属材料与工程,2009,38(2):373-376.
[18] 宾智勇,刘景槐,冉俊铭. 铼的生产、应用与市场[J]. 湖南有色金属,2005,21(3):7
[19] 刘世友. 铼的应用现状与展望[J]. 稀有金属与硬质合金,2000,140:57.
[20] 谭强. 铼及铼合金在高技术工业中的应用[J]. 稀有金属与硬质合金,2002,9(110):48-52.
[21] 思娟. 利用镧和钇改进含铼合金的性能[J]. 热能动力工程,2000,(4):351.
[22] 骆宇时. 铼(Re)对单晶高温合金铸态组织的影响[C]//2004年中国材料研讨会高温合金与金属间化合物,北京,2004:719-725.
[23] Giamei A F,Anton D L. Rhenium additions to a Ni-base superalloy:Effect on microstructure[J]. Metallurgical Transactions A,1985,16A:1997-2005.
[24] Caron P. High 1'solvus IleW generation nickel-base superalloy for single crystal turbine blade applications[C]//Pollack T M. Superalloys 2000. Pennsylvania:Warrendale,2000:737-746.
[25] Hino T,Kobayashi T,Koizumi Y,et al. Development of a new single crystal superalloy for industry gas tur-bines[C]//Pollack T M. Superalloys 2000. Pennsylvania:Warrendale,2000:729-738.
[26] 曾强,马书伟,郑运荣. Re对Al在Ni中扩散的影响[J]. 中国有色金属学报,2003,8:899-904.
[27] Fu C L, Reed R,Janotti A,et al. On the diffusion of alloying elements in the nickel-baze superalloys[C]

// Green K A. Superalloys 2004. Pennsylvania:Warrendale,2004:867-876.

[28] Rae C M F,Karunarame M S A,Small C J,et al. Topologically close packed phases in all experimental rhenium-con-mining single crystal superalloy[C]// Polbwk T M. Superalloys 2000. Pennsylvania:Warrendale,2000:767-776.

[29] KarmmratneM S A,Cox D C,Carter P,et al. Modelling of the the mierasegregation in CMSX-4 superalloy and its homogenigation during heat treatment[C]// Pollock T M. Superalloys 2000. Pennsylvania:Warrendale,2000:263-272.

[30] Caldwell E C,Fela F J,Fuchs G E. Segregation of elements in high refractory content single crystal nickel based superalloys[C]// Green K A. Superalloys 2004. Pennsylvania:Warrendale,2004:811-818.

[31] Li J R,Zhong Z G,Tang D Z,et al. A low-cost second generation single crystal superalloy DD6[C]// Pollock T M. Superalloys 2000. Pennsylvania:Warrendale,2000:777-783.

[32] 杜炜,魏朋义,李建国,等. 中速生长条件下单晶高温舍金组织及偏析研究[J]. 金属学报,1998,4:356-361.

[33] 彭志方,任遥遥,梅青松,等. 镍基单晶高温合金CMSX-2原始树状晶中γ'相的定向粗化[J]. 金属学报,1998,4:356-361.

[34] 周恺,孙宝莲,李波,等. 高含量铼的紫外分光光度法测定研究[J]. 中国无机分析化学,2011,1(3):46-49.

[35] 张成强,张锦柱. 铼的分离富集研究进展[J]. 中国钼业,2004,28(1):42-46.

[36] 靳洪允. 稀散元素铼的分析进展[J]. 冶金分析,2005,25(5):z42-45.

[37] 全国有色金属标准化技术委员会. YS/T 502—2006 钨铼合金中铼的测定——丁二酮肟比色法[S]. 北京:中国标准出版社,2006.

[38] 全国有色金属标准化技术委员会. YS/T 372.17—2006 贵金属合金元素分析方法——钨量和铼量的测定——钨酸重量法和硫脲分光光度法[S]. 北京:中国标准出版社,2006.

[39] 中国电子工业标准化技术协会. SJ 20963—2006 钨铼合金中铼含量的测定方法[S]. 北京:中国标准出版社,2006.

[40] 高新华,殷风艳. 用二元比例法测定钨铼合金中的钨和铼[J]. 冶金分析,1994,14(6):28-31.

[41] 任翠领,陈兴国. 纳米材料在光度分析中的应用[J]. 中国无机分析化学,2011,1(1):32-39.

[42] 姚喆,冯振华,柴成文,等. 亚硝基R盐分光光度法测定合金钢中钴[J]. 中国无机分析化学,2011,1(1):61-64.

[43] 于秀兰,田松涛. 苯基荧光酮类显色剂在光度分析中的应用进展[J]. 中国无机分析化学,2011,1(2):31-38.

第 5 章 钨铼合金

5.1 钨铼合金概述

铼是一种稀散金属,在地壳中的含量稀少而分散,价格昂贵。人们最早研究并在工业上得到应用的铼合金是钨铼合金。

5.1.1 钨铼合金优良的性能

钨铼合金是以钨为基加入铼元素组成的合金。该合金中典型的铼含量为1％、3％、5％、20％、25％和26％等。钨常在晶界面上孕育出微裂纹,这些微裂纹的扩展是造成钨碎断的重要原因。钨铼合金在变形过程中易形成孪晶,因而减少了堆垛层位错能量,降低位错移动的晶界阻抗,从而导致位错迁移率增加,促使钨固溶软化。此现象称为"铼塑化效应"。在钨铼合金系列中,铼浓度低时铼的塑化效应明显,铼浓度高时铼的塑化效应降低。

钨铼合金具有一系列优良性能,如高熔点、高强度、高硬度、高塑性、高的再结晶温度、高电阻率、低蒸气压、低电子逸出功和低的塑性脆性转变温度等。

5.1.2 钨铼合金的主要用途

钨铼合金主要用于高温领域结构材料,并在电子技术、核子技术、航天技术和测温技术等方面具有广泛用途。目前应用最广的有以下两个方面。

1. 低铼合金丝与高铼合金丝匹配成热电偶

钨铼合金丝(tungsten rhenium alloy wire):低铼合金丝与高铼合金丝匹配成热电偶,测温范围广(0～2500℃)、热电势值高、响应速度快、抗腐蚀性能好,因此钨铼热电偶丝在测温仪器中得到广泛应用。它不仅用于真空、还原性气氛和惰性气氛中,而且采取防氧化措施时还用于氧化性气氛中代替铂铑热电偶测温。常用型号:WRe3/WRe25,WRe5/WRe20,WRe5/WRe26,W/WRe26。

国际上早期电视机显像管用电子枪采用钨丝作阴极。20 世纪 60 年代,我国开始研究钨铼合金,低铼合金丝与高铼合金丝匹配成热电偶,证明钨铼合金丝比钨丝有很多优点。

(1) 钨铼合金丝的电阻值随铼含量的增加而增加。

(2) 钨铼合金丝在室温、高温下的强度比钨丝高。
(3) 钨铼合金丝的再结晶温度比钨丝高约 400℃。
(4) 钨铼合金丝的延脆性转变温度比钨丝低约 200℃。
(5) 退火后的钨铼合金丝比钨丝有更好的延性。
(6) 钨铼合金丝蒸气压低,作加热源,不会污染电子枪其他部位。
(7) 钨铼合金丝具有良好的焊接性能。

2. 制造单晶蓝宝石

蓝宝石钨铼合金丝(tungsten rhenium alloy wire for sapphire):钨铼合金可制造单晶蓝宝石,做捆绑用钨铼丝或蓝宝石钨铼合金丝。常用型号为 WRe25,直径 0.5mm。

5.1.3 钨铼合金的制造工艺

制取钨铼合金有粉末冶金法和熔炼法两种,在实际生产中常用粉末冶金法。

生产钨铼合金的粉末冶金工艺是:制取钨铼预合金化粉末→氢还原→压形(模压或等静压)→烧结(垂熔烧结或中频感应烧结)→压力加工(包括挤压、轧制、旋锻和拉丝等)。

制取钨铼合金粉末常用固-固法(钨粉与铼粉混合、三氧化钨粉与高铼酸铵粉混合)、固-液法(钨粉与高铼酸铵溶液混合、三氧化钨粉与高铼酸铵溶液混合)、液-液法(钨酸铵溶液与高铼酸铵溶液混合经喷雾干燥或其他方法制取)等。

经氢还原的钨铼合金粉可用机械压制和钢模压制成形,或等静压成形(压坯密度均匀)。压坯条可用直接通电垂熔烧结或感应间接加热烧结,得到相对密度为 92%~95%的钨铼合金条。等静压成形和中频感应加热烧结可得到最优质坯条,其均匀性和一致性是所有生产方法中最佳的。

5.2 钨铼热电偶丝材的生产及应用

自 1931 年美国学者 Goedecke 研制出第一支钨铼合金热电偶,至今已有 70 多年历史,期间美、日、英以及我国等均开展了对钨铼热电偶的研究,在各国学者的共同努力下,其综合性能得到了极大提高并形成了相关国家和行业标准[1]。目前较为成熟的钨铼热电偶主要有 WRe3/25、WRe5/26 等,并将成为"C"或"D"类标准化热电偶[2]。

5.2.1 钨铼热电偶是性能优良的高温测量用传感器

钨铼热电偶作为一种性能优良的高温测量用传感器,具有高熔点、高强度、测温范围广(0~2800℃)及热电势值和热电势率大等优点,已在冶金、石油化工、航空航天和核能等领域得到了广泛应用。由于贵金属资源的匮乏和价格暴涨以及钨铼热电偶性能的逐渐提高和完善,在高温测量领域,钨铼热电偶占据的地位已越来越重要,发展前景十分广阔。尤其在钢水测温用快速热电偶中,钨铼热电偶更是具有无可比拟的优点,如高测成率、超高测量温度和低测量成本(约为贵金属偶的1/20)等[3-5]。正是由于钨铼热电偶具有以上优点,极大地推动了它的生产和应用需求,目前国内每年用于测温的钨铼热电偶丝材已达 1000kg 以上。随着市场规模和应用领域的扩大,对钨铼热电偶的性能也提出了更高要求,如提高钨铼热电偶的加工性能和成品率、合金丝材的微细化研究、热电性能的稳定性和均匀性以及热电偶的抗氧化性等。

5.2.2 钨铼热电偶的生产

钨铼热电偶属难熔金属热电偶,其生产方法主要有粉末冶金法和电弧熔炼法,通常以粉末冶金法为主,基本工艺为:预合金粉制备—压制成型—预烧结—垂熔—旋锻—拉制—清洗—退火—性能检测。近年来钨铼热电偶的生产重点集中在丝材微细化、提高材料稳定性和均匀性以及抗氧化性能等方面。

1. 钨铼热电偶生产的丝材微细化

丝材微细化可以降低成本,节约资源,现已成为各钨铼热电偶生产厂家努力实现的目标。通过控制原辅材料的化学纯度和粒度、钨铼合金的有效掺杂(低 Re 含量合金)[6]、控制粉末还原和压制成型工艺参数、优化丝材变形加工和热处理制度等可在一定程度上实现钨铼丝材的微细化。该技术对于高 Re 含量的钨铼合金已较成熟,但对低 Re 含量(小于 10%)的钨铼合金来说,尚需进一步完善。目前,市场供应的钨铼热电偶丝材外径可达 $\phi 0.05mm$ 以下,并具有良好的力学性能和热电特性。

美国于 1996 年修订再版的 ASTM F73-81(96)《电子器件和灯泡用钨铼合金丝》(WRe3)技术标准和日本东芝公司制定的 H3026KY 钨铼合金丝材技术规范显示,钨铼合金丝材规格可达 $\phi 0.01mm$,在国际上处于领先地位[7]。

郭宏勤等通过在高纯 WO_2 中同时添加 Si、Al、K 和 NH_4ReO_4 的"湿法"混合,采用搅拌干燥和成熟的难熔金属加工工艺,制得 $\phi 0.021mm$ 的钨铼微细丝材,其中 Re 含量为 3%,室温 σ_b 为 3427MPa,δ 为 25.7%,二次再结晶温度大于 1800℃,可在绕丝机转速 5000r/min,3 倍于丝径的芯轴上弯绕 30m 不断,丝材成品率达 75% 以上[8]。

重庆仪表材料研究所在钨铼热电偶丝材微细化技术领域具有多年的研究开发经验,生产的钨铼合金微细丝材已广泛用于各行业的高温测量,生产规模达每年

500kg 以上,其主要生产方法为:以高纯钨酸为原料,经焙烧形成蓝色氧化钨,对蓝色氧化钨进行 Si、Al、K 三元掺杂处理,再经多段温区还原成掺杂钨粉;采用掺杂钨粉与铼原料有效混合实现合金的均匀化;通过控制合金坯条的压制密度、应力状态和优化热加工制度以获得最佳加工效果。该方法生产的钨铼微细丝材外径达到 0.05mm 以下,退火态抗拉强度大于 2000MPa,1600℃退火 5min 后丝材任意弯曲 90°不断裂,在 2 倍于丝径芯轴,3000r/min 条件下能连续绕制,丝材成品率达 75%以上。

随着材料科学新技术和新工艺的不断出现,部分学者对提高难熔合金的加工性能提出了一些新的看法并付于实施,依靠材料纳米晶的形成来提高其力学性能成为研究热点之一。如 Rgu 等[9]采用机械合金法方法,依靠合金化过程中元素的动态扩散得到了 16nm 晶粒的合金粉,提高了合金的可加工性能;Raghunathem 等[10]采用溶胶-凝胶法制备了多种纳米晶钨基合金复合粉末,在一定程度上提高了钨基合金的加工性能和机械力学性能。此外,依靠稀土元素或其他第三相元素的加入对钨铼合金晶粒的细化,也可在一定程度上提高合金的加工性能[11]。以上研究方法的成功对钨铼合金丝材微细化研究具有一定的参考价值。

2. 钨铼热电偶生产的均匀性和稳定性

均匀性和稳定性是表征热电偶热电特性的两个重要参量,钨铼热电偶的均匀性与成分偏析、杂质含量及分布、加工过程中表面铼元素的局部挥发和氧化,以及应力分布和晶体结构情况等有关;而稳定性则主要与退火制度、再结晶特性、热电偶热端保护情况及测温环境气氛和绝缘程度等有关。为了改善钨铼热电偶的均匀性和稳定性,各国学者从钨铼合金粉的制备入手,开展了大量的实验研究工作,取得了较大进展。

目前用于制备钨铼预合金粉的工艺主要包括:①钨粉同高铼粉直接机械混合;②钨粉同高铼酸铵溶液混合;③铼粉同三氧化钨混合;④钨的氧化物(如 WO_3)同铼的氧化物(ReO_2)混合;⑤钨的盐类(如仲钨酸铵)同铼的盐类(如高铼酸铵)混合;⑥钨(或铼)的盐类同铼(或钨)的氧化物混合;⑦钨和铼的卤素化合物(如 WF_6 和 ReF_6)在高温下的化学气相沉积法;⑧钨和铼的水溶性混合溶液的喷雾干燥粉法。

实践证明,在上述工艺中,第①种制备钨铼预合金粉的方法由于采用纯机械混合,要获取均匀一致的合金,所需的高温烧结时间较长,烧结温度较高,从而使坯条晶粒粗大,加工性能恶化,因而实际应用较少;第②种工艺是长期以来被一直推崇及广泛应用的钨铼预合金粉制备工艺,该工艺在边加热边搅拌的高铼酸铵溶液中加入钨粉,能使高铼酸铵在钨粉周围结晶析出,形成包覆状的钨铼预合金粉末,从而实现均匀化;第③~⑦种方法由于存在粒度难于控制或生产效率低、成本高等缺点而在生产中较少采用;第⑧种工艺是重庆仪表材料研究所最先在国内使用的一种钨铼预合金粉制备新工艺,该工艺在合金均匀性方面具有突出优点,利用该方法生产的钨铼合金热电偶,正负极均匀性达 35μV 以下,可用来制造均匀性要求极高的热电偶材料[12]。

由于钨铼热电偶丝材加工后的热处理制度不同,有的会存在应力分布和晶体结构不均匀现象,从而导致热电偶在测温初期应力松弛和微结构变化产生热电势漂移(初始不稳定)[13],为了减少这种影响,国内部分热电偶制造厂家或个人在偶丝使用前采取均匀化补充退火加以解决。李树河等通过对钨铼合金热电偶丝材直接通电加热进行高温补充退火,退火温度 2400K,退火时间 30min,在较大程度上提高了钨铼热电偶的初始稳定性[14]。东大传感技术有限公司通常采用 1800℃ 温度对钨铼热电偶进行补充热处理以提高初始稳定性。同时,王魁汉等还对钨铼热电偶丝材在高温氧化性气氛中的稳定性规律进行了研究,通过对 800℃、900℃、1000℃ 温度下不同钨铼合金丝材的氧化行为分析,认为在此气氛中,钨铼热电偶热电势不稳定的原因是丝材的完全氧化,而不是合金的选择性氧化的结果[15]。

对组装式钨铼热电偶,保护管和绝缘填充物的稳定性及其与偶丝的相容性,对热电偶的高温稳定性影响很大。资料显示 BeO 绝缘材料对 WRe3/25 热电势的影响极小,而 ThO_2 对 WRe3/25 热电偶会产生 3‰ 的正漂移[16]。Walker 等研究表明,在 1625℃ 的氩气中长期使用的 WRe5/26 热电偶,由于 WRe26 极与 Al_2O_3 绝缘物之间的反应,热电势在 72h 和 120h 后,分别发生 27℃ 和 37℃ 的正漂移[17]。

目前生产中常用的钨铼热电偶保护管有 SiC 管、刚玉管、$MoSi_2$ 管、Ta 管、Mo 管等;绝缘材料有 Al_2O_3、BeO、CaO、MgO、Y_2O_3、HfO_2、ThO_2 和 BN 等。

3. 钨铼热电偶的抗氧化性能

钨铼热电偶的最大缺点是在高温氧化性气氛中易氧化,限制了它的应用范围。如果采取防氧化措施克服它的缺点,就可以大大拓宽它的应用范围,从而在众多领域代替价格昂贵的铂铑热电偶。防止钨铼热电偶氧化的措施主要有:①涂层保护法;②抽空密封保护法;③抽空充气密封保护法;④充填密封保护法等。

钨铼偶丝表面涂层的方法有包渗法、化学气相沉积法(CVD 法)、料浆法、热浸法、物理沉积法(PVD 法)等,其中包渗法和 CVD 法较为常用。涂层的基本要求是:①在高温下有良好的抗氧化能力;②必须和基体紧密结合而不剥裂;③涂层必须薄而均匀并且和基体相容;④涂层不影响热电偶的热电势-温度关系;⑤随着温度的升高,如涂层发生裂纹本身应具有"自疗"的作用,将之封闭。

余中奎等通过将钨铼热电偶丝材置于装有高纯硅粉、氯化铵活化剂和 Al_2O_3 惰性填充物的耐热容器中,在保护气氛下加热至 1200℃,卤素化合物分解,产生蒸气与被涂金属作用,产生金属卤化物蒸气,而该蒸气又与被涂金属表面反应或还原,在此过程中,淀积在金属基体表面的元素向内扩散,生成中间金属化合物(WRe5)Si_2 和(WRe20)Si_2。测试结果表明,该涂层使热电偶的电势值降低约1‰,标定后可正常使用,经 1500℃ 氧化性气氛中使用 55h,热电势变化小于1‰[18]。值得一提的是,由于采用表面涂层法提高钨铼热电偶的抗氧化性能对涂层质量要求极高,且工艺复杂,工程实际中尚难推广应用。

密封保护法是一种较为成熟的钨铼热电偶抗氧化方法,早在 20 世纪 80 年代末国内就有成功专利问世。谭奇权采用刚玉管和 MS 型保护管的双层保护管和双层填充物的方法,辅以气体密封技术制备的抗氧化钨铼热电偶,既可取代部分铂铑热电偶,也可用于某些氧化性气氛下的高温测量[19]。庞风荣等通过使用附着性、固化性、密封性良好的多层封料对钨铼热电偶丝、刚玉管、双孔绝缘管进行密封,并在双孔绝缘管上涂覆析氢涂料。该涂料具有在高温下(>800℃)分解氢,低温下(<400℃)吸附氢的作用,高温分解后的涂料还具有吸附氧气、一氧化碳、二氧化碳及氮气等能力。利用涂层的这一特性,将其置于刚玉管中密封,使钨铼偶丝高温工作时处于纯净的氢气保护下,低温时,又能吸附氢气储备,为钨铼热电偶在连续或间歇式工作条件下提高寿命提供了可靠保证。结果表明,该方法制备的钨铼热电偶,在 1800℃ 下连续使用 408h 后温度漂移仅 1.6‰,取得了良好的抗氧化效果[20]。

王魁汉等通过在钨铼热电偶保护管内添加惰性填充物和脱氧、吸气以及析氢等材料,人为营造出一个适宜钨铼热电偶工作的非氧化环境,然后将开口端密封处理,形成实体型抗氧化钨铼热电偶,该热电偶在 1400～1800℃ 强氧化性气氛中连续测温,效果显著[21]。

此外,Kanamura 等[22]采用金属陶瓷做保护管,TiN 和 Si_3N_4 复合材料做 WRe5/26 热电偶的填充物,Kita 等[23-25]以 $Mo-ZrO_2$ 和 $Mo-ZrN$ 等为保护管,MgO、CaO、Al_2O_3 和 ZrO_2 等构成的叠层结构做填充物,均收到了较好的抗氧化效果。

5.2.3 钨铼热电偶的应用

钨铼热电偶经过多年的研究开发,其综合性能已得到了极大提高,不但在真空和还原性气氛中可替代贵金属热电偶,同时在氧化性气氛中的应用也得到了快速发展。我国钨和铼资源较为丰富,而贵金属资源相对匮乏和价格昂贵,且大部分依赖进口。采用钨铼热电偶代替贵金属热电偶,符合我国对资源的合理分配和应用,技术上也切实可行。我们相信在未来的高温测量领域,钨铼热电偶的应用会越来越广泛。

1. 钨铼热电偶在冶金工业上的应用

钨铼热电偶在冶金行业主要用于冶金气氛炉、金属冶炼、轧钢等关键工序的温度测量,具有价格低廉、性能优良等特点,尤其在钢水测温用快速热电偶中,具有明显优势。实用数据与分析表明,钨铼系热电偶及快速热电偶的测温技术特性、测成率、不确定度等方面完全可与铂铑系列同类产品相媲美,在实用方面完全可以逐步代替铂铑热电偶,这对提高金属冶炼质量、降低废品率、提高炉龄和降低能耗等均有着显著的经济效益[26]。目前每年用于钢水测温的快速热电偶约2亿支,钨铼热电偶占7000万~8000万支,随着钨铼热电偶材料生产工艺的逐渐稳定,产品性能的不断提高以及产品数量的扩大,其在该领域的用量也会越来越大。

钨铼热电偶在一些特殊工况和强氧化性气氛中也具有广阔的应用前景。东大传感技术有限公司针对VN合金生产的高温、还原及强碱腐蚀工况研制的特种钨铼热电偶,采用石墨与刚玉复合材料做保护管,其寿命比铂铑热电偶提高了1.5~2倍,到目前为止已有7400余支该种热电偶用于工程实际,为用户节约测温成本6000余万元;同时该公司采用析氢材料和密封技术制备的抗氧化钨铼热电偶,已在1800℃强氧化气氛的耐火材料和冶金行业的连续测温中得到成功应用,为钨铼热电偶在氧化性气氛中的应用提供了新的途径。

2. 钨铼热电偶在石油化工上的应用

重油气化炉炉温的测量与控制是油气化生产过程正常与否的关键,如何正确、可靠地测量气化炉的炉温是确保油气化安全生产、稳定高产的关键。重油气化的有效气体主要是H_2和CO,当采用铂铑热电偶进行温度测量时,很容易受到氢气的侵蚀,而采用WRe3/25热电偶进行炉温测量,既可有效提高热电偶使用寿命(B型偶寿命为一个月,WRe3/25寿命大于三个月),同时又具有精确度高、价格便宜和耐高温等特点,大大节约了生产成本。

我国煤炭资源丰富,煤气化工程建设得到了国家政策的大力支持,煤气化炉的温度测量采用钨铼热电偶具有与重油气化炉测温同样的优点,因此随着重油气化和煤气化技术的发展,钨铼热电偶测温技术在该领域也会得到极大的发展。

3. 钨铼热电偶在航空航天上的应用

钨铼热电偶在航天领域可用于固体火箭发动机燃气温度的测量。固体火箭发动机燃烧温度的测量方法有非接触测温法和接触测温法两种方法,由于非接触法测温需要比较复杂和贵重的仪器,而且受到的影响因素太多,在一些场合下不易得到准确的测量结果。采用钨铼热电偶进行接触式测温,则可解决上述问题,该热电偶测量温度高达2800℃,热电势较大,灵敏度高,高温性能好,而且价格便宜,可以满足发动机内燃气温度高,压力大,气体速度高的特点。资料表明,上述方法测量的发动机燃气温度与使用计算机对燃气温度进行数据采集和处理计算的结果具有良好的一致性[27]。

钨铼热电偶还可用于火箭推进剂燃烧波温度分布测量技术,与铂铑微热电偶相比,钨铼偶具有使用方便、空间分辨率高、测温上限高、热电势高以及对气氛没有催化活性等特点,是一种理想的测量燃烧波温度分布的感温元件[28]。

钨铼热电偶在空间反应堆温度测量中具有一定的应用前景。美国早在20世纪70年代实施的SP-100空间反应堆项目中就用到WRe5/26热电偶测温技术,并对热电偶的分度和长期稳定性进行了系统研究,取得较大成功[29]。但在SP-100项目中WRe5/26热电偶仅用于反应堆外温度的测量,要想使用钨铼热电偶进行反应堆芯温度的测量,还需提高热电偶的震动冲击性能和耐辐照性能。

4. 钨铼热电偶在微气象学上的应用

钨铼热电偶在微气象领域可用于温度脉动测量。在大气边界层结构研究、大气扩散实验以及大气环境评价中,温度的测量是必不可少的,尤其是温度脉动的测量。目前,在微气象研究中用于温度脉动测量的主要手段有超声风温仪、金属丝温度仪等,由于超声风温仪测温依赖于声速,而声速受空气湿度以及水平风速对测量路径的影响,可能产生较大误差。杜金林等采用直径为 $20\mu m$ 的钨铼偶丝作温度脉动仪的探头,克服了超声风温仪测温受空气湿度以及水平风速对测量路径的影响和铂丝作探头在自由大气中易受腐蚀和损坏的缺点。结果表明,钨铼偶丝温度脉动仪具有响应快、输出线形好、分辨率高、工作稳定和不受外界环境影响等特点,且制作简单、调整灵活、价格低廉,适合作为大气边界层探测、大气环境研究的温度脉动探测[30]。

微气象学法是研究植被-大气或土壤-大气等界面间的物质传输和能量交换通量的有效方法之一。它通过测量近地层的涡流状况和微量气体的浓度变化来推算土壤中 CO_2 的排放通量。根据不同的原理又可分为空气动力学法(aerodynamics method)、能量平衡法(energy balance and alternative method)和涡度相关法(eddy correlation)三种。

微气象学法可测定较大范围的气体通量,避免了密闭系统带来的误差,从而对土壤系统几乎不造成干扰。尤其是对于下垫面均匀且尺度较大的区域如草原群落等有着较好的应用前景。但是微气象学法对土壤表面的异质性和地形条件要求相对苛刻,因此不适宜用于林地土壤。另外,这种方法对仪器灵敏度要求较高,目前造价又非常昂贵,国内很少应用,国外也只有少数学者应用这种方法[31]。

5.3 我国钨铼合金的研发与应用

5.3.1 钨铼热电偶及掺杂钨铼合金丝的研发

20世纪60年代初,中国钢研科技集团有限公司(钢铁研究总院)与774厂(原北京电子管厂)联合开发钨铼合金丝,试制钨铼高温热电偶(5%Re与20%Re配对),开启了我国钨铼合金研究的先河。774厂是全国最大的既生产电子管又生产钨钼丝的大企业,从钨的粉末冶金到丝材生产,当时在全国来说,设备是最先进的,钨钼粉的质量是上乘的,研制钨铼合金丝的质量也是好的。1964年该项目完成了实验报告,填补了我国钨铼合金热电偶的空白,当年由钢研总院转给北京广内合金厂生产[32]。

5.3.2 掺杂钨铼合金的研制

为改善纯钨铼合金丝的高温性能,以774厂的掺杂钨(原称BA牌号)为基。首先制成掺杂钨铼合金粉,然后经压制、烧结、环锻、拉丝退火等工序,试制了各种规格牌号的掺杂钨铼合金丝,最小直径为8μm。钨铼合金随着铼含量的增多,强度明显提高但高温蠕变能变差,所以作为电子管阴极热子材料锁定的铼含量范围在1%~3%。1964年研制的掺杂钨铼合金丝材就是BA-1Re、BA-3Re、BA-5Re(BA即现在的WAL牌号的钨铼合金丝)。

5.3.3 掺杂钨铼合金板材及带材的研制

774厂掺杂钨铼带材的研制始于1969年6月。将合金粉压制为12mm×12mm×400mm的坯条,等高温烧结在开坯温度为1550~1650℃进行锻打、碾压。也可选用性能较好的合金丝进行轧制,关键的技术在于加工温度和每道工序的压缩比。

掺杂钨铼合金板材或靶材的研制,是将掺杂钨铼合金板锻打到一定的厚度,经轧制、轧压、清洗、退火做成MDX-1型牙科用微丝点、X射线诊断机用靶材,取得较好社会效应,主要是大幅降低了X射线剂量,使该机提升到国际领先水平。

5.3.4 钍钨加铼的钍钨铼合金

钍钨铼合金的研制始于1964年10月,按照掺杂钨铼合金同样的方法制取了钍钨铼合金粉,开始设计合金成分含1.5%的二氧化钍,5%Re,余量为钨。钍钨丝研制影响因素较多,如二氧化钍的含量及其质点分布的均匀性,高温烧结的温度,开坯的温度、喂料的速度等,都影响产品的质量;添加铼以后,其更加复杂化。确定5%Re主要是作为大功率发射管阴极材料不能有下垂和容易焊接,过高的铼含量在混合过程中有可能造成铼的富集与钨生成Re_3W_3的脆性金属化合物。

5.4 化学气相沉积法制备钨铼合金

铼的熔点高(3180℃±20℃),弹性模量高,在金属中仅次于铱和锇。与其他难熔金属相比,铼没有脆性转变温度,塑性、韧性优异。铼的再结晶温度最高(1627℃),并具有优良的抗拉强度、蠕变极限、持久强度和抗热冲击能力[33]。铼的加入有效地提高了钨铼合金的塑性和强度,并使脆性转变温度降低,再结晶温度升高,增大抗疲劳和热振动能力[34]。因此,钨铼合金广泛地应用于宇航、原子能、冶金、电子、石油化学等工业中[35]。化学气相沉积是一个发展较为成熟的气相沉积固体薄膜技术,其特点是沉积膜层纯度高、致密、沉积速率高,容易实现容器内壁及管道内壁膜层沉积,并可以进行多元合金膜层及多层膜沉积[36]。对于钨铼合金的制备,大多采用的是粉末冶金的方法。现以氟化物化学气相共沉积的方法成功制备了钨铼涂层,并研究分析了膜层成分、组织结构形成机理、反应气体成分及温度对沉积组织的影响,为难熔金属合金膜层的制备,特别是内管壁耐高温、抗腐蚀难熔金属合金膜层的制备提供了有效方法。

5.4.1 实验方法

1. 实验原理

通过六氟化钨被氢气还原产生气相沉积钨原子。

$$WF_6 + 3H_2 \longrightarrow W + 6HF - 125 \text{kJ/mol} \tag{5-1}$$

在 1atm① 时,该反应在温度大于 300℃ 即可发生,600℃ 时 WF_6 被氢气还原成钨的化学反应的平衡常数已接近 1[8]。WF_6 吸附在沉积基体表面被氢气逐步还原得到钨原子,其具体过程为

$$WF_6 \longrightarrow WF_5 \longrightarrow WF_4 \longrightarrow WF_2 \longrightarrow W \tag{5-2}$$

钨原子也可以由中间氟化物 WF_n 通过反应(5-3)获得。

$$WF_6 \longrightarrow WF_n \longrightarrow W \tag{5-3}$$

此过程的活化能很小,WF_n 分解很快,气相沉积中钨原子主要通过 WF_n 的分解得到[9]。化学气相沉积铼基本反应方程式为

$$ReF_6 + 3H_2 \longrightarrow Re + 6HF - 288 \text{kJ/mol} \tag{5-4}$$

在 1atm 时,化学气相沉积铼的反应在温度大于 200℃ 即可发生。ReF_6 被氢气还原生成铼,同时生成反应尾气 HF。

化学气相沉积铼的具体过程为 ReF_6 首先通过化学反应式(5-5)被氢气还原生成中间态氟化物 ReF_n:

$$ReF_6 \longrightarrow ReF_n \longrightarrow Re \tag{5-5}$$

生成的 ReF_n 进一步和氢气反应生成铼。

铼在钨中的最大溶解度达 36.6%(3006℃)。目前受熔炼限制,铼的最大含量只可达到 26%。超过溶解范围钨铼之间可以形成 $W_{0.80}Re_{0.20}$(立方晶格)等金属间化合物。当反应室中同时发生反应式(5-1)和反应式(5-4)时,还原生成的钨、铼

---

① atm 为非法定单位,1atm=1.01325×10⁵Pa。

原子将在基材表面共沉积,生成钨铼合金沉积层。

2. 化学气相沉积方法

实验沉积装置如图 5-1 所示。

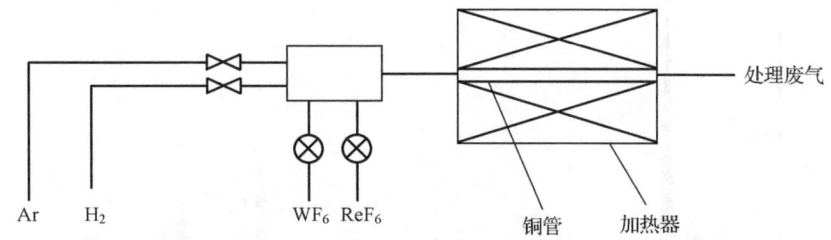

图 5-1 化学气相沉积钨铼合金装置简图

在反应室中加热沉积基体至实验工艺温度,WF_6、ReF_6 与 H_2 经针阀、流量计控制按比例混合通入反应室发生化学反应,在沉积基体上获得钨铼合金沉积层。改变沉积温度及混合气体成分获得不同结构、成分的沉积层。

3. 分析测试方法

用 OLYMPUS 金相显微镜进行金相观察恒温加热装置;用 D/MAX-3C 型 X 射线衍射仪进行 XRD 分析;利用 SEM、能谱进行沉积层微观形貌及成分分析。

5.4.2 实验结果与讨论

1. 钨铼合金沉积层成分分析

图 5-2 为沉积温度 600℃时化学气相沉积钨铼合金膜层二次电子像及钨铼成分线分布,图 5-3 为试样的能谱测试结果。测试结果表明钨、铼元素在沉积膜层中分布均匀。

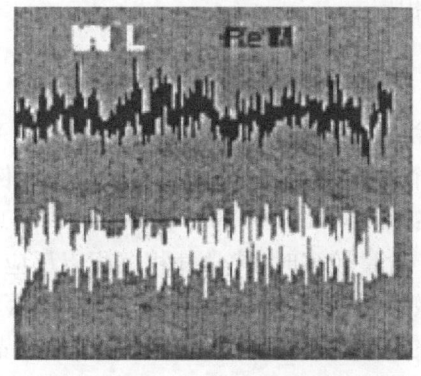

图 5-2 钨、铼元素在沉积膜层中线分布

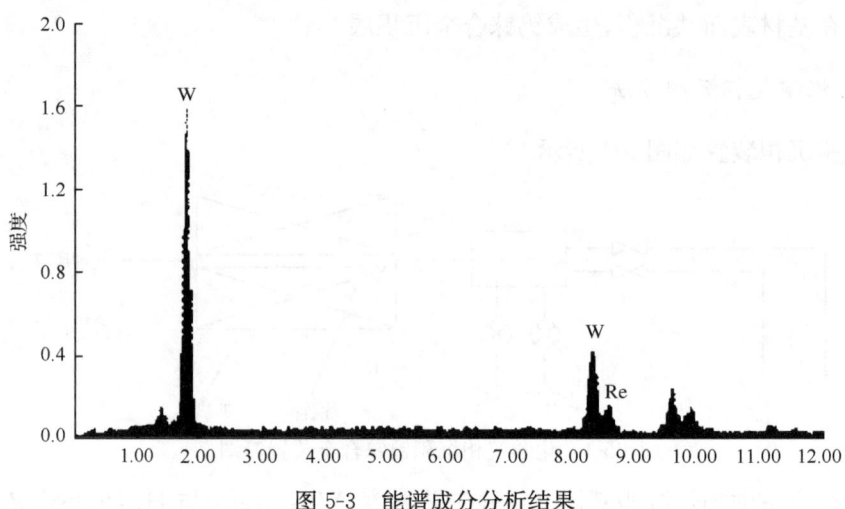

图 5-3　能谱成分分析结果

改变反应气体中 WF_6、ReF_6 相对含量,可获得不同钨铼含量沉积膜层。不同沉积工艺所得能谱分析结果见表 5-1。

表 5-1　不同沉积工艺所得能谱分析结果

试样编号	沉积温度/℃	ReF_6 流量/(g/min)	WF_6 流量/(g/min)	沉积层成分的质量分数/%	
				Re	W
1	550	0.1	0.3	25.90	74.10
2	550	0.1	0.7	12.61	87.39
3	550	0.1	1	3.08	96.92

不同气体成分沉积试样成分分析结果表明,随反应气体中 WF_6 相对含量增加,沉积钨铼合金膜层中 W 含量增加,随反应气体中 ReF_6 相对含量增加,沉积钨铼合金膜层中 Re 含量增加。在铼溶解度范围内,改变 WF_6、ReF_6 相对含量可获得任意成分钨铼合金沉积层。

2. 钨铼合金沉积层组织形态及分析

实验发现钨铼合金沉积膜层显微组织随反应气体中 WF_6、ReF_6 相对含量不同而不同。图 5-4 中四个试样在 550℃ 分别在不同气体比例条件下获得,其反应源气体的混合比例分别是:$WF_6:ReF_6$=10:1,7:1,3:1,1:1。

当反应气体中 WF_6 含量较多时,化学气相沉积以反应式(5-1)的方式进行,钨沉积为主,沉积膜层显微组织如图 5-4(a) 和图 5-4(b) 所示,主要由柱状晶构成,随混合气体中 ReF_6 含量的升高,显微组织由柱状晶向枝状晶组织以及杂乱疏松组织发展,这是由于随混合气体中 ReF_6 含量的升高,沉积层结构由以钨为溶剂的固溶体,到固溶体加钨铼金属间化合物变化,并伴随着混合气体中 ReF_6 含量的升高,出现数量不断增加的在气相中形成的纯铼颗粒。大量尺寸较大的铼颗粒下落到沉积层表面混入沉积生长膜层中,使得界面生长过程受到限制,造成沉积层组织逐步向杂乱化方向发展。

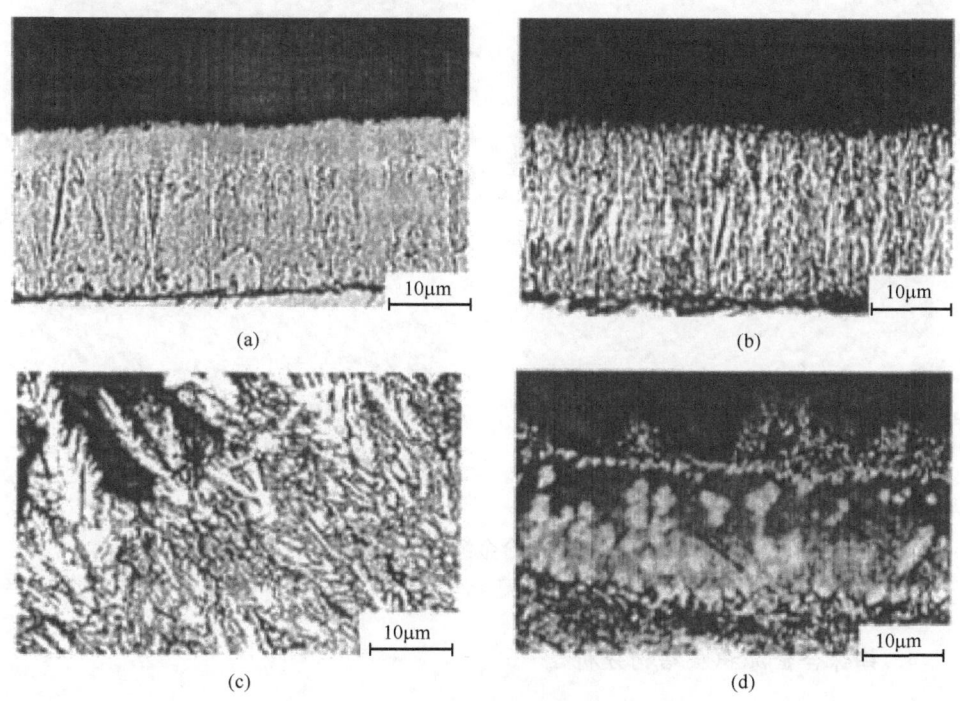

图 5-4　不同成分的钨铼合金层金相照片

3. 温度对钨铼合金沉积层组织的影响

450℃时,由于温度过低,沉积速度慢,沉积层厚度很薄,在金相显微镜下基本看不到明显的金相组织。沉积温度为 550℃时的显微组织如图 5-5(a)所示,呈柱状晶结构,比较致密。600℃沉积试样的显微组织如图 5-5(b)所示。这时沉积层显微组织依然呈柱状晶,只是因为铼在钨中的大量溶入及沉积层中产生钨铼金属间化合物造成沉积层耐蚀性下降,沉积层晶粒在显微镜下观察颜色变暗。沉积温度为 700℃时,沉积层显微组织呈致密的细柱状晶组织,能谱分析显示沉积层中已经基本不含有铼,所获得的沉积层是 700℃化学气相沉积钨沉积层组织。温度为 850℃时的结果与 700℃的结果基本相同,产生这种结果的原因是铼在气相中形核生成铼金属颗粒,无法参与和钨发生的固溶反应。当温度高于 700℃时,沉积层内的金属铼含量降低很快,沉积室中产生大量纯铼颗粒,还原反应生成铼原子基本上全部在气相中均匀形核。实验结果显示,钨铼金属共沉反应可以发生的温度区间大致在 500～600℃。

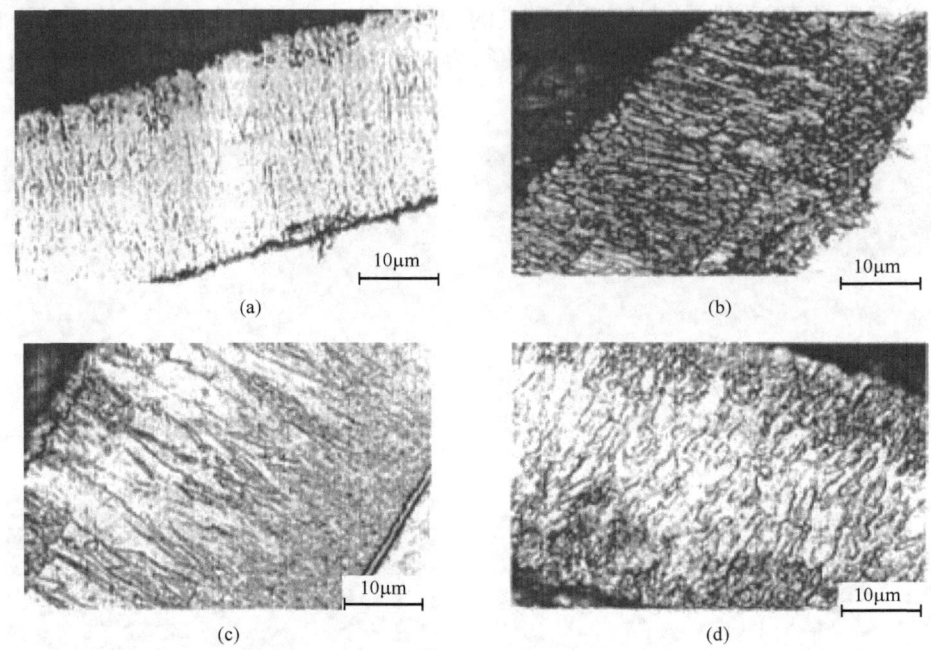

图 5-5 钨铼合金沉积层显微组织
(a) 沉积温度为 550℃；(b) 沉积温度为 600℃；(c) 沉积温度为 700℃；(d) 沉积温度为 850℃

4. 钨铼合金沉积层结构分析

图 5-6 为纯钨膜和钨铼合金膜的 X 射线衍射图。衍射结果显示，CVD 制备钨铼合金膜是可行的，钨铼共沉积膜层呈单相固溶体结构。溶质原子溶入造成晶格常数发生变化，钨铼衍射峰较纯钨有所偏移。

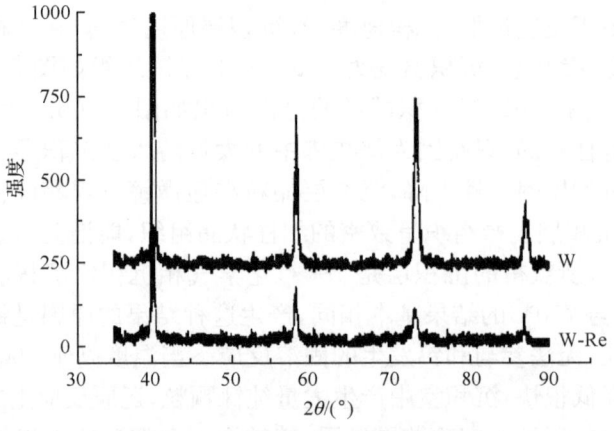

图 5-6 沉积层 X 射线衍射图

5.4.3 小结

(1) 化学气相沉积方法可以获得成分分布均匀的钨铼合金沉积层,膜层结构为钨铼单相固溶体。

(2) 化学气相沉积膜层成分与反应气体成分相关,在铼溶解度范围内,改变化学气相沉积反应气体的成分,可以获得成分连续改变的钨铼共溶体。

(3) 化学气相沉积膜层成分与温度有关,在一个大气压下,制备钨铼合金沉积层的理想工艺温度范围是 500~600℃。低于 500℃,沉积速度非常缓慢;高于 600℃,反应室内出现严重的金属铼气相反应现象,导致沉积层内铼元素含量接近于零。

5.5 退火温度对钢液测温用钨铼热电偶热电性能的影响

5.5.1 炼钢过程中快速测量钢液温度的重要性

炼钢过程中的钢液温度测量,是炼钢过程中非常重要的检测环节,尤其是随着近代炼钢技术如超洁净钢、中间精炼技术和连铸工艺的实现,对钢液温度的控制也变得更加重要。提高对钢液温度测量的准确度,不但可以更精确地控制钢液成分和改善钢材质量,同时也有利于提高炉龄和冶炼效率,达到降低冶炼成本的目的。

目前国内大多数炼钢厂使用快速热电偶测量钢液温度,快速热电偶主要包括钨铼快速热电偶和铂铑快速热电偶两大类。钨铼快速热电偶具有线性度好、测温范围广、动态特性良好、成本低等特点,具有较大的优势,正得到越来越广泛的应用。尤其在熔炼高温合金和不锈钢吹氧末期等达到 1800℃ 以上的测温环境时,铂铑热电偶已无法测温,要进行准确的温度测定,只能采用钨铼快速热电偶[37]。

国内用于钢液温度测量的热电偶材料与国外相比尚存在一定差距。提高冶炼时的测温准确度和一致性,已成为钢液测温用钨铼热电偶亟须解决的重要内容之一。热电偶的测温精度取决于其正负极的热电势差值,在保持热电偶负极热电势不变的情况下,通过调整正极的热电势就可以改变整个热电偶的热电势,从而提高整个热电偶的测温精度。现对不同退火温度对钨铼热电偶正极热电势以及钨铼热电偶测温精度的影响进行研究。

5.5.2 退火温度对钨铼热电偶测温精度的影响实验

实验采用的钨铼热电偶正极丝为研究所制造的 $\phi 0.08$mm 的 WRe3 丝,试样由钨铼粉经预合金化、压制、烧结、旋锻、拉拔、清洗、热电势稳定性退火等工序制备得到。

实验中将同一根 $\phi 0.08$mm 的 WRe3 丝分为 8 段,依次置于氢气保护炉中进行热电势稳定性退火,退火工艺为在 1300℃、1320℃、1330℃、1340℃、1350℃、1400℃、1450℃、1500℃条件下分别保温 60min,测量热电势。

5.5.3 实验结果与讨论

1. 同名极测试法测试结果讨论

采用同名极测试法测试各温度点退火的 WRe3 热电偶丝与选定的参考钨铼热电偶正极丝的相对热电势,其数据见表 5-2。

表 5-2 WRe3 热电偶丝相对热电势

参数	退火温度/℃							
	1300	1320	1330	1340	1350	1400	1450	1500
热电势(Ⅰ)/μV	16	0	−20	−35	−46	−126	−202	−297
热电势(Ⅱ)/μV	17	2	−19	−36	−48	−129	−200	−294

其中热电势(Ⅰ)为试样直接在 1550℃下的测试数据,热电势(Ⅱ)为试样置于 1550℃保温 10min 后再次测试所得数据,以评价样品热电势的稳定性。结果表明,两次测试数据偏差极小,钢液测温用钨铼热电偶的测温速度极快,一般从插入到测成只需数秒钟。测试数据表明在 1300～1500℃时退火的 WRe3 热电偶丝在 1550℃环境下可以保持 10min 以上的热电势稳定,能够满足钢液测温对快速热电偶热电势稳定性的要求。

2. 测试不同退火温度的热电偶丝结果讨论

将 1300℃下退火的 WRe3 热电偶丝作为参考正极,测试其他温度下退火的 WRe3 热电偶丝与其的相对热电势,结果如图 5-7 所示。

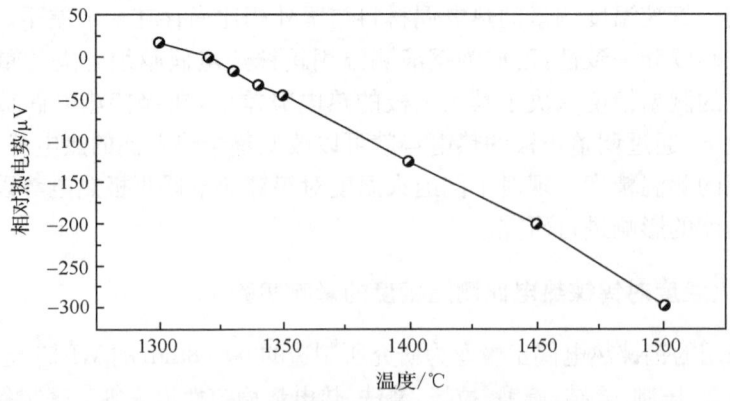

图 5-7 退火温度与相对热电势的关系

上述结果表明,退火温度对 WRe3 热电偶丝的热电势有重要影响。随着退火温度的升高,WRe3 热电偶丝的热电势呈减少的趋势,并且这种热电势的减少基本呈线性关系。

3. 纯金属定点法检定其钯点热电势结果讨论

将上述不同温度下退火的 WRe3 偶丝与同一根 WRe25 偶丝配对,组成钨铼热电偶,采用纯金属定点法检定其钯点热电势,其结果见表 5-3。

表 5-3 正极不同退火温度的钨铼热电偶钯点热电势

参数	退火温度/℃							
	1300	1320	1330	1340	1350	1400	1450	1500
热电势/mV	28.611	28.628	28.647	28.663	28.673	28.756	28.848	28.923
测温精度/%t	−0.08	−0.01	0.05	0.11	0.15	0.46	0.80	1.07
温度偏差/℃	−1.3	−0.2	0.8	1.7	2.3	7.1	12.4	16.7

检测结果表明,在不改变配对钨铼热电偶负极丝的情况下,通过调整正极丝的退火温度,可以改变热电偶的热电势。退火温度每提高 10℃,平均可以使钨铼热电偶正偏差 0.8℃。正极丝在 1300~1350℃ 时退火后,配对组成的钨铼热电偶测温精度均保持在 ±0.15%t 内,热电偶采用 1320℃ 退火的正极材料时偏差最小,之后随着退火温度升高,偏差越来越大,1500℃ 退火时,误差已经大于 1%。这样在实际生产中,对采用同一生产工艺生产的钨铼热电偶丝,通过调整 WRe3 偶丝的退火温度,获得需要的热电势,就可以提高热电偶的测温精度和配对效率,还能在一定范围按用户要求提供特定热电势的钨铼热电偶丝。

5.5.4 小结

退火温度对钨铼热电偶的热电性能有重要影响。采用选定的 1300~1500℃ 及保温 60min 的退火工艺,能制备出满足钢液温度测量用热电偶热电性能稳定性要求的 WRe3 偶丝;在其他条件相同的情况下,提高 WRe3 偶丝的退火温度,可以降低钨铼热电偶的热电势,退火温度与热电势基本呈线性关系;在一定范围内,调整 WRe3 偶丝的退火温度,就可以获得理想的热电势,进而可有效提高热电偶丝材的精度等级和配对效率。

5.6 退火温度对微细钨铼合金丝力学性能的影响

5.6.1 改善微细钨铼合金丝力学性能的重要性

钨铼合金丝熔点高(达到 3100℃),强度高(达到 1600MPa),硬度高(900HV)。

微细钨铼合金丝主要作为钢液快速测温用热电偶材料。与铂铑贵金属热电偶材料相比,钨铼热电偶丝测量温度高(最高使用温度达到 2800℃,而铂铑热电偶丝最高使用温度为 1700℃),热电动势高,测温精度高,测成率高,成本低。由于微细钨铼合金丝的这些优点,所以在钢液测温领域,微细钨铼热电偶丝正逐渐替代铂铑热电偶丝受到业界的日益重视,每年的需求量超过 500kg,并且逐年递增。

现代冶炼技术的发展,尤其是航海、航空航天等领域对合金性能提出的更高要求,对现代冶炼技术无疑也是一个极大的考验,而冶炼时金属熔体温度的测量是保证合金成分和质量的关键,因此对钢液温度测量的热电偶材料在性能上也提出了更高的要求。为了保证冶炼质量,国内一些特大型钢企不惜高价从国外进口高品质热电偶丝用于钢液测温,无疑会增加炼钢成本,降低市场竞争力,同时在技术上受制于人,不符合国家钢铁行业的振兴计划。

由于钨、铼资源是不可再生的,以及铼的应用日益广泛,可用作石油化工工业的催化剂、航空发动机所需超耐热合金的添加剂、电子工业用加热丝和阴极材料、涂层材料等,最近每年铼的消耗量接近 50t,并且逐年递增,所以,目前国内外钨铼热电偶丝正向着高精度、微细化、资源节约型方面发展,但是现在微细钨铼合金丝却具有易劈裂、易脆断等缺点,特别是钨铼热电偶正极材料问题更突出。通过研究 WRe3 不同的中间退火温度,以此达到改善微细钨铼合金丝易脆断、易劈裂的问题[38]。

5.6.2 实验部分

本试样丝材选取笔者研究所生产的 φ0.08mm 的 WRe3,丝材的制备过程依次为

丝材中间退火温度分别为 1300℃、1350℃、1400℃、1450℃、1500℃、1550℃,每次退火保温时间 60min,退火后的丝材一部分测其抗拉强度,一部分抛光、腐蚀,使用 TESCAN W-SEM 扫描电子显微镜分析其组织。

5.6.3 实验结果与讨论

根据实验数据绘制出退火温度与丝材抗拉强度的关系曲线,如图 5-8 所示。

随着退火温度的升高,微细钨铼合金丝的抗拉强度逐渐降低。退火温度＜1350℃时,抗拉强度缓慢降低,丝材退火态与加工态的抗拉强度比值＞60%;退火温度＞1350℃时,抗拉强度显著降低,降低至加工态丝材抗拉强度的 1/2。当微细钨铼合金丝抗拉强度较高时,由于内部位错塞积晶格畸变严重,容易达到裂纹扩展至临界应力而开裂,当其抗拉强度较低时,由于材料难以承受绕制时的工作应力也

第5章 钨铼合金

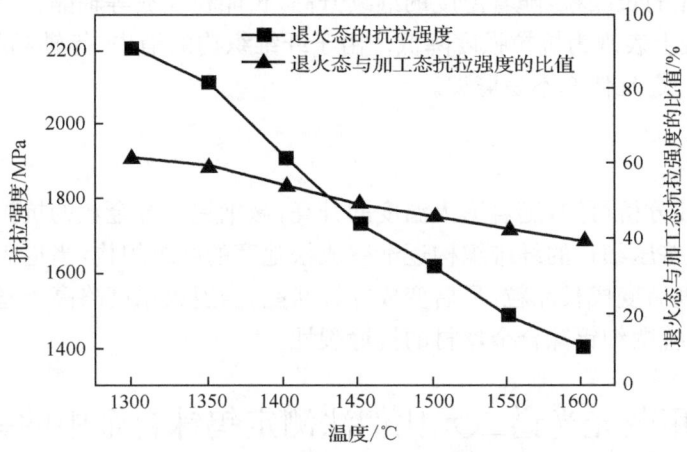

图 5-8 退火温度与抗拉强度的关系

易断裂,所以只有当微细钨铼合金丝抗拉强度适中时,才能既满足绕丝所需工作应力,又不易开裂。分别取微细钨铼合金丝退火前、1300℃和1500℃退火后的丝材进行金相分析,组织形貌如图 5-9 所示。

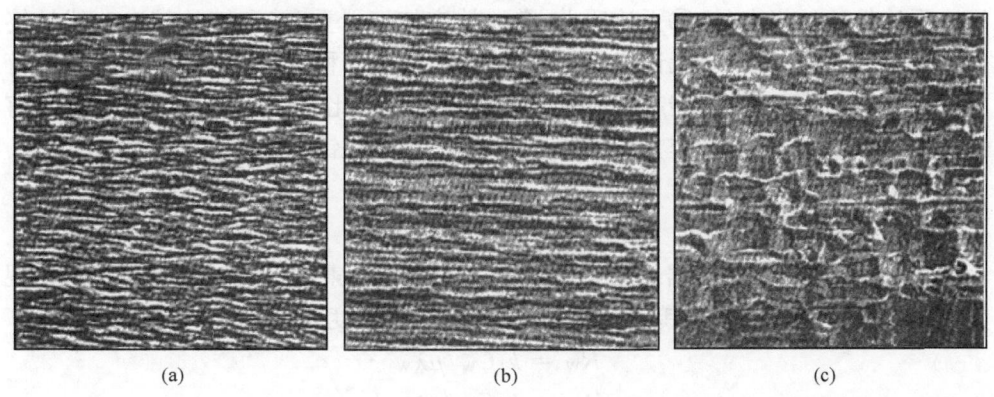

图 5-9 ϕ0.08mm 的 WRe3 在不同状态下的形貌组织
(a) 加工态组织;(b) 1300℃×40min 退火后组织;(c) 1500℃×60min 退火后组织
注:1300℃×40min 指在 1300℃温度下 40min 退火

经过拉拔后的微细钨铼合金丝的组织为细长的纤维,晶粒有固定的取向,彼此大致平行但晶粒之间相互挤压[图 5-9(a)],这主要是由丝材经拉拔挤压造成,宏观表现为抗拉强度高。随着退火温度的升高,原子扩散加剧,纤维织构变宽,晶界呈锯齿状,晶粒彼此平行,有固定的晶粒取向,但已松弛不再挤压[39][图 5-9(b)],由于织构变宽,单位横截面晶粒减少,宏观上表现为抗拉强度降低,但降低幅度不大,沿着纤维方向容易劈裂。当退火温度高于微细钨锌合金丝的再结晶温度时,纤维织构变成有序的长晶粒,随着温度的继续升高,长晶粒变成等轴晶粒,变得无序[图5-9(c)],宏观上表现为抗拉强度降低。由于纤维织构的消失、等轴晶粒的出现,丝材反而具有一定延伸率不易劈裂。

5.6.4 小结

通过上述分析可知,随着退火温度的升高,微细钨铼合金丝的抗拉强度逐渐减少,其组织从挤压细长的纤维织构逐渐变成松弛宽的纤维织构,当退火温度超过丝材再结晶温度后变成长晶粒,最后变成等轴状晶;当退火温度略高于丝材的再结晶温度时,能改善微细钨铼合金丝材的抗劈裂性。

5.7 用荧光光谱二元比例法测定钨铼合金中的钨和铼

准确测定钨铼合金中钨和铼的含量,是钨铼合金制备中的一个重要技术课题。已有的湿法化学分析钨铼含量,其操作手续十分繁复。可用荧光光谱(XRF)二元比例法直接测定钨和铼。钨铼合金仅有钨和铼两种元素组成,这种合金中钨和铼的成分变化范围较宽。在 XRF 分析中,两元素间的吸收-增强效应是严重的。采用二元比例法的优点是:①无论吸收-增强效应如何严重,钨和铼的校准曲线始终保持理想的线性关系;②无论样品的表面状态、辐照面积、位置、样品的制备状况等物理形态如何不一致,都能起到良好的补偿作用。因此,该方法与化学法相比具有快速、准确、制样简单、操作方便等特点,十分适用于钨铼合金的快速分析[40]。

5.7.1 定量原理

二元比例法[1-4]是依据二元素谱线强度的比与元素浓度比的对数关系来实现元素的定量分析的。对于钨铼合金中的钨和铼,其强度分别为

$$R_W = k_1 C_W / \mu \lambda_W$$
$$R_{Re} = k_2 C_{Re} / \mu \lambda_{Re}$$

强度比为

$$\frac{R_W}{R_{Re}} = k \frac{C_W}{C_{Re}} \cdot \frac{\mu \lambda_W}{\mu \lambda_{Re}} \tag{5-6}$$

式中,k、$\mu \lambda_W$、$\mu \lambda_{Re}$ 均为常数。式(5-6)两边取对数,得

$$\left(-\frac{\lg R_W}{\lg R_{Re}}\right) = k' + \lg\left(\frac{C_W}{C_{Re}}\right) + \lg \frac{\mu \lambda_W}{\mu \lambda_{Re}} \tag{5-7}$$

从质量吸收系数表查得

$$\mu \lambda_{ReW} \approx \mu \lambda_{WRe}$$

因而

$$\lg\left(\frac{\mu\lambda_{WRe}}{\mu\lambda_{ReW}}\right) \approx 0$$

因此，式(5-7)可简化为

$$\lg\left(\frac{R_W}{R_{Re}}\right) = \lg\left(\frac{C_W}{C_{Re}}\right) + k'$$

强度与浓度的这种关系，是一种理想的线性关系，它与样品的基体无关。实际分析中，根据一组已知标准样品的分析线测量强度和元素浓度绘制校准曲线。由图 5-10 可见，无论单元素校准曲线上各数据点如何离散，在二元比例法校准曲线上各数据点与直线始终拟合得十分理想。

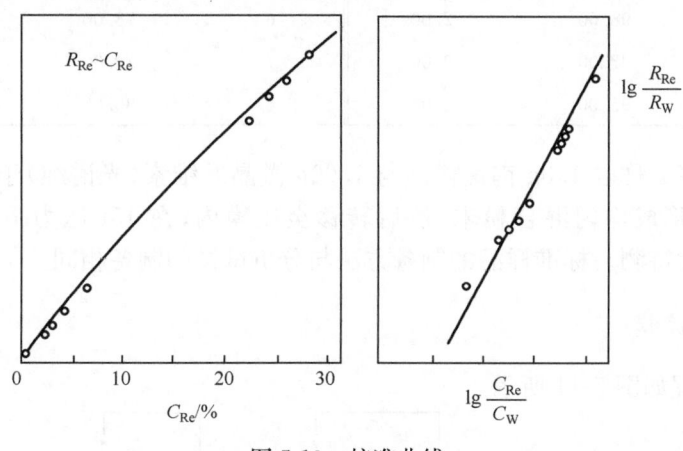

图 5-10　校准曲线

在分析未知试样时，根据测得未知样中 W 和 Re 分析线的强度即可计算出钨和铼的浓度。

5.7.2　实验部分

1. 仪器和分析测量条件

仪器：PW160 多道 X 射线光谱仪，XR-70 分析软件，Rh 靶 X 光管 PC386 计算机。分析测量条件见表 5-4。

表 5-4　钨和铼的通道参数及分析测量条件

元素	谱线	激发条件		晶体	探测器	测量时间 /s	脉冲处理条件	
		电压/kV	电流/mA				1L%	μL%
W	WL$_\alpha$	50	50	LiF200	A$_1$ 封闭	50	20	75
Re	ReL$_\alpha$	50	50	LiF200	A$_1$ 封闭	50	20	75

2. 标准样品及样品制备

标准样品采用纯钨和铼粉直接合成的方法配制,也可用氧化钨和高铼酸直接合成配制标准样品。人工合成的标准系列化学成分见表5-5。W的校准范围为36%～99.5%,Re为0.50%～64%。

表5-5 钨铼人工合成标准系列的化学成分表

样号	W/%	Re/%	样品	W/%	Re/%
1	99.50	0.50	5	94.00	6.00
2	98.00	2.00	6	78.00	22.00
3	97.00	3.00	7	74.00	26.00
4	96.00	4.00	8	36.00	64.00

样品制备:称取1.0g钨铼样品与1.00g微晶纤维素(光谱纯)于玛瑙乳钵中研磨10min,形成均匀混合粉末,然后转移至压模内,在15t压力下压制成直径30mm的圆片待测。标准样品的制备方法与分析试样的制备相同。

3. 分析流程

分析流程如图5-11所示。

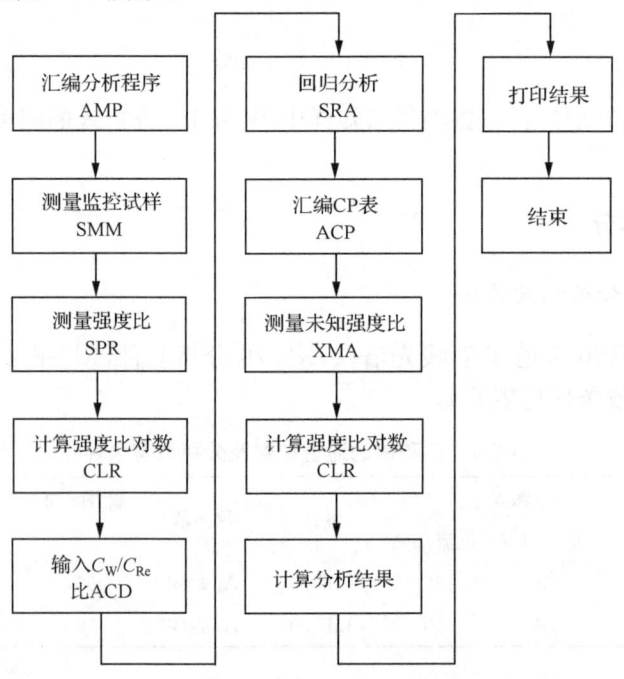

图5-11 标准试样的分析流程图

4. 制样压力对强度比对数的影响

为考证制样过程中压力对谱线强度的影响，任取一个钨铼试样分别在 6t、9t、10t、12t 压力下制成四个样片，并测量 WL_α 和 ReL_α 的强度，观察制样压力的影响。实验证明，压力对于强度的影响，可以通过强度比的对数得到补偿，如图 5-12 和表 5-6 所示。

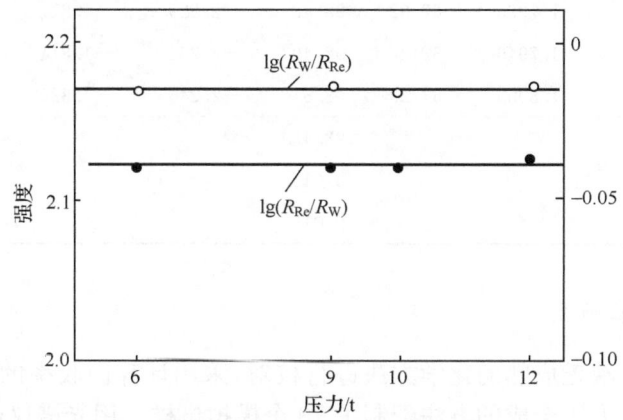

图 5-12 压力对强度影响

表 5-6 制样压力对强度的影响

压力/t	$\lg(R_W/R_{Re})$	$\lg(R_{Re}/R_W)$	$\lg(C_W/C_{Re})$
6	2.171	−0.0392	1.7653
9	2.173	−0.0410	1.7674
10	2.171	−0.0414	1.7653
12	2.173	−0.0345	1.7674

5.7.3 实验结果与讨论

实验证明，XRF 二元比例法测定钨铼合金中的钨和铼确实是一种准确快速、制样简单的分析方法，用以下结果可考证这种方法的可靠性。

1. 方法精度

取实际的钨铼合金试样在同一条件下制备 6 个样片，经仪器测量后进行如下数据统计，计算出包括制样和仪器精度在内的方法精度（表 5-7）。与其他方法相比，该方法在高含量和低含量情况下，方法精度都很理想。

表 5-7 二元比例法测定钨和铼的方法精度

序号	钨				铼			
	$\lg(R_W/R_{Re})$	$\lg(C_W/C_{Re})$	C_W/C_{Re}	$C_W/\%$	$\lg(R_{Re}/R_W)$	$\lg(C_{Re}/C_W)$	C_{Re}/C_W	$C_{Re}/\%$
1	2.2010	1.7967	62.62	98.49	−2.238	−1.816	62.62	1.57
2	2.2008	1.7965	62.59	98.50	−2.238	−1.816	62.59	1.57
3	2.1921	1.7874	61.29	98.46	−2.220	−1.806	61.29	1.61
4	2.1970	1.7925	62.02	98.48	−2.229	−1.811	62.02	1.59
5	2.1990	1.7946	62.32	98.49	−2.234	−1.814	62.32	1.58
6	2.2050	1.8009	63.23	98.51	−2.245	−1.820	63.23	1.56
平均值				98.49				1.58
SD				0.015				0.0148
RSD%				0.016				0.94

2. 方法的准确度

本方法由于缺乏成熟的化学方法进行校对,采用计算回收率的方法来考核方法的可靠性。用人工合成的方法配制了 10 个模拟试样。用光谱仪进行测量,以计算回收率。从表 5-8 中所示的数据可见,回收率除微量铼外,都十分令人满意。在微量情况下回收率差的实验事实,也表明了二元比例法在极低和极高浓度下呈现的不足,体现了方法的局限性。

表 5-8 钨和铼二元比例法的准确度

序号	铼的准确度			钨的准确度		
	加入量/%	实测值/%	回收率/%	加入量/%	实测值/%	回收率/%
1	0.50	0.68	136	99.50	99.46	100.1
2	2.00	2.09	108.5	98.00	98.11	100.2
3	22.00	21.69	98.59	78.00	78.00	100.05
4	26.00	25.81	99.27	74.00	76.05	102.77
5	64.00	64.35	101.17	36.00	37.85	105.14

3. 与 α 系数法的比较

α 系数法是以 W 和 Re 的强度比为强度函数。以二元素浓度比与强度比绘制校准曲线。以多元回归法计算 α 系数,以校正钨和铼间的吸收-增强影响。其分析结果与二元比例法结果的比较示于表 5-9。

表 5-9 α 系数法与二元比例法测定钨和铼结果的比较

元素	序号1		序号2		序号3		序号4		序号5	
	对数法	α系数法	对数法	α系数法	对数法	α系数法	对数法	α系数法	对数法	α系数法
W/%	99.46	99.50	96.05	95.99	76.05	73.99	41.15	40.00	37.85	35.99
Re/%	0.68	0.58	3.99	4.04	25.81	26.04	60.53	60.05	64.75	66.89

从比较数据可见,强度比对浓度比的 α 系数法分析结果虽比较理想,但对于校准范围以外的分析,其误差可能较大。当样品结构变异较大时,这种方法的补偿能力不如二元比例法优越。

5.7.4 小结

(1) 二元比例法对于样品的物理形态变化具有自动补偿作用,适应的分析范围宽(1%~99%),分析精度高,样品制备简单,有效地弥补了化学法操作繁杂的不足。

(2) 该方法不仅适用于钨铼合金的分析,也适用于样品化学组成简单的其他二元合金如锡铅、钨锇、铜锌合金等样品的快速分析。

(3) 二元比例法的缺点是对于二元合金中浓度的极端情况,如 99% 以上和 0.50% 以下的元素,分析精度不能令人满意。

5.8 钨铼合金丝米电阻随直径变化的统计分析

5.8.1 研究钨铼合金丝米电阻变化的意义

电真空器件如行波管、速调管、磁控管等在科学研究、国防技术和国民经济等领域中具有重大的应用价值[41]。如宽带大功率行波管具有大功率、高效率、高增益、宽频带和长寿命等特点,广泛地应用于雷达和通信等国防重点工程,被誉为武器装备的"心脏"[42]。在电真空器件中,阴极组件受热激发产生电子,为器件提供功率来源,其质量直接影响着电真空器件的功能发挥,是电真空器件的核心部件之一。钨铼合金具有辐射能力强、蒸气压低、室温和高温强度大、再结晶后塑性好、电阻率大、电阻温度系数低、能抗氧化和碳化、焊接性能好等优点[43],被广泛运用于制造电真空器件中的阴极热子。

在加热过程中,材料的电阻对整个加热过程的影响最大。在阴极热子的设计过程中,钨铼合金丝单位长度的电阻——米电阻,是一个至关重要的设计参数。但由于钨铼合金丝在热电偶行业的广泛应用,人们更多地关注其高温氧化行为和热电动势稳定性[45],而对其电阻的变化规律研究很少。对钨铼合金丝的米电阻进行统计分析,希望从中找出较为通用的规律,并建立不同牌号钨铼合金丝米电阻随直径的变化公式。

5.8.2 测量仪器及方法

测量仪器选用上海正阳仪表厂出产的 PC9A-1 型数字微欧计,其采用电流-电压降测试方法测量电阻值,其原理框图如图 5-13 所示。

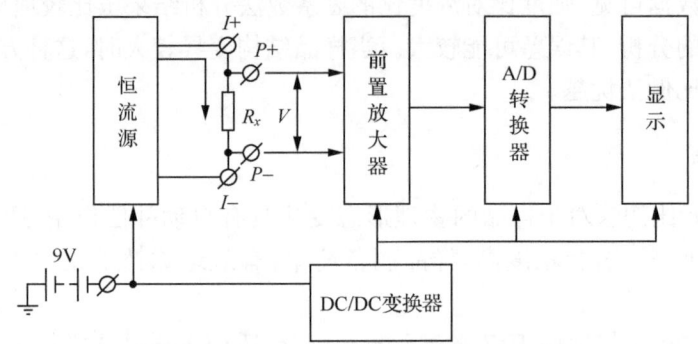

图 5-13 电流-电压降测试方法测量电阻值的原理图

恒流源输出一个恒定的电流,流过被测电阻 R_x,形成一个电压降,经前置放大器放大。由 A/D 转换器(模数转换器)转换成数字量,最后送显示器显示。从原理可知 $R_x = V/I$。所以只要保证 V 和 I 测试的准确性就能得到准确的被测对象的电阻值。

为简化计算,规定测量长度为 1m 的钨铼合金丝的电阻,简称为米电阻(用 R_m 表示)。测量时室温为 20℃,相对湿度为 40%。

5.8.3 实验结果与讨论

1. 测量结果

对 WRe3、WRe20 和 WRe25 系列钨铼合金丝的米电阻进行测量,测量结果分别见表 5-10、表 5-11、表 5-12。

表 5-10 WRe3 钨铼合金丝米电阻测量结果

直径/mm	0.3	0.26	0.254	0.18	0.15	0.135	0.131
米电阻/Ω	1.36	1.8	1.89	3.55	5.37	6.34	6.6
直径/mm	0.11	0.0995	0.0762	0.07	0.025	0.01	
米电阻/Ω	9.72	12.13	19.3	27.3	224	1219	

第 5 章 钨铼合金

表 5-11　WRe20 钨铼合金丝米电阻测量结果

直径/mm	0.35	0.335	0.3	0.25	0.2	0.185
米电阻/Ω	2.7	2.9	3.67	5.25	8.21	9.68
直径/mm	0.16	0.15	0.14	0.1	0.09	0.07
米电阻/Ω	12.91	14.1	17	31	37.4	67.9

表 5-12　WRe25 钨铼合金丝米电阻测量结果

直径/mm	0.315	0.2	0.15	0.12	0.1
米电阻/Ω	3.76	8.8	15.7	25.4	34.2

2. 结果讨论

以直径为横坐标,米电阻为纵坐标对测量结果进行描点作图,结果如图 5-14 所示。

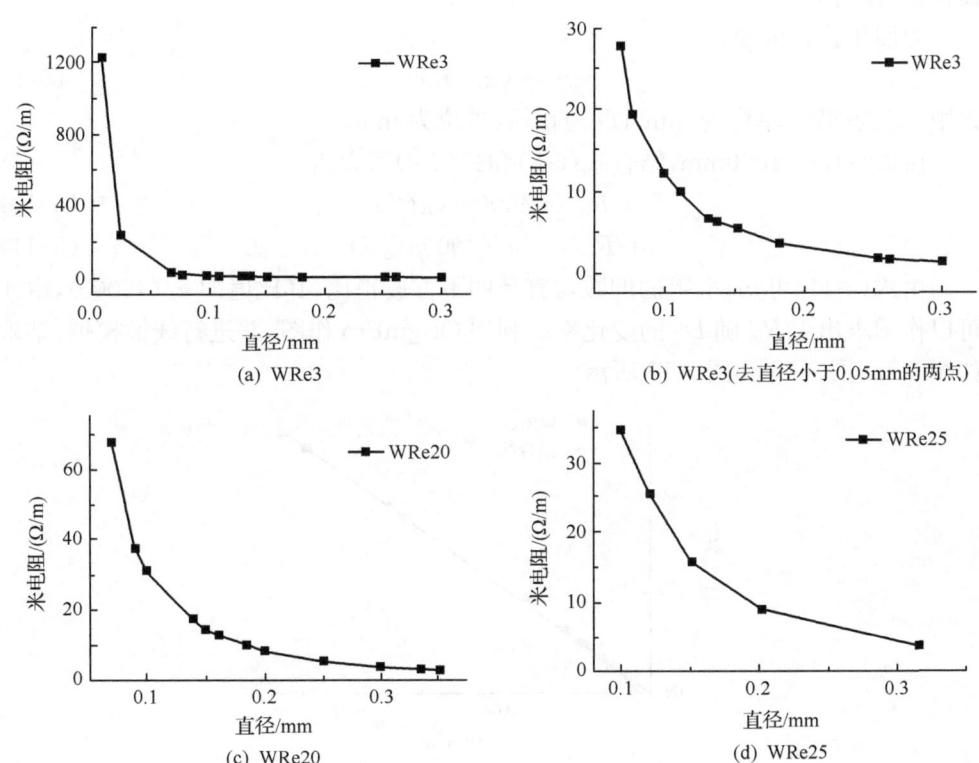

图 5-14　钨铼合金丝米电阻-直径变化图

由图 5-14(a)可以看出,当直径小于 0.05mm 时,WRe3 合金丝米电阻的变化加剧,在 0.01mm 时,其米电阻可达到 1219Ω。为得到 WRe3 合金丝米电阻随直径的变化规律,并便于与 WRe20 和 WRe25 的数据相对比,特将直径小于 0.05mm 时的两点去掉,绘成图 5-14(b)。

由图 5-14(b)、图 5-14(c)、图 5-14(d)可以看出,无论低铼合金丝(WRe3),还是高铼合金丝(WRe20、WRe25),其米电阻都随着直径的增大而减小,并且其减小的速度越来越慢。这说明钨铼合金丝的电阻与直径存在着一定的映射关系,下面利用统计分析的方法,结合基本的物理原理进行分析,以期得到较为实用的经验公式。

由电阻定律可知
$$R_m = \rho L/S \tag{5-8}$$
式中,L 为材料的测量长度,为简便起见,通常选为 1m;R_m 为材料长度为 1m 时的电阻,单位为欧姆;ρ 为材料的电阻率,国际单位为 $\Omega \cdot m$(为使计算和使用方便,选用 $\Omega \cdot mm$ 作为单位),对状态相同的同一种材料,其电阻率相同;S 为材料的横截面积,单位为 m^2。

由面积公式可知:
$$S = (\pi/4)D^2 \tag{5-9}$$
式中,S 为面积,单位为 mm^2;D 为直径,单位为 mm。

由 $L=1m=1000mm$,结合式(5-8)和式(5-9)可以得
$$R_m = 4000\rho/(\pi D^2) \tag{5-10}$$
$$1/R_m = [\pi/(4000\rho)]D^2 \tag{5-11}$$

由式(5-11)可知,电阻的倒数与直径的平方成正比,其比值即 $\pi/(4000\rho)$,由此可以作图求出 $1/R_m$ 随 D^2 的变化率。利用 OriginPro 作图,并进行线性模拟,结果如图 5-15、图 5-16 和图 5-17 所示。

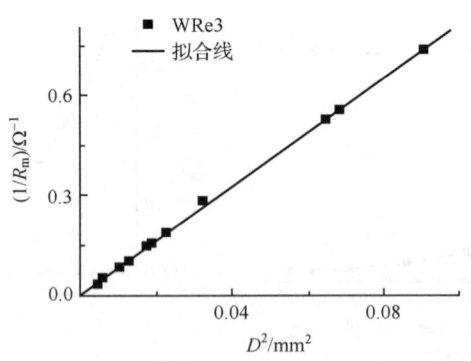

图 5-15　WRe3 合金丝 $1/R_m$-D^2 变化图及其电阻率

由图 5-15 可知,$1/R_m = 8.173D^2$,线性相关系数为 0.9997。由此可得 WRe3

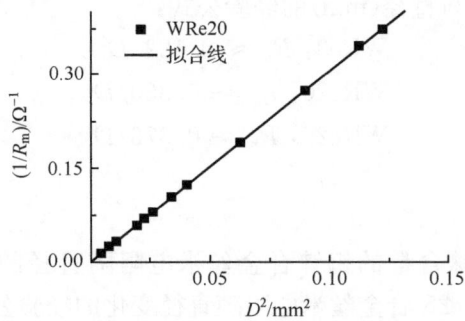

图 5-16 WRe20 合金丝 $1/R_m$-D^2 变化图及其电阻率

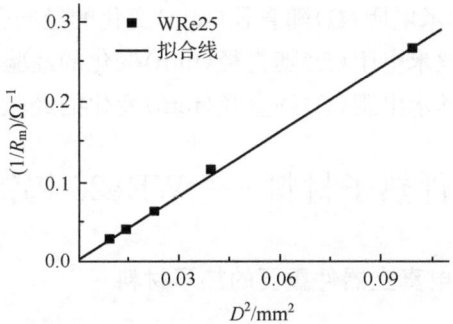

图 5-17 WRe25 合金丝 $1/R_m$-D^2 变化图及其电阻率

合金丝的电阻率

$$\rho = \pi/(4000 \times 8.173)$$
$$\approx 9.609 \times 10^{-5} (\Omega \cdot mm)$$
$$= 9.609 \times 10^{-6} (\Omega \cdot cm)$$

由图 5-16 可知,$1/R_m = 3.034 D^2$,线性相关系数为 0.9999。由此可得 WRe20 合金丝的电阻率

$$\rho = \pi/(4000 \times 3.034)$$
$$\approx 2.589 \times 10^{-4} (\Omega \cdot mm)$$
$$= 25.89 \times 10^{-6} (\Omega \cdot cm)$$

由图 5-17 可知,$1/R_m = 2.659 D^2$,线性相关系数为 0.9997。由此可得 WRe25 合金丝的电阻率

$$\rho = \pi/(4000 \times 2.659)$$
$$\approx 2.954 \times 10^{-4} (\Omega \cdot mm)$$
$$= 29.54 \times 10^{-6} (\Omega \cdot cm)$$

综上所述,当钨铼合金丝直径为 0.01～0.4mm 时,可以建立 WRe3、WRe20

和 WRe25 米电阻(Ω)与直径(mm)的经验公式：
$$WRe3：R_m \approx 0.122/D^2$$
$$WRe20：R_m \approx 0.330/D^2$$
$$WRe25：R_m \approx 0.376/D^2$$

5.8.4 小结

本节讨论了不同铼含量的钨铼合金丝米电阻随直径的变化规律，并推导出 WRe3、WRe20 和 WRe25 合金丝米电阻随直径变化的经验公式，结论如下：

(1) 钨铼合金丝的米电阻随直径的增大而减小，并且直径越大，米电阻减小的速率越慢。

(2) WRe3 合金丝米电阻(Ω)随直径(mm)变化的经验公式：$R_m \approx 0.122/D^2$。

(3) WRe20 合金丝米电阻(Ω)随直径(mm)变化的经验公式：$R_m \approx 0.330/D^2$。

(4) WRe25 合金丝米电阻(Ω)随直径(mm)变化的经验公式：$R_m \approx 0.376/D^2$。

5.9 电真空器件热子材料——WRe25 钨铼合金丝的研制

5.9.1 钨铼合金丝是电真空器件重要的热子材料

在现代真空微波器件中，阴极电子源是微波管的心脏。真空微波器件绝大多数采用热阴极作为电子源。热阴极是目前大功率真空微波器件应用最广泛的阴极。在阴极-热子组件正常工作状态下，热阴极的热源——热子是加热发射体的唯一能量来源，它必须确保在给定条件下使发射体的温度达到一定的设定值。其可靠性在很大程度上决定了阴极组件的可靠性，其性能优劣将直接影响器件的寿命。随着真空微波器件向大功率、宽频率、高可靠、长寿命等方向不断发展，要求热子在长时间工作后形状基本保持不变，即材料应具有良好的高温持久强度的特点，还要具有良好的抗热冲击性能，保证热子提供热量的稳定性。阴极是真空电子器件中的一个重要部件，它对器件的性能、寿命和可靠性都有很大，甚至是决定性的影响。据报道，70%～90%真空电子器件的失效都是由阴极的损坏和寿命终了而引起的。热子提供稳定的热源是阴极得以正常工作的根本保证[44]。

微波电真空器件的热子材料已逐渐被新型钨铼合金材料所代替。而钨铼合金是一种优良的高延性合金，由于铼能改善钨的塑性，即"铼效应"，铼既能提高钨的延伸率和降低钨的塑-脆性转变温度，又能提高钨的强度和硬度。钨铼丝的综合性能比纯钨丝和掺杂钨丝都好，它是难熔金属中综合性能最佳的材料。

钨铼合金丝具有下列优异特性：高熔点、高再结晶温度、高电阻率、高塑性和延伸率、高强度和高硬度、高热电势值、低塑-脆性转变温度、低蒸气压和低电子逸出

第 5 章 钨铼合金

功等。因此是目前钨合金中综合性能最好的合金之一。美国、俄罗斯、日本和欧洲各国，采用的热子材料一般都选用钨铼合金丝，如 WRe3、WRe5、WRe10、WRe20、WRe25 等牌号的合金丝材。

在钨铼合金丝中，由于合金中添加了铼元素后，产生铼效应，提高了合金的高温强度，降低了合金的高低温电阻比值，避免了热子在加热时造成的热冲击，显著延长了热子的使用寿命；铼添加使合金的电阻值增大，可减少热子所占空间体积，有利于器件实现小型化。随着铼含量的增加，合金焊接性能逐渐得到改善，高铼含量的钨铼合金丝对提高热子组件的焊接质量非常有利，从而可显著提高热子组件的质量和使用寿命。因此高性能热子材料是制作高可靠热子组件的根本保证。

5.9.2 电真空器对 WRe25 钨铼合金丝性能的要求

作为大功率电子元器件阴极用的热子材料，WRe25 合金丝应该满足以下基本要求。

（1）能使处于冷态的阴极在启动后迅速进入正常的工作状态，即实现阴极快速启动的要求。

（2）保证阴极受热分布的稳定性，要求热子在长时间工作后形状基本保持不变，即材料应具有良好的高温持久强度的要求。

（3）不仅具有绕制成品率高、焊接性能好、焊接后热子不易发脆的特点，而且还具有良好的抗热冲击性能；同时要保证使用寿命长。

5.9.3 WRe25 钨铼合金丝的研制

采用粉末冶金方法研制 WRe25 合金丝。把溶解的铼盐溶液添加到钨铝粉中，均匀搅拌，制备钨铼预合金粉（即湿法添加 Re）。这种方法的优点是合金成分均匀性易得到保证；再通过烘干、研磨和混料后，取三个不同点检测铼含量，铼含量应满足 $25\%\pm3\%$（质量分数）；钨铝粉用添加适量的硅、铝、钾元素，这些元素的加入使合金坯在烧结过程中，有较长的时间保持多孔体状态，使一些不易挥发的杂质能有机会得到充分的挥发，从而提高坯条的烧结密度。对制备的 WRe25 预合金粉进行还原、压制和烧结等工艺使合金坯致密化，最后对 WRe25 合金坯进行热加工生产试制。

1. 研制工艺流程

研制工艺流程如图 5-18 所示。

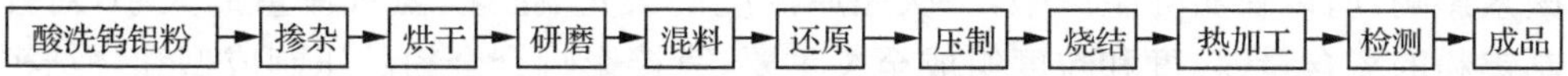

| 酸洗钨铝粉 | → | 掺杂 | → | 烘干 | → | 研磨 | → | 混料 | → | 还原 | → | 压制 | → | 烧结 | → | 热加工 | → | 检测 | → | 成品 |

图 5-18 WRe25 合金丝研制工艺流程图

热加工部分包括旋锻、再结晶退火、轧制、拉制和中间退火。

2. 研制的技术难点

1) 钨铼合金成分的均匀性

钨铼合金是一种固溶合金。铼在钨中生成 α-固溶体,在 3000℃时的最大溶解度为 37%(原子分数),在 1600℃时的最小溶解度为 28%Re(原子分数)。可知铼在钨中的固溶范围为 28%～37%(原子分数)。钨在铼中生成又一固溶体,其固溶范围很窄,在 2825℃时,钨在铼中的最大溶解度为 15%～20%(原子分数),在 1600℃时,钨在铼中的最小溶解度为 11%(原子分数)。所以,在实际生产中,制取钨铼合金的最高铼含量一般不超过 26%(质量分数)。当铼含量超过 26%(质量分数)时,钨铼合金组织中将析出第二相(即 σ 相或 W_2Re_2),它是一种高强度和高硬度织构,它给钨铼合金的压力加工带来困难,同时对钨铼合金的性能又有不良的影响。含铼量低于 5%的为低铼合金,含铼量高于 20%的为高铼合金。低铼和高铼合金丝的性能有明显的差别,在材料应用时一般考虑的性能参数各有侧重,其用途也不同[4]。同时根据文献[5]报道,在钨铝粉中添加铼,在二次还原后会导致粉末粒度的细化,这一结果将影响合金粉的压制和高温烧结时坯条的密度,以及对以后的加工造成不利的影响。因此要制取性能优良的 WRe25 合金丝,首先要对原材料进行严格控制。采用酸洗的钨铝粉,对粉末颗粒、掺杂的方式、二次还原以及 WRe25 合金材料的再结晶退火过程进行严格的控制。

2) 加工工艺的选择

随着总压缩率的增加,丝材的密度和加工硬化程度也不断增加。铼的添加所引起的固溶强化效果明显,钨铼合金丝具有较高的强度,加工硬化也更迅速,给丝材的深加工造成一定的困难。因此,丝材加工到一定程度时必须进行消除应力退火,则丝材的塑性得到改善,有利于丝材进一步加工。

3. 研制的关键技术

为了解决上述技术问题,研制工艺方案针对性地采用了以下关键工序和技术方法。

1) 二次还原工艺

氢还原炉是制取高质量钨粉的重要手段,钨粉的质量对钨制品的质量起着决定性作用。钨粉的粒度和粒度组成是其重要的物理性能,它与还原温度、还原时间、装料高度、氢气流量、原始氧化钨的粒度等有关。二次还原的工艺参数受很多因素影响,所以在实际生产中,二次还原温度的设定、推速、氢气流量的大小,对控制钨粉的氧含量、粒度和粒度组成至关重要,直接影响合金粉的压制成型和烧结密度,对于丝材产品影响也非常大,易产生毛刺、断裂和无法继续加工等问题。通过对还原过程的工艺参数的控制,不仅很好地控制合金成分,而且有利于粉末混合的均匀性。

2) 钨铼合金坯的合金化

钨铼合金的合金化过程是在高温下进行的,制取成分均匀的钨铼合金丝的关键是粉末预合金化和粉末高温烧结扩散合金化。把钨铼合金压坯预烧后,用中频感应间接加热炉进行高温烧结,由于炉膛温场均匀,便得到性能和成分均匀一致的坯条,解决了钨丝生产中长期存在的一致性问题,垂熔烧结是无法解决这个问题的。因此,钨铼合金坯高温烧结工艺的控制,对合金成分均匀性至关重要。对烧结工艺中升温和保温工艺参数的严格控制,保证了合金坯具有高的合适的密度。

3) 再结晶退火工艺

合金坯通过开坯加工,因合金坯的断面为尺寸较大的四边形,在旋锻过程中产生不均匀变形,坯条的外围变形程度大,中心变形程度小,因而坯条的内部组织结构不均匀,同时应力分布状态也不均匀。为了调整坯条内部晶粒结构和改善坯条的加工性能,当总压缩率达到50%~60%时,应进行再结晶退火,改变晶粒结构,便于继续加工。

5.9.4 研制 WRe25 合金丝的特点和水平

研制的 WRe25 合金丝,具有成分均匀,产品规格尺寸及表面质量好,抗拉强度高等特点,能为器件研制单位提供更好的热子材料,使其能达到器件所需的设计技术指标,提高了阴极的发射能力和器件的使用寿命。

5.10 电子探针搭配波谱仪表征钨铼合金

钨铼合金中钨、铼元素的分散程度对材料性能影响显著,因此真实准确地表征该合金元素的分布是材料制备和应用的重要前提[45]。

由于钨、铼两种元素的原子序数相邻,特征 X 射线波峰重合严重,传统的能谱分析难以判定铼元素的分布情况。采用背散射电子成分衬度及电子探针搭配波谱仪进行成分检测,可以准确地表征合金元素的分布。同时,从理论上对该分析方法的可行性与科学性进行了论证。

5.10.1 实验过程

1. 试样制备

试样 A 制备所需材料为 WRe10 粉 50g,粒度 1μm 的钨粉 20g,粒度 2μm 的钨粉 30g;试样 B 制备所需材料为高铼酸铵 3.8g(配成饱和水溶液),粒度 1μm 的钨粉 20g，粒度 2μm 的钨粉 30g。

试样 A 和试样 B 的制备工艺流程如图 5-19 所示。

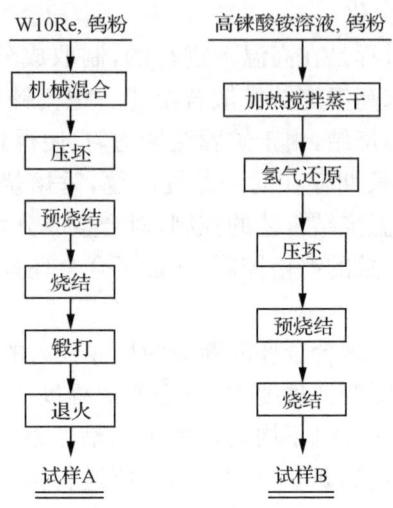

图 5-19　试样 A 和试样 B 的制备工艺流程

2. 元素表征

元素分析设备采用日本电子 JXA-8100 型电子探针。

当电子束轰击样品表面后，自样品表面被入射电子轰击出的核外电子（即二次电子，SE）携带着样品表面形貌信息。本实验对 A、B 两种试样拍摄了二次电子形貌图像。同时，因部分入射电子被固体样品中的原子核反弹回来（即背散射电子，BSE），且背散射电子的数量随原子序数的增加而增加，因此通过对应原子核的信息，利用探测器可获得 A、B 两种试样抛光截面的背散射电子成分衬度图像。

进行定量分析时，待测元素特征 X 射线线系的选择应遵循相关国家标准[46,47]的规定，分光晶体的选择则由特征 X 射线的波长决定，同时还需兼顾元素含量、晶体计数效率等因素。因此采用 Re 和 W 的 La-X 射线作为检出线系。首先分别对纯钨和纯铼的标准试样打 X 射线光谱，获得标样信息，然后以此为基准，分别对试样 A 和试样 B 抛光截面进行面扫描。

采用分光晶体 LiFH 分光，只保留标准试样 Re 的特征 X 射线的波段。加速电压为 20kV，电子束直径 1μm，放大倍数 1000 倍，每点测量时间 50ms，点间距为 0.20μm，设置图像输出像素为 600×600。逐行扫描得到 360000 个点的 Re 元素特征 X 射线光强度值。按照扫描顺序，排列出 360000 个点的矩阵数据，利用 OriginPro 软件拟合出铼元素强度灰度模式分布图。

5.10.2 实验结果与讨论

1. 对合金试样的 SEI 和 BSEI 分析

图 5-20 为试样 A 与试样 B 抛光截面的二次电子图像(SEI)。由图 5-20(a)可见,试样 A 得到的样品抛光截面有许多微孔,这是由于该试样在空气机械搅拌气氛中,单质 Re 容易吸氧[5],而在氢气气氛烧结中形成了大量微细的水气孔。由图 5-20(b)可见,试样 B 的抛光截面微孔很少,这是由于该试样采用化学工艺制备合金粉末,避免了单质 Re 的裸露,从而大大减少了微细水气孔的产生。

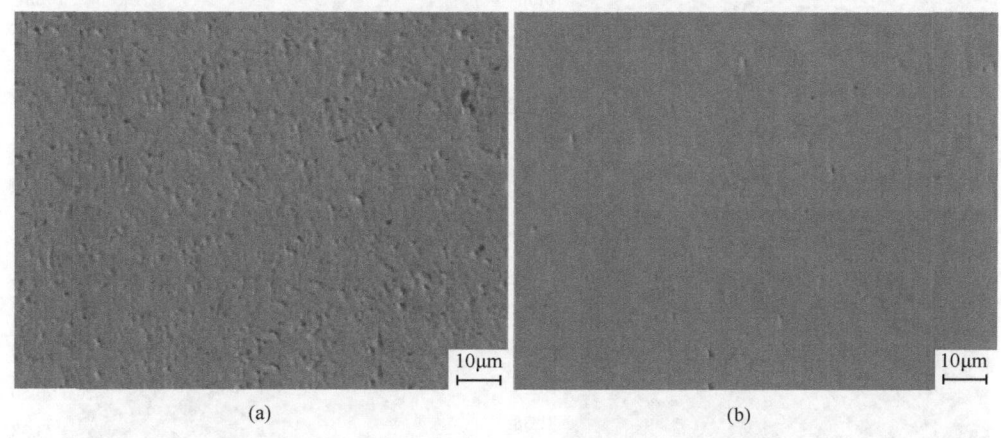

图 5-20　试样 A(a)与试样 B(b)抛光截面 SEI 图像

图 5-21 为试样 A 与试样 B 抛光截面的背散射电子图像(BSEI)。由图 5-21(a)可以看出,试样 A 中黑点较多,这是由于其内部分布有大量细小的孔洞,这些孔洞相当于被原子序数为 0 的物质所占据,因此其背散射电子产额为 0,在成分衬度图片上显示为黑点。这也与二次电子图像(图 5-20)中试样 A 抛光截面的多孔形貌相对应。由图 5-21(b)则可看出,试样 B 的元素衬度并不明显,这是由于随着原子序数增加,背散射电子产额增加趋于平缓,尤其对于 W、Re 等原子序数紧邻的元素,因其衬度不明显而难于区别。

2. 波谱仪探测合金试样的元素分布

图 5-22 为利用波谱仪对试样 A 和试样 B 进行 Re 元素探测的面扫描图像。由图中灰度坐标可知,白色区域为 Re 特征 X 射线光强计数较多的区域,即含 Re 量较高的区域;而黑色区域为 Re 特征 X 射线光强计数较少的区域,即 Re 含量较少的区域。图 5-22(a)与图 5-22(b)相比,试样 A 中 Re 元素分布较为均匀一些。这可能是由于退火使 Re 元素扩散更充分,也可能是由于单个区域不具有普遍性,

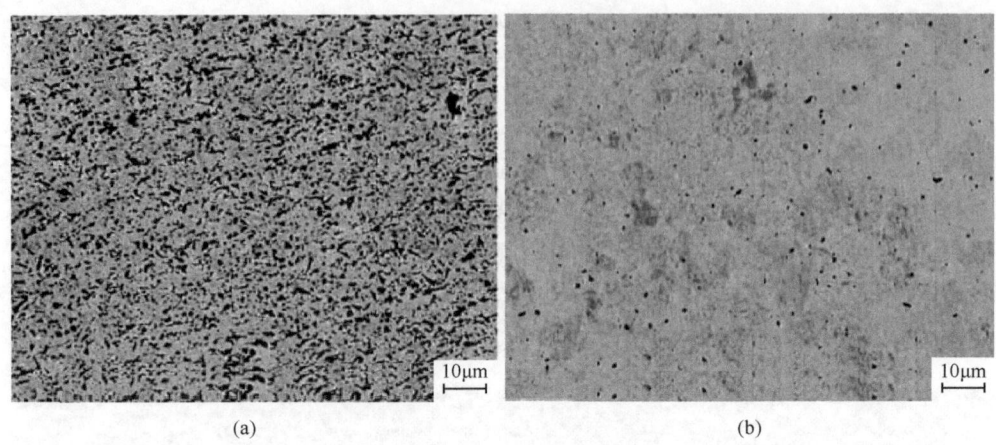

图 5-21　试样 A(a)与试样 B(b)抛光截面 BSEI 图像

所以有待进一步实验分析。

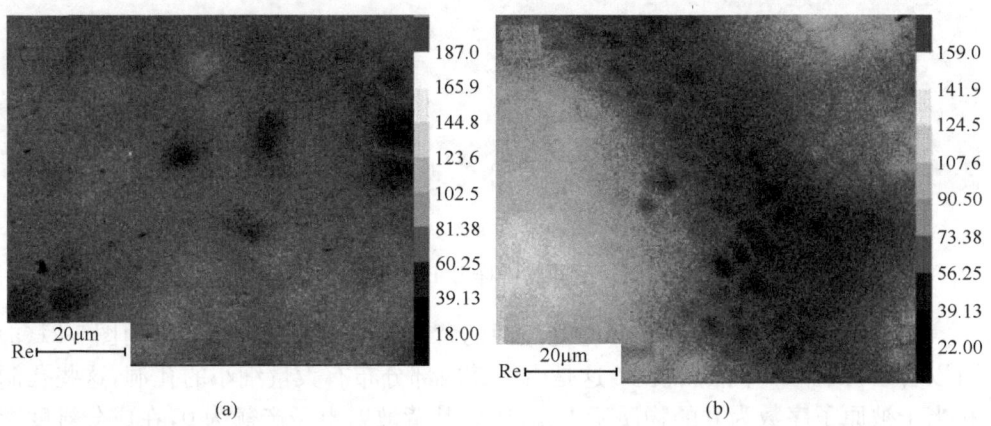

图 5-22　试样 A(a)与试样 B(b)抛光截面波谱仪 Re 元素面扫描图像

与此类似，由 W 元素波谱成分分布面扫描图片也得到了相同的结果。W 元素与 Re 元素的原子序数分别为 74 和 75，两者为紧邻元素，其激发特征 X 射线的能量也非常接近，L_α 跃迁所产生的特征 X 射线能量分别为 8396eV 和 8651eV，相差 255eV。因常规检测能谱仪的能量色散最高分辨率仅能达到 130eV，故在能量色散上两条特征峰重合，无法分辨出 W 元素与 Re 元素，而背散射电子衬度图像的分辨率更低。然而，波谱仪由于其结构和原理的特殊性，利用分光晶体 LIFH 对 X 射线波长色散，其分辨率可以达到 5eV，所以以标准试样为依据获得特征 X 射线波谱，消去其他波长的射线，很容易将这种细小的差别区分开来，从而得到真实的 W 元素或 Re 元素的分布情况，为钨铼合金等原子序数相近合金的成分分布检测找到可靠的科学判断依据。

5.10.3 小结

应用电子探针搭配波谱仪对钨铼合金表征的实验表明,通过特征 X 射线强度的元素面扫描分析,可以精确区分原子序数邻近的 W 元素与 Re 元素,并定量计算出每个微区的成分含量和直观显示其分布特征。同时,该方法还为其他具有相邻元素成分合金的表征提供了参考。

参考文献

[1] 刘奇,陈德茂,阳浩. 钨铼热电偶丝材生产及应用技术[C]//2008 年粉末冶金学术联会、成都市科学技术年会暨成都市机械工程学会会议论文集. 2008:94-99.
[2] 印协世. 钨铼合金和钨铼热电偶[M]. 北京:冶金工业出版社,1992.
[3] 王永样. 钨铼快速热电偶的研制及其应用[J]. 工业计量,2004,14(4):31-32.
[4] 褚惠民. 采用钨铼丝热电偶 WRe3/25 测量重油气化炉温度[J]. 化工自动化及仪表,1994,21(6):41-42.
[5] 应宗铭. 重油裂化炉使用钨铼热电偶应采取的措施[J]. 化工自动化及仪表,1995,22(2):46-48.
[6] 陈德茂,辛雪军,谭强,等. 钨铼合金的有效掺杂[C]//功能材料及其应用学术会议论文集. 2001,4(10):971-973.
[7] 陈德茂. 高性能钨铼合金微细丝工程化制备技术[R]. 重庆:重庆仪表材料研究所,2007.
[8] 郭宏勤,廖雷,苟宝梅. 抗震钨铼丝的研制. 稀有金属快报,2007,26(2):32-35.
[9] Rgu H J, Hong S H. Mechanical alloying process of 93W-5.6Ni-1.4Fe tungsten heavy alloy[J]. Journal of Materials Processing Technology,1997,63:292-297.
[10] Raghunathem S, Bourell D L. Synthesis and evaluation of advanced nanocrystalline tungsten—based materials[J]. P/M Science and Technology Briefs,1999,1(1):9-14.
[11] 夏耀勤,王鼎春,王敬生,等. 掺杂稀土元素的高温钼合金的研究[J]. 中国钼业,2001,25(4):76-78.
[12] 陈德茂. 高温测量用 WRe 合金热电偶微细丝[R]. 重庆:重庆仪表材料研究所,2004.
[13] 王魁汉. 钨铼热电偶长期稳定性的研究[J]. 自动化仪表,1997,18(8):6-9.
[14] 李树河,曾鸿诗,李扬宗. 钨铼合金热电偶的高温退火[J]. 华南理工大学学报,1990,18(1):64-71.
[15] 王魁汉,贺鸿业,崔传孟. 钨铼热电偶在空气中的热电动势稳定性及其特性研究[J]. 计量学报,1997,18(4):241-244.
[16] Asamato R R, Novak R E. Tungsten-rhenium thermocouples for use at high temperatures[J]. Review of Scientific Instruments,1967,38:1047.
[17] Walker B B, Ewing C T. Instability of refractory metal thermocouples[J]. Review of Scientific Instruments,1965,36:816.
[18] 余中奎,李扬宗. 钼、钨和钨铼热电偶线材的抗氧化涂层[J]. 华南工学院学报,1984,12(1):s53-71.
[19] 谭奇权. 抗氧化钨铼热电偶[P]:CN,2004200601 15.1.2004.
[20] 庞风荣. 铁水连续测温用抗氧化钨铼偶代铂铑偶的试验研究[J]. 铸造技术,1990,6:39-41.
[21] 王魁汉. 特种 WRe 温度传感器科技成果鉴定资料[R]. 沈阳:沈阳东大传感技术有限公司,2008.
[22] Kanamura H, Kita H. Structure of thermocouple[P]:IP,9089683.1997.
[23] Kita H. Ceramic thermocouple for temperature measurement of moltal[P]:JP,11064115.1999.
[24] Kita H. Thermocouple lance with layered sheath for measuring temperature in molten metal[P]:US,

2001002201. 2001.

[25] Kita H. Sheathed thermocouple lance for measuring temperature in molten metal bath[P]. EP, 0928958. 1999.
[26] 刘栋. 钨铼热电偶在冶金转炉连铸与轧钢加热工艺中的应用[J]. 工业计量(增刊), 2000: 279-282.
[27] 李兆民, 魏英华. 固体火箭发动机燃气温度测量研究[J]. 推进技术, 1991, 3: 76-82.
[28] 董存胜, 陆殿林, 王瑛. 用钨铼微热电偶测温技术研究固体推进剂的燃烧波结构[J]. 火炸药学报, 1995, 2: 22-26.
[29] Cannon N S, Knight R C. 100W/Re thermocouple calibration techniques[J]. Temperature Measurement and Control in Science and Industry, 1970, 6(3): 613-616.
[30] 杜金林, 张宏升, 张霭琛. 钨铼丝温度脉动仪的制作与应用[J]. 气象水文海洋仪器, 2000, 2: 1-6.
[31] 肖胜生. 滨海沙地木麻黄人工林生态系统的土壤呼吸与碳平衡研究[D]. 福州: 福建农林大学硕士学位论文, 2007.
[32] 李明强. 我国钨铼合金的研发与应用[C]//成都市机械工程学会粉末冶金分会第八届二次学术交流会论文集, 成都, 2006: 70-72.
[33] 马捷, 侯艳艳, 张好东, 等. 化学气相沉积制备钨铼合金[C]//第三届全国物理及其应用学术研讨会论文集, 昆明, 2006: 185-189.
[34] 吴承汕, 陈德茂, 刘奇, 等. 钨铼热电偶丝行业标准现状述评[C]// 2009全国功能材料科技与产业高层论坛, 2009: 708-710.
[35] 唐锐. 钨铼热电偶高温分度及其不确定度[J]. 功能材料, 2004, 35(21): 1707-1710.
[36] 刘涛. 浅谈铂铑、钨铼快速热电偶丝[J]. 工业计量(增刊), 2009: 33-36.
[37] 辛雪军, 陈德茂, 刘奇, 等. 退火温度对钢液测温用钨铼热电偶热电性能的影响[C]// 2009(重庆)中西部第二届有色金属工业发展论坛, 南京, 2009: 290-294.
[38] 阳浩, 陈德茂, 刘奇, 等. 退火温度对微细钨铼合金丝机械性能的影响[J]. 功能材料, 2009, 40: 729-730.
[39] 谭强, 陈德茂. 钴含量对WRe3合金与性能的影响[C]//第四届中国功能材料及其应用学术会议论文集, 厦门, 2001: 342-343.
[40] 高新华, 殷凤艳. 用XRF二元比例法测定钨铼合金中的钨和铼[J]. 冶金分析, 1994, 14(6): 28-31.
[41] 赵毅, 李伟, 周琦, 等. 钨铼合金丝米电阻随直径变化的统计分析[C]// 2011川渝蓉粉末冶金学术交流会暨重庆市粉末冶金年会论文集, 重庆, 2011: 19-24.
[42] 王斌, 苏振华. 行波管的可靠性现状及其差距[J]. 真空电子技术, 1999, (1): 25-29.
[43] 宋琳, 乐才华, 蔡靖宇. 电真空用钨铼合金丝[J]. 上海钢研, 1989, (3): 20-22.
[44] 唐京辉. 电真空器件热子材料——WRe25钨铼合金丝[C]// 2009成都市机械工程学会粉末冶金分会第八届二次学术交流会论文集, 成都, 2009: 9-14.
[45] 王喆, 李运波, 卓明川, 等. 电子探针搭配波谱仪表征钨铼合金[J]. 稀有金属与硬质合金, 2011, 399(4): 47-59.
[46] 国家质量监督检验检疫总局, 国家标准化管理委员会. 电子探针定量分析方法通则(GB/T 15074—2008)[S]. 北京: 中国标准出版社, 2008.
[47] 国家质量监督检验检疫总局, 国家标准化管理委员会. 金属及合金的电子探针定量分析方法(GB/T 15616—2008)[S]. 北京: 中国标准出版社, 2008.

第6章 钼铼合金

6.1 钼铼合金概述

钼铼合金(molybdenum-rhenium alloy)是以金属钼为基体元素与合金元素铼组成的合金。铼、钼两种元素有相似的原子半径和离子半径,并且在大多成矿环境中都是+6价,铼以类质同象进入辉钼矿、铜钼矿中,炼钼的烟灰也是提炼铼的主要原料。钼铼合金是当前国际上研究应用较多的一类合金。

钼铼合金呈现提高塑性的铼效应。合金中铼含量11%～50%(质量分数)的称为高铼合金,铼含量2%～5%(质量分数)的称为低铼合金。还有一种适于高温应用的氧化物弥散强化(ODS)钼铼合金。

自1955年Geach和Hughes发现MoRe50合金具有优异的塑性和强度以来[1],很多研究者对不同工艺制备的钼铼合金进行详细研究,发现铼在bcc或fcc的过渡元素中都有较高的固溶度,由此而获得了一系列性能优良的合金[2,3]。添加铼能在提高钼的强度的同时,大幅度降低钼的脆性转变温度,从而改善钼的塑性。此外,添加铼对钼合金高温性能、加工性能、焊接性能、抗辐射性能、理化特性和热电特性等也都有改善作用,特别是铼含量超过40%(质量分数)[4]的高铼合金,其高温性能、室温可成形性和热震性均可得到显著的改善。

到目前为止,铼是最有效的改善钼合金性能的元素。铼的加入,大幅度地降低了钼合金的脆性转变温度,从而使得钼铼合金具有很好的常温性能;同时又可以提高钼合金的再结晶温度,提高钼铼合金的高温性能。这种综合性能的提高,大大地扩展了钼合金的应用,目前钼铼合金被广泛应用在航空航天、加热设备、电子技术、核工业等众多领域。

6.1.1 钼铼合金的组成

钼不仅具有优良的导热、导电、耐蚀,低膨胀系数,低蒸气压等性能,而且具有高硬度、高强度的性能,因此在电子工业、玻璃制造业等领域具有非常广阔的用途。然而钼的脆性是影响其应用的一个很重要原因。与钼不同,纯铼具有弹性模量高的特性,在所有金属中仅次于锇,是很理想的弹性材料。铼没有脆性转变温度点,在绝对零度时都保持着很好的塑性,但纯铼的加工硬化较快,一般要在15%加工率后进行退火处理,加工难度很大[5]。

铼添加到钼中属于固溶强化型合金,提高了钼的塑性,同时也提高了钼的强度,并且大幅度地降低了脆性转变温度,从而使得钼铼合金具有很好的低温性能;同时铼又可以提高钼合金的再结晶温度,使钼合金具有优异的高温性能;铼的加入还减弱了钼的各向异性,提高了钼合金加工性能、理化特性和热电特性等,这被称为"铼效应(rhenium effect)"。而将 Mo、Re 合二为一,其弹性模量介于二者之间,加工性能非常优异,完全避免了各自的不利因素,形成了十分理想的弹性材料。这从根本上改善了钼的性质,扩大了应用领域。

钼中加入 35% 铼,在室温下轧制变形量可达 90%。用粉末冶金法可制钼铼合金。钼铼合金可用作高速旋转的 X 射线管靶材、微波通信的长寿命栅板、空间反应堆堆芯加热管、高温炉发热体、高温热电偶等。钼铼合金的室温拉伸强度、延展性、电阻率随铼含量增加而增加。通常用 MoRe5 和 MoRe41 作热电偶丝材,作航空航天中结构材。MoRe50 作高温结构材料。

6.1.2 钼铼合金的基本性质

钼铼合金具有良好的高温强度和韧性,可加工成板、片、线、丝、棒,用于航空航天的高温结构件(喷口、喷管、防热屏等)、弹性元件及电子元件等。

钼铼合金是一种固溶合金,铼在钼中生成 β-固溶体,在 2250℃ 时最大的溶解度为 53%(原子分数)左右,在 1000℃ 时的溶解度为 45%(原子分数)。MoRe50 铸造合金是单相的 β-固溶体,在 1500~2000℃ 淬火后便形成两个相,在 β-固溶体的晶界上出现 σ 相,当铼的质量分数为 65%~68% 时,在 2600℃ 左右,按 L+β=X 相,包晶反应生成 X 相。钼在铼中形成 α-固溶体,其固溶范围很窄,在 2680℃ 时,钼在铼中的最大溶解度为 15%~18%(原子分数)。从钼铼合金相图得知,铼在钼中的固溶范围为 45%~53%(原子分数),但在实际生产中,钼铼合金中铼含量一般不超过 50%(质量分数),当铼含量超过 45%(质量分数),钼铼合金将析出第二相(α 相),它是一种高强度和高硬度的组织结构,它给钼铼合金的压力加工以及热处理带来困难,同时对钼铼合金材料的性能有显著的不良影响,特别是对材料的均匀性有很明显的影响。

6.1.3 钼铼合金的应用现状

钼铼合金具有良好的导电性、耐磨性和抗电弧烧蚀性,用作触点材料时它所产生的氧化物具有良好的导电性,接触电阻变化较小,使用寿命长。钼铼合金用作电子管和特种灯泡的结构材料,在各种气体中不但具有高热稳定性和热离子特性,高电子逸出、高电阻,并且在热处理后仍保持着较好的塑性、较高的再结晶温度、良好的热电性能和抗机械冲击性能,因此在电子学领域应用前景十分广阔。

钼铼合金由于具有优异的性能,广泛应用于电子、航空航天、核能等高科技领域中。例如,钼铼合金有优异的抗辐射性能,可以作为结构包套材料,用于空间核反应堆的热离子交换器。空间核反应堆的热离子能量转换用合金材料必须具备的关键性能是高温强度,法国的空间反应堆程序显示,钼铼合金用作结构包套材料,其峰值温度为 1425K。MoRe47 合金具有高的抗拉强度和较好的延性,这对生产微米尺寸截面的箔带和极细丝材的弹性元件很重要。

钼铼合金具有高的抗拉强度和好的延性,可以制成箔材和极细丝材,成为很好的弹性元件;钼铼合金具有好的高温性能,可以用在加热器、反射器、火箭推进器、工作站、热电偶等高温设备中,并且具有很长的使用寿命。另外,钼铼合金具有良好的导电性、耐磨性和抗电弧烧蚀性,在电子器件方面的应用也很广泛。总之,随着现代高科技工业的发展和需求,钼铼合金具有十分光明的应用前景。

铼合金具有比其他过渡金属更高的电阻率,并且在使用时不发生脆化,所以适于制造高温加热元件。MoRe50 的线材和薄板可制造使用温度高达 2127℃ 的加热器、反射器等钼铼热电偶(MoRe20/MoRe50 和 MoRe20/MoRe40),可在非氧化性气氛的高温中服役。在 2000K 温度以上,用铂族金属来进行测温,它们通常在不需要任何气体保护条件下就能适用和准确测量,钼铼合金热电偶(如 MoRe20/MoRe40,MoRe20/MoRe50)也可用在非氧化性环境如氢气炉中温度的测量,因钼的碳化速度比钨要慢,钼铼合金热电偶在温度高达 2000K 的富碳环境中比钨铼热电偶更加耐用;MoRe50 合金无缝值温度为 1425K。

对于钼铼合金的生产,国外早在 20 世纪 60~70 年代就开始进行了大量的研究,特别是美国橡树岭国家实验室对于钼铼合金的研究十分系统,美国铼合金公司(Rhenium Alloys, Inc.)是为数不多的能够批量供货的厂家,现在他们生产的钼铼合金,包括钼铼合金粉末、丝材、板材、管材和棒材,其成分主要有 MoRe41、MoRe44.5 和 MoRe47.5。目前国内对于钼铼合金的研究也不是很系统,制备钼铼合金的技术还不是很成熟,特别是对高铼钼铼合金的研究较少,对钼铼合金中其他元素含量的控制也存在问题。由于高铼钼铼合金的超优异性能,其在高科技领域应用十分广泛,特别是 MoRe47.5 在航空航天上的应用尤为突出。此外,铼非常稀少且价格昂贵,进一步探索铼在钼中的作用机制,寻求经济的钼铼合金替代材料也是很有意义的。

6.2 铼在钼铼合金中的作用

钼的硬度和强度很高,并且具有优良的导热、导电、耐蚀,低膨胀系数和低蒸气压等性能,因而在电子工业、玻璃制造业等领域具有非常广阔的用途。但钼为体心立方结构,加工性能较差。铼可以显著提高钼的加工性能和力学性能,提高再结晶开始温度。铼具有密排六方晶格(hcp),铼在晶体点阵为 bcc 或 fcc 的过渡族金属中有很高的溶解度,这些特性在钼铼合金中显示了它的优势,由此而获得了一系列性能优良的合金,被称为"铼效应"。钼铼合金是继钨铼合金之后兴起的单晶高温合金。钼铼合金耐高温、耐腐蚀,并具有良好的力学和加工性能[6]。

6.2.1 铼对钼铼合金性能的影响

铼的加入改变了在热加工和冷加工中从单一滑动到孪晶作用和滑动相结合的机械变形过程,并抑制了碳和氧的脆化作用,使钼合金的加工性、理化特性和热电特性等得到改善。

1. 晶体结构

钼是 A2 型体心立方结构,铼是密排六方结构,铼在钼中固溶形成体心立方结构的 α 相,其溶解度在 2500℃最大为 59%,随着温度的降低,溶解度减少,在室温时溶解度只有 29%,钼在铼中固溶形成密排六方的 β 相。在 2500～2570℃时 β 相和液体发生包晶反应形成具有四面体结构的 σ 相,在 1850℃时 β 相和 σ 相反应生成具有 α-Mn 型结构的 X 相。σ 相为 $MoRe_2$,结构类型为 $D8_6$,空间群为 $P4_2/mnm$,晶格常数为 $a=9.57, b=4.974$;X 相为 $Mo_{13}Re_{45}$,结构类型为 A12(α-Mn),空间群为 1～43m,晶格常数为 $a=9.584$。在钼铼合金中,σ 相和 X 相都是脆性的第二相,其对钼铼合金的加工性能有很坏的影响。在钼铼合金中随着铼含量的增加,其晶格常数发生相应的变化。Garin 用中温烧结的粉末冶金方法研究了铼的质量分数在 87%范围内钼铼合金的晶格常数变化。在平衡状态下,室温时铼在钼中溶解度只有 29%,在此范围内,钼铼合金是 α 相。当铼的质量分数小于 29%时,随着铼含量的增加,钼铼合金的晶格常数由纯钼的 0.315nm 降到 MoRe29 的 0.313nm;当铼的质量分数大于 29%时,便有 σ 相或 X 相的析出,此时钼铼合金的晶格常数基本保持在 0.313nm。

2. 熔点和热性能

纯钼的熔点是 2623℃,纯铼的熔点是 3186℃。钼铼合金中,在铼的质量分数小于 66%时,随着铼含量的增加,钼铼合金的熔点降低,其最低时为 2444℃(MoRe66)。在铼的质量分数大于 66%时,随着铼含量的增加,钼铼合金的熔点升高。纯钼的比热容大于纯铼的比热容,随着温度的升高,纯钼、纯铼、钼铼合金的比热容也升高,钼铼合金的性能介于纯钼和纯铼之间;在常温时,纯钼的比热容远大于纯铼的比热容,随着温度的升高,纯钼的比热容降低,纯铼的比热容升高,钼铼合金的比热容介于纯铝和纯铼之间,其走势近于纯铼;纯钼的热膨胀系数低于纯铼的热膨胀系数,随着温度的升高,其热膨胀系数也升高,钼铼合金的热膨胀系数介于纯钼和纯铼之间。

铼可以明显降低钼的脆性转变温度。纯钼的再结晶温度约为1250℃,随着铼含量的升高,再结晶温度升高,当铼的质量分数大于10%时,其再结晶温度约为1500℃,比纯钼的再结晶温度升高250℃左右。纯钼的脆性转变温度[111]方向的弹性常数升高,当铼的质量分数为50%时,钼铼合金表现为各向同性,在不同的方向上弹性常数相同。

3. 蠕变性能

高温蠕变性能是衡量金属高温性能的一个重要指标,单晶合金中加入铼可显著提高蠕变强度。经过对各种成分的钼铼合金在1600℃、25MPa所做的工作发现,相比较于其他钼铼合金,MoRe51合金有较高的塑性及蠕变速率,因而其断裂时间较短。

4. 电阻率

纯钼的电阻率低于纯铼的电阻率,钼铼合金的电阻率介于纯钼和纯铼之间,随着温度的升高,钼铼合金的电阻率升高。

5. 辐照脆化

钼合金的一个主要问题是辐照诱导的脆化。经过FFTF/MOTA中子照射到高频(1×10^{27}n/m^2,E_n>0.1MeV)后,可研究Re含量、热处理和辐照条件对力学性能的影响和钼铼合金显微组织发展的影响,应力消除状态的MoRe5在高温辐照弯曲实验后观察到塑性变形。MoRe41中产生了细、密集的沉淀物,导致严重强化和脆化。

6. 强度、塑性及焊接性

铼的加入可以改变钼的强度、塑性和焊接性,并使再结晶退火后的材料脆化程度减少。如MoRe41的硬度高于纯钼60%,强度提高75%,$\delta=17\%$。此外,所有含铼的合金均具有细晶的均匀再结晶显微组织。MoRe50的蠕变断裂寿命高于纯钼,而且焊接性好,焊后合金有优良的塑性。

纯铼的弹性模量仅次于锇,其数值为468GPa,纯钼的弹性模量为330GPa。钼铼合金的弹性模量介于二者之间,当铼的质量分数小于52%时,随着铼含量的增加,钼铼合金的杨氏模量、切变模量和泊松比均增加;当铼的质量分数达到43%时,杨氏模量和切变模量有一极大值。铼元素可以改变钼合金的各向异性,随着铼含量的增加,[100]方向的弹性常数降低,而[110]和[111]方向的弹性常数升高,当铼的质量分数为50%时,钼铼合金表现为各向同性,在不同的方向上弹性常数相同。

纯钼在常温的抗拉强度为650MPa左右,而添加高铼的钼铼合金的抗拉强度可以达到1000MPa以上;纯钼在常温时的伸长率为0,而钼铼合金的伸长率可达到20%以上。在1473K时,MoRe47.5的抗拉强度为230MPa,伸长率为8%,而此时纯钼的抗拉强度只有100MPa。不同于纯钼,纯铼的加工硬化率非常高,一般纯铼在经过小于15%的变形率后就要进行再结晶退火处理,否则就会产生裂纹。研究表明,随着铼含量的增加,应力因子和硬化指数均升高,但是钼铼合金的应力因子远小于纯铼的应力因子。这就表明钼铼合金的加工硬化现象要比纯铼的加工硬化小得多,钼铼合金的加工性能要好于纯铼。

6.2.2 铼在钼铼合金中的作用

1. 粉末冶金法制取的低铼钼合金

对用粉末冶金法制取的钼铼合金,在进行开坯加工时,易产生裂纹和龟裂,成品率较低。这主要是因为钼是体心立方结构金属,其加工性能较差。钼中加铼,不仅可以改进钼的加工性能,而且还可提高钼的耐高温、耐腐蚀等其他性能。采用粉末冶金法可制得性能良好的低铼钼合金。对粉末冶金法制取的低铼钼合金的加工性能研究结果表明,低铼钼合金的抗拉强度和再结晶开始温度,均随着铼含量的增加而提高。在900~1400℃温度范围内,质量分数为1%、3%、5%的钼铼合金丝样的抗拉强度与退火温度的关系具有显著线性回归特征。

通过对粉末冶金方法制取的MoRe3合金进一步研究表明,在混合料的制备中采用湿混或干湿混合,有利于铼的均匀分布,且质量分数为3%的铼加入,可大大细化铼钼合金的晶粒。与纯钼材料及用干混法制取的MoRe3合金相比,采用干湿混合法制取的MoRe3合金具有较高的抗拉强度和再结晶开始温度。MoRe3合金丝样的再结晶开始温度约为1200℃。

2. 二次结晶法制备的钼铼合金

在液氮温度时对二次结晶法制备的钼铼合金抗弯性能的研究结果表明:当铼的质量分数增加到10%时,屈服强度明显下降;加热态晶体的断裂强度增加,铼的质量分数在3%~7%时达到最大;相反,虽然渗碳晶体的强度绝对值一般大于加热态晶体,但渗碳晶体的断裂强度没有明显的最大值;弯曲角在铼的质量分数为5%~7%时达到最大值,与碳含量无关;铼质量分数为3%~7%的合金的断口组织形貌与纯钼相似。

3. 钼铼合金带材

选用熔炼的钼铼合金经过锻造、热拉、冷拉和轧制的方法制备钼铼合金带材,其规格为宽 0.3mm、厚 0.03mm，对其组织和性能进行研究。结果表明，加工态的拉断力是再结晶状态的 2.5 倍左右，为 24.8N；而伸长率只是再结晶状态的1/3，为 3.1%；随着退火温度的提高，钼铼合金的拉断力直线降低，但伸长率在 1723K、30min 退火后却最高。金相结果表明，1723K 退火的钼铼合金带材发生了明显的再结晶。钼铼合金加工态拉伸时其断口表现为准解理断裂，退火后断口表现为明显的韧窝状。铼元素加入钼中，可以提高晶粒之间的结合力，使得钼铼合金在拉伸下有很好的伸长率；同时钼铼合金在室温变形时，也容易发生孪晶变形，这一点不同于通常的钼合金。

6.3 氧化物弥散强化钼铼合金的研制

6.3.1 ODS 钼铼合金优良的高温和低温性能

应用于高温状态下的 ODS(oxide dispersion strengthened)钼铼合金具有良好的高温强度和抗蠕变性能，在纵向拉力的工作和应力消除状态下韧脆转变温度 DBTT 低于室温。再结晶状态下，由于弥散分布氧含量和前期加工程度的不同，DBTT 接近或高于室温。对铼质量分数为 7%~14% 的 ODS 钼铼合金的研究发现，铼的质量分数为 7% 时，力学性能的提高不明显；而铼的质量分数为 14% 时，在应力消除和再结晶状态下 DBTF 都远远低于室温。MoRe50 合金在绝对熔化温度(1600℃)0.65 下的蠕变-断裂寿命仅增加约一个数量级。而氧化物弥散强化钼(ODS-Mo)合金在 1800℃ 温度下的蠕变-断裂强度却比纯钼在 1600℃ 温度下的蠕变-断裂强度要大很多个数量级[7]。

ODS-Mo 合金在冷加工和消除应力状态下也显示出良好的低温延性，其拉伸脆性转变温度约为 −100℃。在ⅥA 族元素钨和钼中添加大量铼也可显著改善钨、钼的低温延性，这被称为"铼塑化"效应。人们在钼中添加少量铼时产生的这种低温延性改善效应称为"合金软化"。在加工和消除应力状态下，ODS-Mo 的 BDTT 远低于室温，而其再结晶状态下的 DBTT 却接近或高于室温。在钼中添加 14% 铼也会使其 DBTT 降低至室温以下。

通常将铼对钼性能影响的原因总结为以下四点：

(1) 铼可以和钼形成 $MoReO_4$ 型化合物，它与 MO_2 型化合物不同，不浸润晶界。

(2) 铼可以提高碳和氧的溶解度，从而使碳化物、氧化物难以析出。

(3) 钼铼合金在低温变形时发生晶变形，这一点不同于纯金属钼。

(4) 铼使钼的电子结构发生变化，降低原子键的方向，降低堆垛层错能，提高切变模量。

6.3.2 ODS 钼铼合金的制备实验方法

1. 材料加工

采用一种特殊的粉末冶金方法制备 Mo-14Re-1La$_2$O$_3$（ODS MoRe14）和 Mo-7Re-1La$_2$O$_3$（ODS MoRe7）混合批料。在 ODS-Mo 粉中添加一定量的铼，经压制、压坯致密化和热机械加工成最终产品，然后制备各种新的复合材料。表 6-1 中概述了 ODS-Mo-Re 合金的加工方法。

表 6-1 ODS-Mo-Re 合金加工工艺

工序	起始和最终直径/mm	面缩率/%	加工温度/℃
冷压制	50～43	28	20
氢气清洗	43～42	6	1100
真空烧结	42～38	17	1950
挤压	38～11.6	83	1350
手工旋锻	16～10	57^a	1200
	10～8	44^a	1000
	8～5	61^a	800
去外皮和毛刺	4.5	未知	21

a 几道工序的结果，即没有任何一道工序的面缩率>15%

将铼粉（其平均粒度 5μm）加入钼合金（含 1% 镧粒子）粉中并完全混合（球磨）至少 18h。把这种混合合金粉末于 207～276MPa 压力下保持至少 15min，经冷等静压制成一种直径 38mm 的圆坯，然后于 1100℃ 温度下经流动干氢清洗至少 4h 和在 1950℃ 温度下于动态真空中至少烧结 4h。把每个烧结坯放进纯钼挤压罐并用平头焊焊封（定位封焊）。每个复合坯置于 1350℃ 温度的流动干氢中预热至少 30min 后，再以 6∶1 挤压比经高速挤压机动态挤压。最后每个挤压坯再经流动干氢预热并在含钼复层的适当位置用手工旋锻成直径 5mm 的杆。

用无心磨床研磨消除包层而得到一种最终直径为 4.6mm 的合金杆料。经挤压和旋锻加工后，其总面缩率大于 98%。用直径 4.6mm 杆料制备拉伸和蠕变断裂试样。把试样放在一种常温溶液（含有四份浓硫酸和一份蒸馏水或去离子水）内经电抛光处理，电解抛光采用厚度为 0.25mm 的 304 不锈钢作阴极和 6～7V 直流加速电压以去除标定截面直径 5～8μm。

2. 材料晶粒度和维氏硬度测试

从挤压和旋锻杆料的每一端切取试样进行光学金相检验并测定其维氏硬度。用剖切方法制每个试样，并用酚醛塑料固定试样，用不同大小磨料进行抛光。最后再用 0.05μm 氧化铝粉进行抛光。镶棒均用穆拉卡米(Murakami)腐蚀剂(10g 铁氰化钾、10g 氢氧化钾和 100mL 蒸馏水)擦拭。用线截割方法(ASTM 标准 E89 方法)测定最终杆料制品的平均晶粒度。也用同样一种方法，从未经腐蚀试样光学显微照片上测定氧化物颗粒的平均颗粒大小及其形状。在 Wilson Tukon Series 200 型自动硬度试验机上，测得每个金相试样纵截面的维氏硬度(VH)压痕数目不少于 5 个。

3. 力学性能

氧化物弥散强化钼铼合金力学性能的测定包括：①0.2%残余变形屈服应力；②极限抗拉应力；③断面缩率；④至断裂的总延伸率。

按照 ASTM 标准，在 $-196\sim200$℃不同温度和 0.05min^{-1} 或 0.00083s^{-1} 应变率下，测定了在单轴加载条件下，圆棒拉伸试样至断裂并旋锻和再结晶退火 1h 的脆性转变温度。在扫描电子显微镜下观察每个拉伸试样断口形貌，如延伸、波纹、解理断裂、晶粒间形貌或其混合状态等。这种脆性转变温度与最低实验温度一样，即在此温度下未发现任何解理脆性断裂现象。在 $1000\sim1600$℃不同温度和 0.05min^{-1} 或 0.00083s^{-1} 应变率下动态真空中单轴加载的一根圆棒拉伸试样至断裂并测定旋锻和再结晶合金的高温抗拉强度。同时还测定这种新制备的钼铼合金的蠕变性能，并在动态真空和 $1000\sim1600$℃不同温度下进行恒载荷下的单轴蠕变实验。将一根旋锻态圆棒蠕变断裂试样固定在蠕变试验机真空室十字头上。整个系统包括：密封试样，并在动态真空 225℃温度下烘烤 14h 以除掉整个室内全部吸附的水汽和气体，然后再检查是否漏气，试样加热至理想实验温度且在无负载情况下保温 30min，然后开始加载并测定其应变率。通常取应变测定值来表示试样的蠕变变形行为，进而对试样断口再做扫描电子显微镜分析以弄清其断裂方式。

6.3.3 实验结果与讨论

1. 材料性能

用惰性气体熔化法和等离子体光谱法测定分析了各种合金混合粉末的化学成分。原料 ODS Mo 和各种 ODS Mo-Re 合金化学分析结果见表 6-2。

表 6-2 化学成分分析结果

批号	平均合金成分(质量百分比)					
	Mo	Re	La[a]	O[a]	C	其他(W)
2LW-901551[b]	余量	—	0.73	0.36	0.009	0.08
T EX.337	余量	14.7	0.76	0.35	0.015	0.05
T EX.360	余量	14.9	0.70	0.33	0.018	0.07
T EX.362	余量	7.4	0.67	0.36	0.016	0.05

a 等于合金成分中的 1% La_2O_3
b 用作原料 ODS Mo 合金粉批的分析结果

表 6-3 列出了 ODS Mo-Re 合金显微结构性能并与 PM-Mo(PM 表示粉末冶金纯钼)、MoRe14(固溶体)合金和 ODS Mo 典型结构特征进行对比。这种新的旋锻钼合金的显微结构特点是呈拉长晶粒形态,ODS MoRe7 和 ODS MoRe14 合金的平均晶粒宽度分别为 8μm 和 5μm,两种旋锻合金的平均长度与直径比分别为 10 和 5。两种新的钼铼合金显微结构内都有团块和不连续的氧化物颗粒存在。ODS MoRe7 和 ODS MoRe14 合金的氧化物颗粒大小分别为 1~2μm 和 3~5μm。更粗粒氧化物和团块的形成也许有助于与原料 ODS Mo 相关的 ODS Mo-Re 合金晶粒度增大。

表 6-3 旋锻态 ODS Mo-Re 合金、PM-Mo、二元系 MoRe14 合金和 ODS Mo 的显微结构性能

合金	平均晶粒宽度/μm	平均氧化物粒度/μm	平均维氏硬度/(kg/mm^2)
ODS MoRe7	7.6	1.5	260
ODS MoRe14	5.1	4.1	305
PM-Mo	15.2	未知	225
MoRe14	1.0	未知	300
ODS Mo	0.5	0.25	262

2. 低温力学性能

表 6-4 列出了室温屈服应力与极限抗拉应力,断裂时的延伸率和面缩率等研究结果。本研究分析了实验温度对旋锻加工、应力消除和再结晶 Mo、MoRe14 和 ODS MoRe14 合金延性的影响。在同等条件下,ODS MoRe14 合金延性明显优于 Mo-Re 二元合金。从晶粒大小对 PM-Mo 和二元 Mo-Re 合金脆性转变温度的影响分析结果看,在规定晶粒大小条件下,添加适量铼显著降低了 ODS Mo 的脆性转变温度。可以看到温度对 ODS Mo-Re 合金屈服强度的影响也是非常有利的。通过旋锻加工和消除应力实验,钼及钼铼合金屈服强度与温度关系表明:添加少量

铼的最大作用和流动应力与温度有关。体心立方金属在低于 $0.2T_m$ 不同温度时，流动应力是完全依赖于温度的，且这种特性已有过详细研究。钼的 $0.2T_m$ 为 305℃，随着实验温度的降低，钼在达到 DBTT 时，其屈服强度增大，且加速变化直到屈服强度超过断裂强度，其断裂特征呈脆断式断口。从铼对钼和钼合金在旋锻加工和消除应力实验条件下屈服强度与温度关系的影响来看，虽然氧化物弥散强化钼的屈服强度更高，但其屈服强度曲线斜率却和纯钼相同。往 Mo 中添加 14% Re 可使温度降低，在此温度下其屈服强度可升高到约 -20℃，低于此温度时，其屈服强度增大率就和纯钼相同。在低于 -80℃ 时，曲线斜率变化实际上就是明显表现为由延性-脆断过程。14%Re 与氧化物颗粒弥散相结合降低这种转变温度，此时流动应力也与温度有关。

表 6-4　ODS Mo-Re 合金、PM-Mo、二元系 MoRe14 合金和 ODS Mo 的室温抗拉强度

	合金	0.2%残余屈服应力/MPa	极限抗拉应力/MPa	断裂延伸率/%	面缩率/%	DBTT/℃
旋锻态合金（加工率>90%）	ODS MoRe7	593	889	13	42	-151
	ODS MoRe14	827	1075	12	40	-195
	PM-Mo	538	620	15	72	-23
	MoRe14	848	896	13	50	-73
	ODS Mo	745	827	13	59	-60
再结晶态合金	ODS MoRe7	255	586	30	30	24
	ODS MoRe14	345	724	27	38	-50
	PM-Mo	296	483	5	14	49
	MoRe14	317	531	38	49	-18
	ODS Mo	365	524	29	65	24

3. 高温力学性能

实验测定了在 1000～1600℃ 温度区间的屈服应力、极限抗拉应力、断裂延伸率和面缩率。通过 ODS MoRe14 合金与 Mo、MoRe14 合金和 ODS Mo 极限抗拉应力的比较发现，MoRe14 合金在 1000℃ 和 1250℃ 温区内的最大极限抗拉强度为 4。含有更均匀分布和更细氧化物粒度的 ODS Mo，在超过 1250℃ 温度时，其抗拉强度值最大。ODS MoRe14 合金试样在 1000℃ 实验温度下进行蠕变断裂实验，并发现在 140h 内施加 207MPa 应力下断裂。相比之下，ODS MoRe14 合金的蠕变断裂性能明显高于纯钼电弧熔铸和 MoRe14 二元合金。例如，在 1000℃ 和 83MPa 应力状态下，纯 Mo 在 100h 内断裂。ODS Mo 在 1800℃ 温度下的实验结果再次表明了稀土惰性氧化物颗粒的强化效应。

6.3.4 小结

在 ODS Mo 中添加少量铼可进一步改善其低温延性,这种效应称为合金软化,但这个名称似乎不太确切,而能更准确说明因添加少量铼而引起延性变化的是一种对流动应力与温度关系的影响作用。添加少量铼并与氧化物颗粒弥散强化相结合会增强钼的低温延性。

6.4 制备方式对钼铼合金组织性能的影响

6.4.1 钼合金制备的方法

一般钼合金的制备有两种方法,一是粉末冶金法,二是熔炼法。粉末冶金法工艺简单,成材率高;熔炼法提纯效果好,密度高。由于加工工艺路线的不同,合金的性能也会有所区别。为了得到适合于所需使用性能的钼铼合金材料,本研究对这两种不同加工方式制备的合金显微组织和力学性能进行研究,通过对比找出两种制备方法的差异,为工程上选择钼铼合金的加工工艺路线提供依据[8]。

6.4.2 实验方法

本项实验选用的原料为工业纯钼粉(Mo-1)和高纯铼粉(Re 99.99%),按照适当的粒度搭配及质量配料(配料质量比为 Mo/Re=59:41),采用 V 型混料机混粉。将混合粉进行氢气还原、再冷等静压成型、垂熔烧结、制成 $\phi16.5\text{mm}\times600\text{mm}$ 的合金条。将合金条分为两批,一批直接旋锻、拉丝、轧制或窄带,另一批采用电子束悬浮熔炼制成合金锭,再进行锻造、旋锻、拉丝、轧制或窄带。

对垂熔条及熔炼锭取样进行化学成分分析及金相检验,对丝材进行金相组织检验、扫描电子显微镜断口分析、拉伸性能和弹性模量检测,了解两种材料的显微组织和力学性能差异以及它们之间的关系。

6.4.3 实验结果与讨论

1. 材料的化学成分

表 6-5 给出了铼粉、钼粉、垂熔条、熔炼锭的化学成分分析结果。从中可以看出,原料钼粉氧含量较高,经过还原、垂熔烧结,脱氧效果较为明显,含量从 660μg/g 降到 60μg/g,再经电子束悬浮熔炼,氧含量进一步降低,达到 20μg/g。其他杂质含量显示出增加的趋势,这可能是因为分析方法及精度的差异。加工过程不接触杂质不会导致杂质的增加。因杂质总量不大,对材料性能的影响可不考虑,唯有氧含量对钼的性能影响作用明显,必须慎重对待。实验表明,粉末冶金法所制材料的

氧含量相对较高,而熔炼法所制材料的氧脱除较为彻底。

表 6-5　不同状态原料和坯料的杂质含量　　　(单位:μg/g)

原料和坯料	Fe	Al	Si	Mg	Ni	O	Ca	P	C	Cu
钼粉	20	7	14	7	13	660	10	10	18	5
铼粉	5	2	—	—	1	1	—	—	5	5
垂熔条	400	20	—	<20	100	60	30	—	100	—
熔炼锭	30	20	—	20	20	20	10	—	—	10

氧在钼中一般分布于晶界,易造成钼的晶间脆性,加入铼后形成(MoRe)O_4 型化合物,这种氧化物不浸润晶界,因而提高了晶界结合力,改善了钼的脆性[9]。将钼铼合金用于制作电真空元件,在高温下长时间服役过程中,合金中的氧会逐渐析出,降低系统真空度,影响元件性能及寿命,由此可知降低合金中氧含量的重要意义。

作为弹性材料,因在较低温度下使用,则可不考虑氧含量对使用性能的影响。

2. 材料的金相组织及扫描断口形貌

钼铼合金烧结条及熔炼锭的金相组织如图 6-1 所示。从图中可以看出,烧结条晶粒较细,晶界及晶内有较多的气孔,这是粉末冶金法不可避免的缺陷。熔炼锭组织粗大,但没有气孔等缺陷。

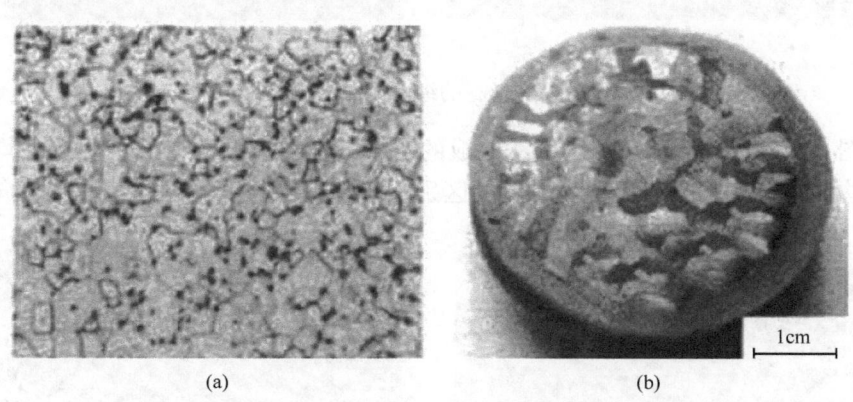

(a)　　　　　　　　　　　(b)

图 6-1　两种方法制备钼铼合金坯料的显微组织
(a) 钼铼合金烧结条的金相组织;(b) 钼铼合金熔炼锭的金相组织

经锻造、旋锻、链式拉丝到 ϕ3mm 的丝材金相组织如图 6-2 所示。粉末冶金法丝材金相组织为较细的纤维组织,局部仍有气孔未闭合而产生的蚀坑。熔炼法金相组织虽经锻造、旋锻拉拔,组织仍比粉末冶金法粗大,但没有气孔等缺陷。

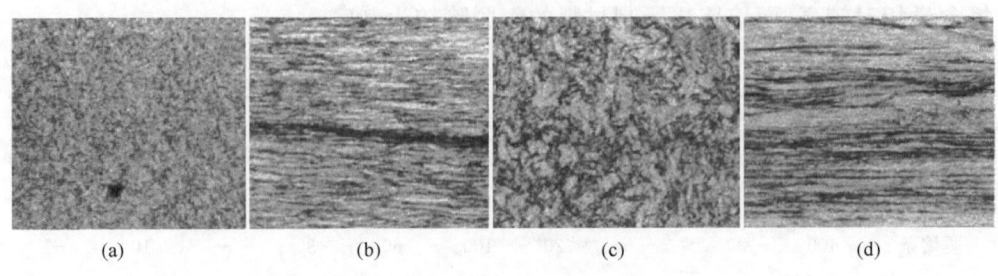

图 6-2　钼铼合金与丝材纵横向显微组织(×200)

经进一步拉拔及中间热处理,粉末冶金法丝材的气孔已弥合,孔洞缺陷消失。熔炼法丝材的组织也进一步细化,组织与粉末冶金法的差别在缩小。图 6-3 为直径 $\phi0.1mm$ 细丝的金相照片。从图中已看不出气孔蚀坑及组织的差异。

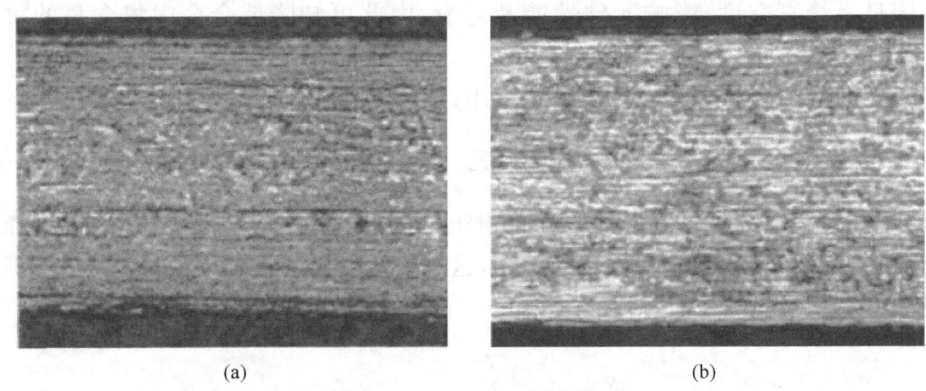

图 6-3　两种丝材的纵向显微组织(×500)

图 6-4 为粉末冶金法及熔炼法制成的 $\phi3mm$ 丝材拉伸断口形貌。二者均为韧窝结构,属于塑性断裂的特征,二者的区别在于粉末冶金法样品裂纹扩展方向垂直

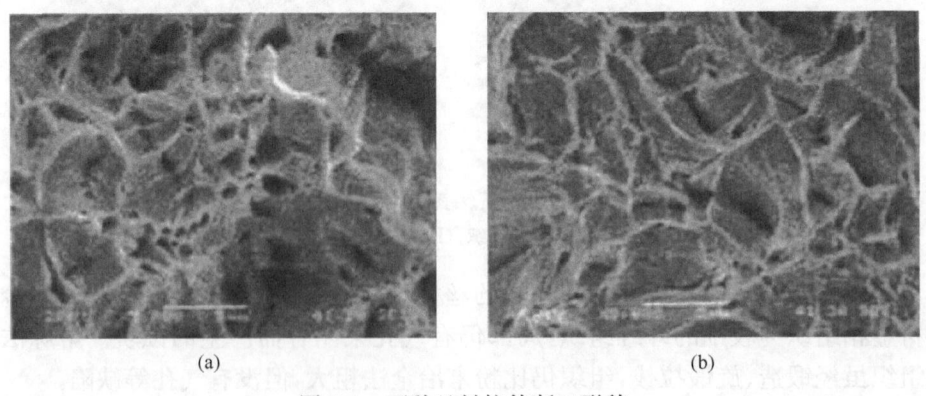

图 6-4　两种丝材拉伸断口形貌

于拉伸轴,断口为圆形韧窝结构。而熔炼法样品除了垂直拉伸轴的裂纹扩展,还有平行拉伸轴的裂纹扩展,断口形貌为韧窝底部向纵深扩展的裂纹。分析原因认为,熔炼法组织粗大,轴向晶粒长度较长,拉伸时产生晶内滑移,晶界分离形成以单个晶粒为单元的微区颈缩,断口显示出晶界分离的纵向裂纹。

3. 材料的拉伸性能

$\phi 3mm$ 细棒拉伸实验结果见表 6-6。从表中可以看出粉冶料的抗拉强度比熔炼料的高出 100MPa,屈服强度高出 80MPa,延伸率也稍高一些。分析原因认为,粉冶料晶粒细化的作用,使强度提高。虽然粉冶料存在未弥合的气孔,但经过加工,气孔被拉长、变细,对轴向抗拉强度的影响不太明显,而纤维组织细化所起的强化作用占据主导地位。

表 6-6 钼铼合金细棒拉伸性能

制备方法	抗拉强度(Σ_b)/MPa	屈服强度($\sigma_{0.2}$)/MPa	延伸率(δ)/%
粉冶料	1126	1038	30
熔炼料	1020	954	28

4. 材料的弹性模量

粉冶料和熔炼料加工态弹性模量的测试结果见表 6-7。

表 6-7 不同加工率丝材的弹性模量　　　　　　　　（单位:GPa)

类型	$\phi 0.5mm$	$\phi 0.18mm$	$\phi 0.1mm$	窄带材	纯钼粉
粉冶料	299	298	317	354	294
熔炼料	290	304	324	361	—

弹性模量反映金属原子间结合力大小,与加工、热处理关系不大,要通过加工方式改变弹性模量效果不好,只能通过合金成分的变换来改变弹性模量[4]。从表 6-7 中可以看出,粉末冶金法与熔炼法制备的丝材随着加工过程的进行,弹性模量还是有较大变化,且有一定的规律性。如 $\phi 0.5mm$ 丝加工到窄带后,两种钼铼材料的弹性模量分别增加了 55GPa 和 71GPa,增加比例为 18.4% 和 24.5%。在此过程中弹性模量是单调增加的。原因可能与材料的组织状态、位错密度等有一定关系。

6.4.4 小结

(1) 熔炼法对钼铼合金杂质去除,特别是降低氧含量有明显效果。

(2) 熔炼法的钼铼合金致密性好,而粉末冶金法的内部存在气孔,且很难通过变形加工弥合。只有当加工率很大时气孔才可忽略不计。

（3）熔炼钼铼合金铸锭锻造后的晶粒组织比较粗大，而粉末冶金法的锻造晶粒细小，由此造成强度的差异。粉末冶金法旋锻棒的拉伸强度比熔炼法旋锻棒高出 10%，达到 1126MPa，延伸率也稍高于熔炼法。

（4）两种制备方式对弹性模量影响不大，但粉末冶金细丝的弹性模量较熔炼法的稍高一些。随着加工率的增大，弹性模量单调增大。

（5）在工程应用上可根据不同的使用要求合理选择加工工艺，即在真空状态下服役的合金在利用合金的高温性能时以熔炼法为宜，在室温下使用的合金在利用弹性性能时可选择粉末冶金法。

6.5　粉末冶金法制备钼铼合金的研究

随着现代高科技的发展，由于钼铼合金具有其他钼合金无法比拟的性能，钼铼合金的需求量越来越多，国家已经将其列入军工配套新材料科研计划。下面对钼铼合金的制备工艺及制备过程中应注意的问题进行论述。

6.5.1　粉末冶金法制备钼铼合金的工艺路线

钼铼合金属于难熔合金，因此一般采用粉末冶金法或真空熔炼法制备，两种方法各有利弊。利用真空熔炼法制备的钼铼合金锭可以很好地控制杂质含量，特别是气体元素含量降低明显，并且中间相也不容易析出，这些都有利于钼铼合金的后续加工。但是这种方法制备的钼铼合金锭晶粒通常比较粗大，而且尺寸分布不均匀，这增加了合金开坯的难度。与真空熔炼方法相比，粉末冶金法制备钼铼合金的工艺相对比较简单，成本低，且相对较易实现工业化，因此，目前供售的产品几乎都是用粉末冶金法生产[10]。

首先将钼粉和铼粉混合均匀，再进行模压或者等静压，然后经过预烧结和大于 2000℃ 的高温烧结就可以制出相对密度为 90% 左右的钼铼合金。此法制备钼铼合金所用的钼或铼的原料质量要求比较严格，钼粉纯度一般≥99.95%，铼粉纯度一般≥99.98%，这两种粉末的平均粒度一般<5μm。目前主要用离子交换或化学萃取技术以获得高纯度原料，且质量必须稳定。制备钼铼预合金粉末主要有两种方法：纯金属粉末的机械混合和预包覆二次还原粉末。前者工艺简单，成本低，但均匀性稍差；后者工艺较长，成本高，但均匀性更好。在制备混合料时，采用湿混或干湿混有利于铼的均匀分布。与纯钼材料及用于混法制备的 MoRe3 合金相比，采用干湿混合法制备的 MoRe3 合金具有较高的抗拉强度和再结晶开始温度。钼铼合金的高温烧结通常有垂熔和干氢烧结两种方法，与垂熔法相比，干氢烧结的钼铼合金具有较细的晶粒组织，较高的抗拉强度、延伸率和显微硬度。

Grain 和 Mannheim[11]研究发现,通过控制还原气体成分、还原气体流速、还原温度和还原时间等参数对 MoO_3 和 NH_4ReO_4 进行还原,可以获得精细的钼粉与铼粉,其中铼粉的颗粒尺寸在 $1\sim2\mu m$,这样的混合粉通过中温烧结即可获得钼铼合金的烧结锭,其工艺路线如图 6-5 所示。

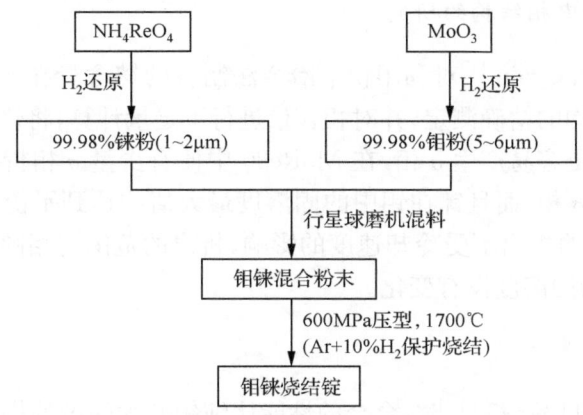

图 6-5 中温烧结制备钼铼合金的工艺路线

与以上方法比较,这种方法的区别首先在于所用的原材料不同,其所用的材料为 MoO_3 和 NH_4ReO_4,经过混合后,共同还原制备出钼铼合金粉末,由此得到的混合粉末粒度小、纯度高,有利于后续的压型和烧结,并将烧结温度降到了 1700℃。这种工艺方法虽然降低了烧结温度,但是得到的烧结锭的密度一般达不到理论密度的 90%,合金内部存在一些孔隙,这也是目前粉末冶金法制备钼铼合金存在的问题之一。

Morito[12]介绍了另外一种改进的粉末冶金工艺路线。该工艺路线主要是在预烧结后进行两次不同条件下的中温烧结,工艺路线如图 6-6 所示。该路线主要是采用两级烧结的工序,实验发现该工艺路线能制备出非常结实、表面没有孔洞的钼铼合金。

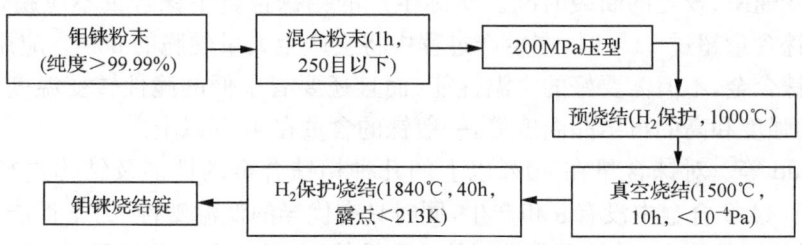

图 6-6 两次烧结法制备钼铼合金的工艺路线

相比于普通的粉末冶金工艺路线,这种工艺路线虽然较为复杂,但是降低了烧结温度,而且制备出的烧结锭坯密度接近理论密度,表面基本没有孔洞,性能十分理想。利用此工艺制备的钼铼合金烧结锭坯对于后续的加工和焊接等比较有利。

6.5.2 钼铼合金的成分设计

1. 钼铼合金中相结构的研究

Mannheim 和 Grain[13]对利用粉末冶金法制备的铼含量在 5%～95%的钼铼合金进行了相结构的精确测定,并对相含量进行了定量计算,将烧结锭从烧结温度快速地降到室温更容易产生 σ 相,在 MoRe20 中便有少量 σ 相析出,直到 ReMo10 中仍然存在微量 σ 相,而且铼在钼中的固溶度最大值约达到平衡相图中固溶极限的 2 倍。而 X 相的析出不受冷却速度的影响,析出的范围与相图中的范围十分吻合,且钼在铼中的固溶度没有变化。

2. 铼含量的选择

当铼含量在 11%～50%时,合金的性能比纯钼有大幅度的提高。在固溶度范围内,一般都是随着铼含量的增加综合性能变得更好。例如,随着铼含量的增加,钼铼合金的脆性转变温度逐渐降低,当铼含量达到 50%时,脆性转变温度达到了 −254℃左右;随着铼含量的增加,钼铼合金的再结晶温度逐渐升高,当铼含量大于 10%时,钼铼合金的再结晶温度升高到 1200℃,钼铼合金的高温性能得到了提高;随着铼含量的增加,固溶强化作用也增强,同时晶粒变细,钼铼合金的屈服强度和抗拉强度逐渐升高,应力因子和硬化指数均升高,加工硬化逐渐增强,同时塑性也逐渐提高;随着铼含量的增加,钼铼合金的各向异性逐渐减弱,当铼含量达到 50%时,钼铼合金表现为各向同性,各个晶向上的弹性系数都一样。

Morito[14]研究了不同铼含量的钼铼合金的焊接性能,发现当铼含量在 25%以上时,钼铼合金焊件具有好的力学性能,特别是塑性较好。Bemd 和 Dietrnar[15]通过对各种成分的钼铼合金的高温蠕变性能测定发现,MoRe51 合金具有较高的塑性和蠕变速率、较短的断裂时间。实际生产的钼铼合金中铼含量不应超过 51%,因为当铼含量超过 51%时,在生产过程中将会产生大量硬脆的 σ 相。应用在航天上的钼铼合金,不但需要好的室温性能,而且还要有很低的脆性转变温度、好的塑性、高的强度和高的再结晶温度等,一般铼的含量在 40%以上。

Todd 等[4]对铼含量在 40%以上的几种钼铼合金的性能及结构进行研究发现,MoRe44.5 合金中没有 σ 相产生,同时具有优异的低温塑性、力学性能、好的成形性、易加工等特点,并具有非常好的综合性能,非常适合一些航天的应用。

美国的一个钼铼合金的专利[16],其合金成分控制为 Mo、Re、W、Y、Rh、Sc、Ta、Si、Tb、V、Nb/Zr,除了 Mo、Re,其他元素含量的总量必须控制在 3%(质量分数)以内,其中 Re 的含量在 44.5%±0.5%,一般应小于 44.7%。相比于现在商业上流行的两种钼铼合金 MoRe41 和 MoRe47.5,这种成分的钼铼合金具有更佳的综合性能,MoRe41 的脆性转变温度大约为-150℃。对于大多数航天上的应用还是相对太高,而这种钼铼合金的脆性转变温度低于-200℃。MoRe47.5 合金在 1075~1275℃时容易产生脆相 σ 相,降低了该合金的低温塑性,最终的低温塑性与 MoRe41 差不多,它们的低温塑性都比不上这种钼铼合金。因此,MoRe44.5 合金具有更佳的综合性能。

3. 其他元素对合金性能的影响

氧在钼和铼中的溶解度都很低,且钼和铼的抗氧化性都很差,铼与氧容易生成 Re_2O_7,Re_2O_7 在 360℃以上便会升华。低熔点的 Re_2O_7 渗到晶界将会降低铼晶界之间的结合力,导致铼脆性断裂。因此,氧对钼铼合金的性能影响非常严重,过量的氧将导致钼铼合金的塑性急剧下降。

Wadsworth 等[17]在研究低铼含量的钼铼合金时发现,MoRe13 合金的塑性比铼含量小于 13%的钼铼合金塑性差,这主要也是由 MoRe13 合金中的氧含量偏高引起的。因此,无论在制备还是在加工过程中都要注意控制氧对合金的污染。

Hiraoka[18]通过对比渗碳前后的钼铼合金性能发现,由钼与碳形成的稳定化合物使渗碳钼铼合金的塑性和强度得到了进一步的提高。与其他的难熔金属不同,铼与碳不能形成一种稳定的碳化物。碳在铼中的固溶度能达到 0.85%(质量分数),碳扩散到铼中能起到一些固溶强化的作用,而且不导致脆性。另外,碳能与钼生成稳定的 MoC_2,MoC_2 与钼的基体有很强的结合力,同时碳还能抑制氧向晶界扩散,因此适量的碳能提高钼铼合金的塑性,并且不影响其中铼的作用。一般当控制碳氧原子比在 2:1 以上时,碳能进一步提高钼铼合金塑性。

Mueller 等[19]通过在钼铼合金中添加稀土氧化物制备出了弥散强化的钼铼合金,研究发现微量 La_2O_3 的添加提高了合金的抗蠕变强度,降低了脆性转变温度,但是塑性略有降低。这主要是由于微量的 La_2O_3 粒子在合金中能起到弥散强化的作用。其他一些稀土氧化物如 Y_2O_3、Sc_2O_3 等也有同样的作用。

6.6 粉末冶金法制备 Mo-43Re 合金退火行为的研究

钼铼合金的制备和后续加工复杂,且抗氧化能力较差,一般采用粉末冶金法或真空熔炼法制备。另外,钼铼合金的加工硬化率很高,Mannheim 和 Garin[20]研究发现,随着铼含量的增加,加工硬化率显著升高,且再结晶温度也会上升。因此,钼铼合金经过一定量的变形后必须进行中间退火,否则无法继续变形。合理的退火工艺是保证钼铼合金能进行较大变形量冷加工的关键,尤其对于箔材的加工。虽然国内外对于钼铼合金的研究已有部分报道,但对于钼铼合金回复再结晶过程的系统研究却很少。本节研究钼铼合金退火过程组织和性能的变化,弄清 MoRe43 合金回复再结晶过程,为确定较合理的 MoRe43 合金的冷轧退火工艺提供依据[21]。

6.6.1 材料制备与实验方法

实验用纯 Mo 及 Mo-43Re 合金通过高温烧结、热锻开坯、热轧,最后经冷轧得到了厚度为 0.1mm 的轧制板材。切取 8 块大小为 10mm×10mm 的冷轧态 MoRe43 合金小块,分别在 900℃、1000℃、1200℃、1250℃、1300℃、1350℃、1400℃和 1600℃等温度下进行 1h 真空退火。然后测量样品硬度,硬度测量在 HVA-10A 型小负荷维氏硬度计上进行,载荷为 0.5kg,加载 15s。轧制变形量测量实验在小型四辊轧机上进行。电镜样品在 MTP-1 双喷电解减薄仪上进行减薄,电解双喷液为硫酸 25%+甲醇 75%。

6.6.2 实验结果与讨论

1. 合金硬度随退火温度的变化

纯钼及 MoRe43 合金硬度随退火温度的变化曲线如图 6-7 所示。

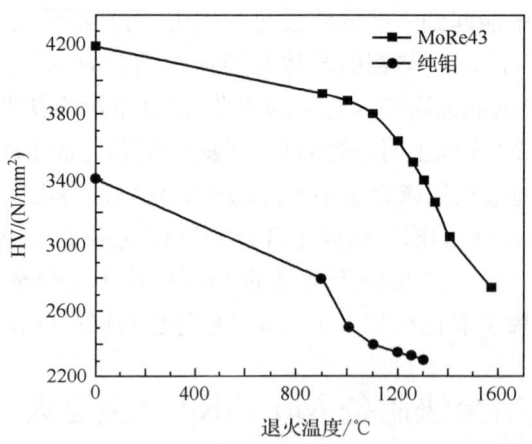

图 6-7　MoRe43 合金和纯钼显微硬度随退火温度变化关系曲线

不同退火温度下 MoRe43 合金可进行的最大轧制变形量如图 6-8 所示。

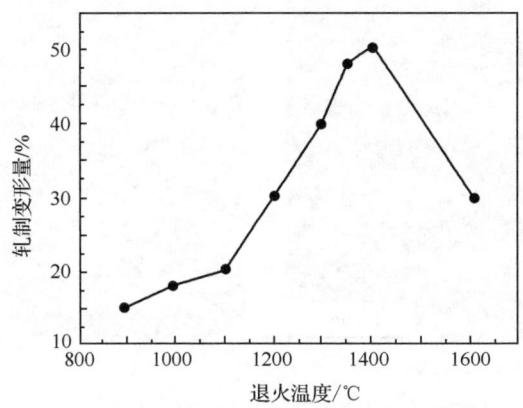

图 6-8　不同退火温度下 MoRe43 合金可进行的最大轧制变形量

由图 6-7 可以看出,纯钼冷轧态硬度较低,仅为 3400HV,随退火温度升高,硬度很快降低,1300℃时降到了 230HV。而冷轧态的 MoRe43 合金硬度值可达 4200HV,比纯钼提高约 20%。随着退火温度的升高,MoRe43 合金的硬度逐渐下降,在 1200℃以前,合金硬度下降比较缓慢。1200℃以后,下降速率略有加快,可能是开始发生再结晶。但是到 1600℃时,硬度仍有 2700HV。可见 MoRe43 合金抗高温应力松弛能力优于纯钼。

通常纯钼的室温塑性很差,这主要是由于纯钼的塑脆转变点就在室温附近,特别是再结晶后钼的室温伸长率几乎为零。添加铼大幅度地降低了钼材料的脆性转变温度,使得钼铼合金在室温的塑性得到了很大的改善。

图 6-8 示出不同退火温度的 MoRe43 合金可进行的最大轧制变形量随温度变化,可以看出,随退火温度升高,MoRe43 合金可轧制的最大变形量逐渐升高,到 1400℃时最大变形量达 50%。温度继续升高后,可能由于再结晶晶粒长大,合金塑性降低,可轧制的最大变形量逐渐降低。

2. 显微组织分析

图 6-9 示出了 MoRe43 合金的显微组织,图 6-9(a)为 MoRe43 合金的冷轧态组织,冷轧过程中晶粒沿轧制方向被拉长,形成了均匀分布的加工纤维组织,且纤维组织的长宽比很大;由图 6-10(b)看出,MoRe43 合金经 1300℃退火 1h 后仍呈纤维组织,相比于冷轧态,纤维已经合并变宽,组织比较均匀,中间还呈现出细小的再结晶晶粒;由图 6-10(c)看出,经 1400℃退火 1h 后,MoRe43 合金组织已经为再结晶组织,再结晶晶粒的大小不均匀,小的约 10μm,大的约 100μm,分析可知该时期为合金的再结晶初期。

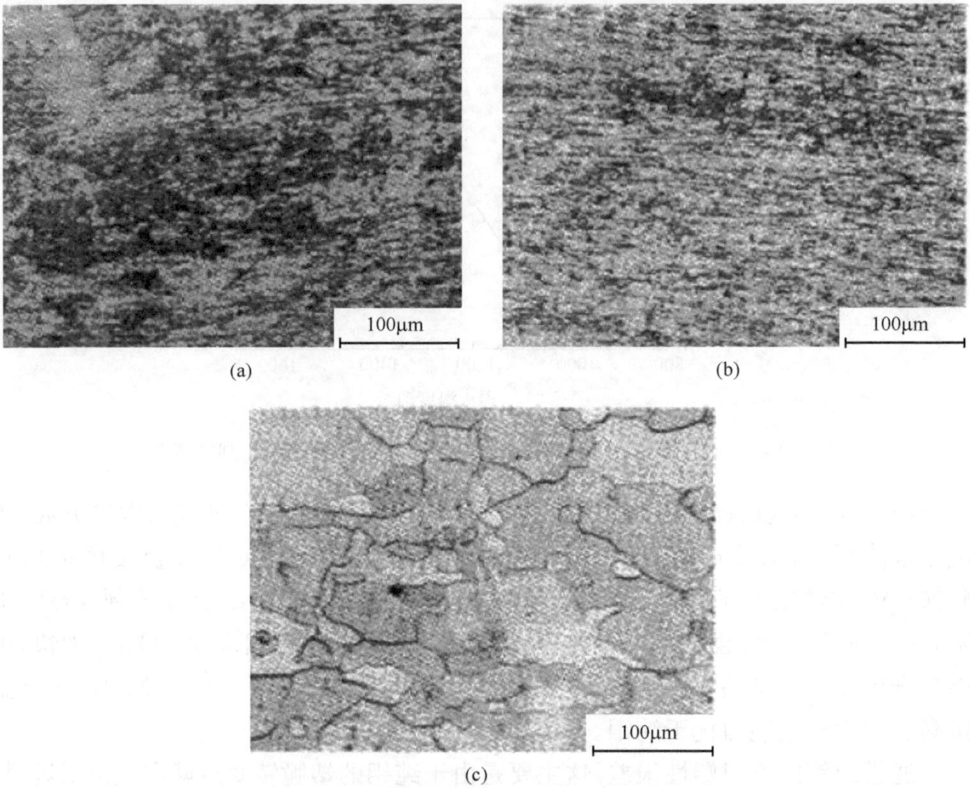

图 6-9 MoRe43 合金的金相显微组织照片
(a) 冷轧态；(b) 1300℃,1h；(c) 1400℃,1h

3. TEM 显微组织分析

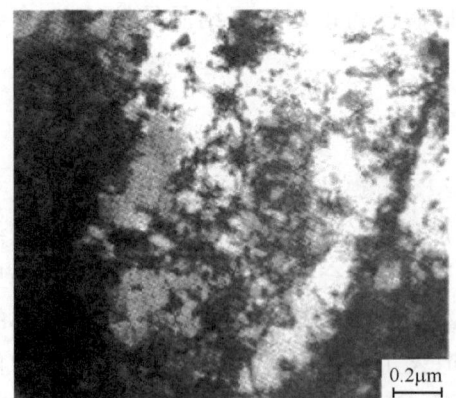

图 6-10 冷轧态 MoRe43 合金的
TEM 显微组织

图 6-10 为冷轧态 MoRe43 合金的 TEM 显微组织。由图 6-10 看出，合金冷轧后在基体内形成了大量的位错胞，大小约 1μm。对胞组织进一步放大看出，大的位错胞内还存在大量小的位错胞和位错环，位错环的直径在 20nm 左右。铼添加到钼中后，会产生固溶强化效果。

此外，经大变形量冷轧变形后的钼铼合金，由于合金基体内会形成大量的位错胞，所以加工硬化效果非常明显。有研究表明，轧态的钼铼合金硬度值的增加量可

表示为[20]

$$\Delta H = k\rho^{1/2} + K_c d_c^{-n} \tag{6-1}$$

式中,k 为常数;ρ 为位错密度;d_c 为位错胞尺寸;K_c 为位错胞壁的强化系数。K_c 和 d_c 随着应变的不同而改变,对于冷轧态的钼铼合金,$k=5.4\times10^{-6}$,指数 n 一般为 0.5~1.0。由式(6-1)可以看出,合金中位错密度越高,位错胞尺寸越小,合金的硬度就越高,冷轧态的 MoRe43 合金硬度值达 4200HV,较高的硬度值必然对应较高的位错密度,这与 TEM 显微组织相吻合。

6.6.3 小结

(1) MoRe43 合金较纯钼加工硬化显著,冷轧态纯钼硬度仅为 3400HV,而 MoRe43 合金的硬度达到了 4200HV。

(2) MoRe43 合金抗高温软化性能较纯钼得到显著提高,纯钼的再结晶开始温度约 900℃,合金 1350℃。1400℃退火时,再结晶晶粒细小,硬度较低,冷加工性能较好,最大变形量达 50%。

(3) 冷轧态 MoRe43 合金出现大量位错胞组织,随退火温度的升高,位错不断发生交滑移和攀移,位错密度不断降低。

6.7 钼铼合金带材的组织和性能

钼不但具有优良的导热、导电、耐蚀、低膨胀系数、低蒸气压等性能,而且具有高硬度、高强度的性能,然而钼的加工比较困难,钼的低温脆性是影响其加工的一个很重要的因素。铼加入钼中,形成的钼铼合金具有优异强度和塑性的综合性能[22],下面研究经过深度加工后钼铼合金的组织和性能[22]。

6.7.1 实验方法

如图 6-11 所示,本实验所采用的加工方法中铼粉末含量为 44.5%(质量分数)。首先将钼铼粉末混合均匀,高温烧结成钼铼合金锭,然后采用两次电子束熔炼工艺熔炼钼铼合金以降低钼铼合金的杂质含量,特别是氧含量。钼铼合金锭选择锻造开坯,之后经过旋锻、高温拉丝、常温拉丝和退火工艺,制备成直径为 0.1mm 的丝材,丝材经过常温轧制最终成为 0.3mm 宽、0.03mm 厚的带材以备测试性能。

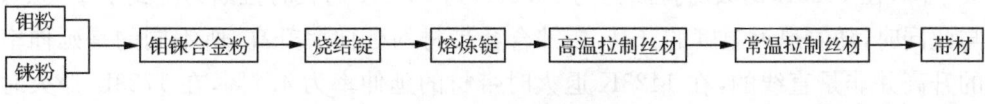

图 6-11 钼铼合金带材制备工艺

分别选用 1423K/30min、1573K/30min、1723K/30min 和 1873K/30min 的退火工艺处理钼铼合金带材,退火在氢气气氛中进行,随炉冷却。在 PMG3 研究型倒置式金相显微镜下观察钼铼合金带材的组织;在 KyKy-Amray 100B 扫描电子显微镜下分析断口形貌,观察其微观组织;用 Instron model 1185 型拉伸机测试钼铼合金带材的力学性能,所用样品规格为 0.3mm 宽、0.03mm 厚、标距为 50mm、拉伸速率为 1mm/min。

6.7.2 实验结果

图 6-12 所示为钼铼合金在加工态、消应力态和再结晶状态下的拉断力和延伸率的柱状图。由该图可以看出:加工态的拉断力最大,延伸率最小;在再结晶状态下的拉断力最小,延伸率最大,消应力状态介于其中。加工态的拉断力是再结晶状态的 2.5 倍左右,为 24.8N;而延伸率只是再结晶状态的 1/3,为 3.1%。由此可以看出,热处理对于钼铼合金强度和塑性的影响非常显著。

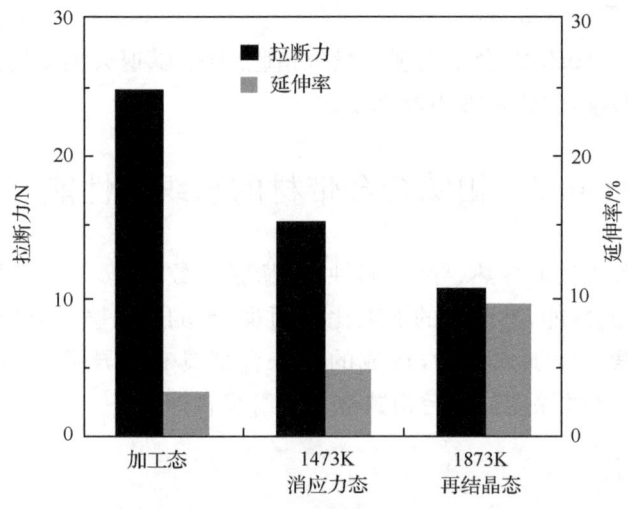

图 6-12 钼铼合金的力学性能

为了更清楚地研究热处理温度对于钼铼合金强度和塑性的影响,在 1423K、1573K、1723K 和 1873K,对于钼铼合金带材进行 30min 的热处理,实验结果如图 6-13 所示。由该图可以看出,随着退火温度的升高,钼铼合金的拉断力几乎直线下降,在 1423K 退火时拉断力为 15.2N,到 1873K 退火时拉断力降到了 10.6N。与此同时,随着退火温度的升高,钼铼合金带材的延伸率升高,所不同的是延伸率的升高并非是直线的,在 1423K 退火时带材的延伸率为 4.7%,在 1723K 退火时其延伸率最大为 12.4%,之后,当温度进一步提高时,虽然拉断力有所下降,但是延伸率反而也有所降低。

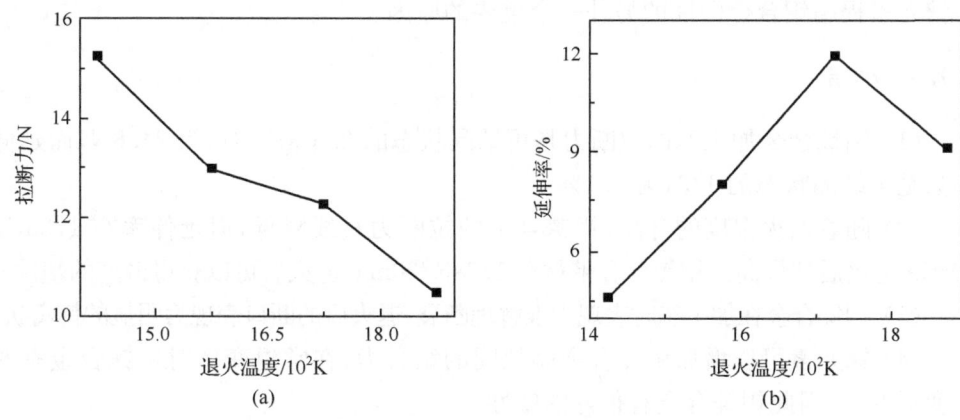

图 6-13 退火对钼铼合金力学性能的影响
(a) 退火对拉断力的影响；(b) 退火对延伸率的影响

在以上关于拉伸性能的分析中可以看到,随着退火温度的升高,钼铼合金的拉断力直线降低,但延伸率在 1723K/30min 退火后最高。在 1723K/30min 退火后钼铼合金已经发生了再结晶,当 1873K/30min 退火时,再结晶晶粒发生长大。

6.7.3 讨论

通常情况下,钼合金常温拉伸时表现为脆性,尤其是再结晶后的钼合金,其延伸率几乎为 0。从力学性能的角度表现为钼合金的抗拉强度在常温时低于其屈服强度,也就是说在拉伸作用力下钼合金在未达到屈服强度时首先达到了抗拉强度,即发生了脆性断裂。在微观组织方面,通常认为间隙元素特别是 O、N、C,在晶界的富集极大地增加了钼合金的脆性,也使钼合金的抗拉强度降低很多,其拉伸断口常表现为冰糖状的沿晶断裂。在再结晶情况下,钼合金的晶粒尺寸增大,间隙元素 O、N、C 在晶界进一步的富集而加剧了这种倾向。

从以上的实验可以看出,钼铼合金在常温不管加工态还是退火态都有比较好的塑性,尤其是再结晶状态下,其延伸率较变形态有很大的提高。很显然,钼铼合金的断裂强度在室温时要大于其屈服强度,这一点明显不同于一般的钼合金。从拉伸断口可以看出,钼铼合金的断口不是冰糖状的沿晶断口,再结晶状态下,其断口为韧窝状。由此可以推断铼元素加入钼中,可以提高晶粒和晶粒之间的结合力,使得钼铼合金在拉伸情况下有很好的延伸率,这是铼元素加入钼中提高钼塑性的原因之一。通常的钼合金在常温变形情况下没有孪晶变形的发生,但是钼铼合金不一样,在常温时孪晶变形是一种很普遍的变形方式,这种孪晶变形对于发生再结晶的钼铼合金尤其突出,铼元素加入钼中,使得钼铼合金更容易发生孪晶变形,这是铼元素提高钼合金塑性的另外一个重要的原因。

6.7.4 小结

(1) 钼铼合金加工态的拉断力是再结晶状态的 2.5 倍左右,为 24.8N,而延伸率只是再结晶状态的 1/3,为 3.1%。

(2) 随着退火温度的升高,钼铼合金的拉断力直线降低,但延伸率在 1723K/30min 退火后却最高。钼铼合金带材在 1723K/30min 退火后可以获得最高的塑性。

(3) 钼铼合金在加工态时表现为准解理断裂,退火后的断口表现为明显的韧窝状。

(4) 铼元素可以增加钼铼合金晶粒间的结合力,在常温变形时钼铼合金有孪晶变形发生,因此钼铼合金有很好的塑性。

6.8 粉末冶金法制取低铼钼合金

钼铼合金是电子、冶金、仪表和核工业等领域不可缺少的应用材料之一。由于铼很稀贵,用粉末冶金法制取低铼含量钼合金具有十分重要的意义。低铼钼合金是指合金中铼含量为 1%~5% 的铼钼合金。采用粉末冶金方法可制得性能良好的 MoRe3 合金,且该合金显示出良好的加工性能[23]。

6.8.1 实验原料

实验采用的原料为仲钼酸铵和高纯高铼酸铵,其化学成分参见表 6-8 和表 6-9。

表 6-8 仲钼酸铵的杂质含量

元素	Fe	Al	Si	Mn	Mg	Ni	Co	Pb	Sn	Bi	Cd	Sb	Cu	Ca	W	K	Na
杂质含量/10^{-6}	6	6	6	3	3	3	3	1	1	1	1	10	3	12	500	260	120

表 6-9 高纯高铼酸铵的杂质含量

元素	Fe	Ba	Mo	Pb	Sn	Ni	Pt	Al	Cu	Ca	Sb	Cd	Be	Mn	Ti	Co	K	Na
杂质含量/10^{-6}	5	0.4	0.4	0.4	0.4	0.4	0.4	2	2	2	1	0.2	0.2	0.2	0.2	0.2	4	1

6.8.2 混合料的制备及还原

分别采用湿混、干混及干湿混合三种混料方法,见表 6-10。混合料的还原工艺见表 6-11。

第6章 钼铼合金

表 6-10 三种不同的混料方法

试样编号	混料类型	混料方式
MR-1	湿混	仲钼酸铵溶液和高纯高铼酸铵溶液混合
MR-2	干混	钼粉与铼粉混合
MR-3	干湿混合	钼粉与高纯高铼酸铵溶液混合

表 6-11 混合料还原工艺参数

试样编号	还原温度/℃	氢气流量/(m³/h)	推舟速度/(mm/min)	装舟量/g
MR-1	200～900	2～3	60	150～200
MR-3	200～850	2～3	20	100～150

其中,对 MR-1 试样采用的是一次还原工艺,即将仲钼酸铵、高铼酸铵混合物一次还原成钼铼混合粉末。

6.8.3 试样压制及烧结

将还原好的钼铼混合粉末(MR-2 不需再进行还原)过 $\phi 0.11$mm 孔径筛,按一定比例加入甘油、乙醇混合溶液,以提高其压制性能。在油压机上,将混合粉末压制成坯条,在 1200℃下进行低温烧结,再进行干氢高温烧结。有关压制和高温烧结的工艺参数分别见表 6-12 和表 6-13。

表 6-12 压制工艺参数

坯条单重/g	压制压力/MPa	保压时间/s	坯条尺寸/mm
600～1000	300～400	3～5	16×16×600

表 6-13 干氢高温烧结的工艺参数

烧结温度/℃	烧结时间/h	氢气流量/(m³/h)	氢气露点/℃	冷却时间/h
1700～1800	3～5	1～2	-30	1～2

用此粉末冶金法可制得性能良好的 MoRe3 合金,3%Re 的加入大大细化了钼铼合金的晶粒;而在混合料制备中,采用湿混或干湿混合方法,更有利于铼的均匀分布。

6.9 制备低钼铼合金高温烧结过程的研究

高温烧结是对粉末冶金制品性能起决定作用的关键工序。钼及其合金的高温烧结,通常有垂熔和干氢烧结两种方法。以前有关钼铼合金的研究,大多采用垂熔法制取样品,而有关干氢烧结法制取样品的研究却报道很少。下面研究 MoRe3 合金的垂熔和干氢高温烧结过程。检测试样在不同温度下的抗拉强度、显微硬度和延伸率,用金相分析和扫描电子显微镜观察试样加工前后的组织形貌[24]。

6.9.1 实验过程

1. 原料

实验采用 MoRe3 合金粉末为原料,采用干湿混合法混合,通过 300~400MPa 的压制压力制成 16mm×16mm×600mm 的方坯条(单重为 600~1000g),并于 1200℃进行低温烧结。

2. 高温烧结

将经过低温烧结后的试样分别进行垂熔和干氢烧结,有关工艺参数列于表 6-14 和表 6-15。经高温烧结后,MoRe3 合金坯条的物理、化学性能见表 6-16。

表 6-14 MoRe3 合金的垂熔工艺参数

电流/A	700	1100	1600	2300	2800	3500	冷却
时间/min	4	3	4	5	5	13	8

表 6-15 MoRe3 合金的干氢烧结工艺参数

烧结温度/℃	保温时间/h	氢气流量/(m³/h)	氢气露点/℃	冷却时间/h
1700~1800	3~5	1~2	−30	1~2

表 6-16 MoRe3 合金坯条的物理、化学性能

试样编号	密度/(g/cm³)	平均晶粒度/μm	氧含量/%	杂质元素含量/%							
				Fe	Al、Si	Mn、Mg、Co	Pb、Bi、Sn、Cd	Ni	Ti、V	Sb、Ca	Cu	W
MR-ND	10.02	0.37	0.0045	0.0015	0.0006	0.0003	0.0001	0.0005	0.0015	0.001	0.0008	0.10
MR-D	10.16	2.97	0.0026	0.0015	0.0006	0.0003	0.0001	0.0005	0.0015	0.001	0.0008	0.10

注:MR-ND 为干氢烧结试样;MR-D 为垂熔试样。

3. 加工过程

试样的加工包括旋锻、粗拉丝、中间退火和细拉丝等过程。首先将 16mm×16mm×600mm 方坯条试样分别在 B203、B202、B201 型旋锻机上进行 24 道次加工,旋锻成 φ3.0mm 棒材,旋锻加热温度控制在 1000~1450℃。然后将棒料置于

链式拉丝机、2500B 拉丝机和 1000B 型拉丝机上进行粗拉丝,将 $\phi3.0mm$ 棒材拉成 $\phi0.65mm$ 的粗丝。粗拉丝加热温度为 500~900℃。为了将试样拉成细丝,须进行中间退火,以消除加工内应力。中间退火参数为:退火温度 1000~1300℃,保温时间 30min,保护气氛为氢气。细拉丝在 MB-650 和 300BM 拉丝机上进行,加热温度控制在 500~700℃,最终获得了 $\phi0.10mm$ 的细丝。

为了研究试样在不同温度下的力学性能,将丝样进行了退火。退火温度分别为 900℃、1000℃、1100℃、1200℃、1300℃和 1400℃,保温时间为 20min,保护气氛为真空。

4. 性能测试

用金相分析和扫描电子显微镜观察试样加工前后的组织形貌。在微型拉伸试验机、显微硬度计上测试丝样的抗拉强度、延伸率及显微硬度。

6.9.2 实验结果与讨论

1. 加工试样的力学性能

$\phi0.20mm$ 丝样的抗拉强度和延伸率与退火温度的关系如图 6-14 所示。根据霍尔-佩奇效应,由于晶粒较细,故 MR-ND 试样具有较高的抗拉强度和延伸率。$\phi0.28mm$ 丝样显微硬度与退火温度的关系如图 6-15 所示,其规律与抗拉强度的规律基本一致。

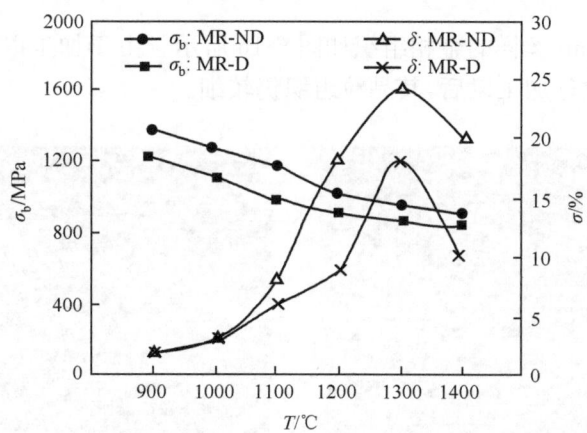

图 6-14 $\phi0.20mm$ 丝样抗拉强度及延伸率与退火温度的关系

霍尔-佩奇(Hall-Petch)关系

霍尔-佩奇公式指出:多晶材料的强度与晶粒尺寸之间的关系是:晶粒越细小,则强度越高。但通常的材料制备方法只能获得细小到微米级的晶粒,霍尔-佩奇公式的验证也只是到此范围。

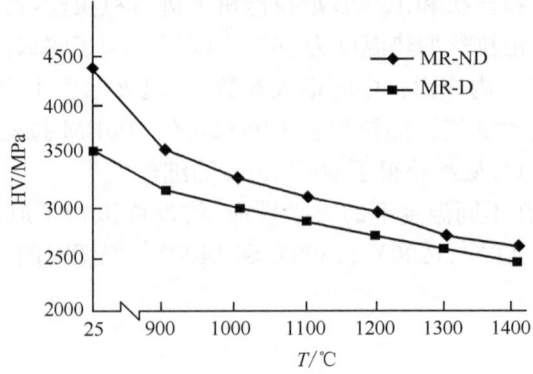

图 6-15　ϕ0.28mm 丝样显微硬度与退火温度的关系

多晶材料的霍尔-佩奇效应产生,是由于多晶体中的晶界的变形抗力较大,且每个晶粒的变形都要受到周围晶粒的牵制,所以多晶体的室温强度总是随着晶粒的细化(即晶界总面积的增加)而提高。多晶体屈服强度 σ_s 与晶粒平均直径 d 之间的关系可用霍尔-佩奇公式描述:$\sigma_s = \sigma_0 + kd^{-1/2}$,式中 σ_0、k 为与晶体类型有关的常数,σ_0 为位错滑移的阻力,又称内摩擦阻力;k 为常数,一般理解为晶界强化系数;d 为晶粒直径。

根据著名的霍尔-佩奇关系,多晶材料硬度随晶粒尺寸减小而增大。在临界尺寸(10~15nm)以上,金属及合金材料的硬度和强度随晶粒尺寸减小而增大(霍尔-佩奇效应),但在临界尺寸以下,强度和硬度却随晶粒尺寸减小而减小(反霍尔-佩奇效应)。

2. 加工试样的金相组织

丝径 ϕ0.28mm 丝样的金相组织如图 6-16 所示。由于加工以前 MR-ND 试样的晶粒较细,故拉丝加工以后,其晶粒组织仍较细。

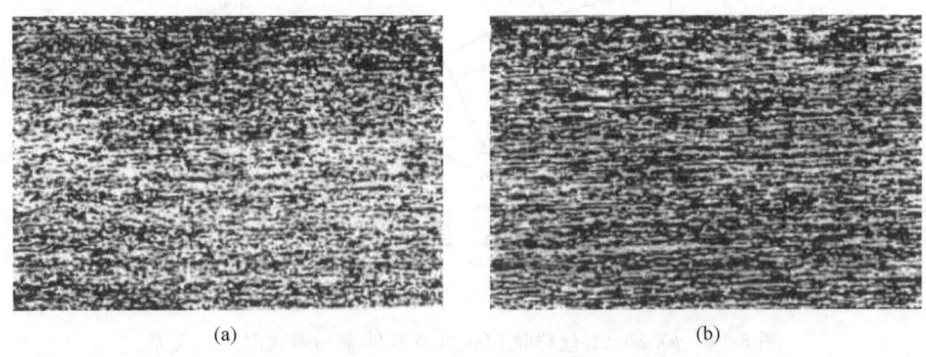

(a)　　　　　　　　　　　　(b)

图 6-16　ϕ0.28mm 丝样的金相组织(×200)
(a) MR-ND 丝样;(b) MR-D 丝样

6.9.3 小结

干氢烧结制取的 MoRe3 合金具有良好的加工性能,可以拉制成 ϕ0.10mm 的细丝。与垂熔法相比,干氢烧结的 MoRe3 合金具有较细的晶粒组织,较高的抗拉强度、延伸率和显微硬度。

6.10 低铼钼合金力学性能的研究

本节研究 MoRe3 合金丝材在不同温度下的力学性能。检测丝样在900～1400℃的抗拉强度、延伸率和显微硬度,用金相分析和扫描电子显微镜观察 MoRe3 合金加工后的组织形貌[25]。

6.10.1 实验过程

实验原材料采用粉末冶金法制取的 MoRe3 合金坯条,其物理、化学性能见表 6-17。

表 6-17　MoRe3 合金的物理、化学性能

试样编号	密度/(g/cm³)	平均晶粒度/μm	氧含量/%	杂质含量/%								
				Fe	Al	Si	Ni	Mn、Mg、Co	Ti、V	Pb、Bi、Sn、Cd	Sb、Ca	Cu	W
MR-1	9.95	1.74	0.0031	0.0015	0.0006	0.0005	0.0003	0.0015	0.0001	0.001	0.0003	0.10
MR-2	10.02	0.37	0.0045	0.0015	0.0006	0.0005	0.0003	0.0015	0.0001	0.001	0.0003	0.10

其中 MR-1 试样采用干混法制取,而 MR-2 试样采用干湿混合法制得。丝样的加工分三步进行。

第一步为旋锻及粗拉。先将 16mm×16mm 方坯条试样分别在 B203、202、201 型旋锻机上共进行 24 道次变形加工,旋锻成 ϕ3.0mm 棒材,加热温度控制在 1000～1450℃范围内;再将棒料置于链式拉丝机、2500B 和 1000B 拉丝机上进行粗拉,将棒料拉成 ϕ0.65mm 的粗丝,加热温度为 500～900℃。

第二步为粗丝的中间退火。为了消除加工内应力,并将粗丝拉成细丝,所以对粗丝进行中间退火,具体的工艺参数为:退火温度 1000～1250℃,保温时间 30min,保护气氛为氢气。

第三步是细拉。将退火后的粗丝试样,在 MB-650 和 300BM 拉丝机上继续拉伸,拉丝加热温度控制在 500～700℃,制得了 ϕ0.28mm 和 ϕ0.20mm 的丝试样。

为了研究试样在不同温度下的力学性能,将丝径分别为 ϕ0.65mm、ϕ0.28mm 及 ϕ0.20mm 的试样进行退火,其温度分别为 900℃、1000℃、1100℃、1200℃、

1300℃和1400℃,保温时间为20min,保护气氛为真空。

用金相分析和扫描电子显微镜观察试样加工后的组织形貌。在微型拉伸试验机、显微硬度计上,测试丝样的抗拉强度、延伸率及显微硬度。

6.10.2 实验结果与讨论

图 6-17 所示为丝径 $\phi 0.28$mm MR-1 和 MR-2 试样的金相组织。由于加工前 MR-2 试样晶粒较细,所以拉丝加工后其晶粒仍较细。$\phi 0.20$mm、$\phi 0.28$mm 丝样的抗拉强度、延伸率与退火温度的关系如图 6-18 所示。从图 6-18 中可以看出,随着退火温度的升高,各试样的抗拉强度呈直线下降趋势。用线性回归分析,求出了各试样的直线回归方程,见表 6-18。

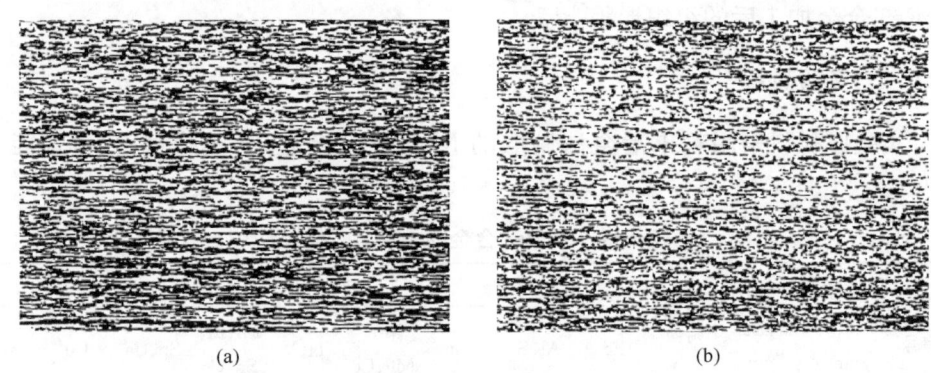

图 6-17 丝径 $\phi 0.28$mm 试样的金相组织(×200)

(a) MR-1 试样;(b) MR-2 试样

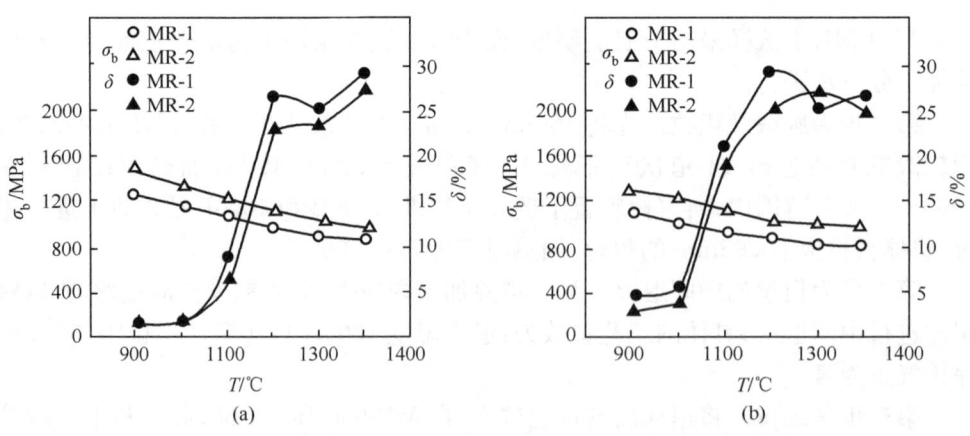

图 6-18 试样的抗拉强度、延伸率与退火温度的关系

(a) $\phi 0.20$mm 试样;(b) $\phi 0.28$mm 试样

表 6-18 试样抗拉强度对退火温度的回归直线方程

试样编号	丝径/mm	回归直线方程	$|\mu|$	$t_{0.025}$
MR-1	0.20	$\sigma_b = 2007 - 0.868T$	12.55	
MR-2		$\sigma_b = 2351 - 1.063T$	5.76	2.78
MR-1	0.28	$\sigma_b = 1844 - 0.761T$	7.14	
MR-2		$\sigma_b = 1979 - 0.786T$	11.23	

t 检验表明,各试样的 $|\mu|$ 值均大于 $t_{0.025}$,说明线性回归显著。从图 6-18 还可看出,MR-2 试样的延伸率曲线位于图的右边,所以其再结晶开始温度较高。另外,各试样的延伸率在 1100℃ 左右开始显著上升,且延伸率最大值所对应的温度均超过 1200℃,表明试样的再结晶开始温度约为此温度。

ϕ0.28mm MR-2 试样显微硬度与退火温度的关系如图 6-19 所示。其规律与图 6-18 中的抗拉强度规律基本一致。图 6-20 为 ϕ0.65mm 纯钼和 MR-2 试样抗拉强度与退火温度的关系。从图中可以明显地看出,在 900~1400℃ 温度范围内,MoRe3 合金具有比纯钼更高的抗拉强度。

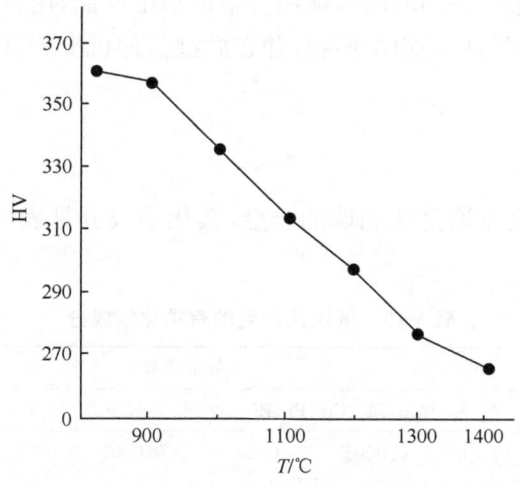

图 6-19 ϕ0.28mm MR-2 试样显微硬度与退火温度的关系

6.10.3 小结

MoRe3 合金具有良好的力学性能,可以拉制成 ϕ0.10mm 的细丝。与纯钼材料及用干混法制取的 MoRe3 合金相比,干湿混合法制取的 MoRe3 合金具有较高的抗拉强度和再结晶开始温度。MoRe3 合金丝的再结晶温度约为 1200℃。

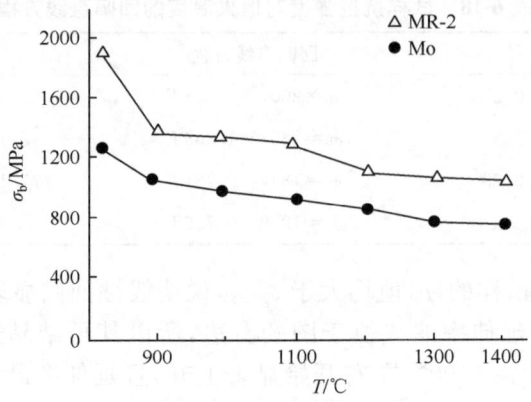

图 6-20　ϕ0.65mm 纯钼、MR-2 试样抗拉强度与退火温度的关系

6.11　低铼钼合金加工性能的研究

本节研究粉末冶金法制取的低铼钼合金的加工性能,用金相分析和扫描电子显微镜观察试样加工前后的组织形貌,并在微型拉伸机上测试丝样的抗拉强度和延伸率[26]。

6.11.1　实验方法

实验原料采用粉末冶金法制取的合金,其化学成分见表 6-19,其他性能参见表 6-20。

表 6-19　低铼钼合金的有关化学成分　　　　　　　（单位:%）

试样编号	Re	杂质元素								
		Fe	Al、Si	Mn、Mg、Co	Pb、Bi、Sn、Cd	Ni	Ti、V	Sb、Ca	Cu	W
MR-01	1	0.0015	0.0006	0.0003	0.0001	0.0005	0.0015	0.001	0.0008	0.10
MR-03	3	0.0015	0.0006	0.0003	0.0001	0.0005	0.0015	0.001	0.0008	0.10
MR-05	5	0.0015	0.0006	0.0003	0.0001	0.0005	0.0015	0.001	0.0008	0.10

表 6-20　低铼钼合金的其他性能

试样编号	密度/(g/cm³)	平均晶粒度/μm	氧含量/%
MR-01	9.88	0.58	0.0037
MR-03	10.02	0.37	0.0045
MR-05	9.87	0.29	0.0064

试样的加工包括旋锻、粗拉丝、中间退火和细拉丝等过程。首先将 16mm× 16mm 方坯条试样分别在 B203、B202、B201 型旋锻机上进行 24 道次变形加工,旋锻成 ϕ3.0mm 规格棒材,旋锻加热温度控制在 1000～1450℃。然后将棒料置于链式拉丝机、2500B 和 1000B 型拉丝机上进行粗拉丝,将 ϕ3.0mm 棒材拉成 ϕ0.65mm 的粗丝。粗拉丝加热温度为 500～900℃。为了将试样拉成细丝,必须进行中间退火,以便消除加工内应力。中间退火工艺如下:退火温度 1000～1300℃,保温时间 30min,保护气氛为氢气。细拉丝在 MB 650 型和 300B 型拉丝机上进行,加热温度控制在 500～700℃范围内。最后获得了 ϕ0.1mm 的细丝。

为了研究试样的加工性能,将试样进行了退火实验。退火温度分别为 900℃、1000℃、1100℃、1200℃、1300℃和 1400℃,保温时间为 20min,保护气氛为真空。用金相分析和扫描电子显微镜观察试样加工前后的组织形貌。在微型拉伸试验机上测试丝样的抗拉强度和延伸率。

6.11.2 实验结果与讨论

图 6-21 所示为 ϕ0.65mm 和 ϕ0.10mm 试样的抗拉强度与铼含量的关系。图 6-21 表明不论试样的加工变形程度为多少,随着铼含量的增加,试样的抗拉强度也明显增加。这是因为随着铼含量的增加,钼合金的晶粒细化。

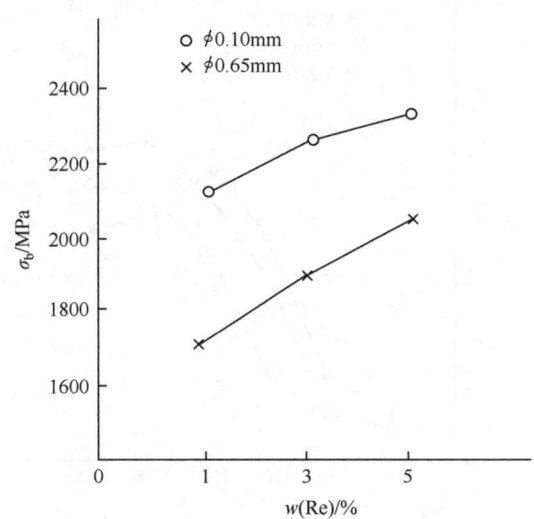

图 6-21 试样抗拉强度与铼含量的关系

ϕ0.2mm 试样抗拉强度与退火温度的关系如图 6-22 所示。从图中可以看出,随着退火温度的升高,各试样抗拉强度呈直线下降趋势。从图中还可看出,退火之后,MR-05 合金的抗拉强度仍比 MR-03、MR-01 合金的要高。ϕ0.28mm 试样延伸率与退火温度的关系如图 6-23 所示。

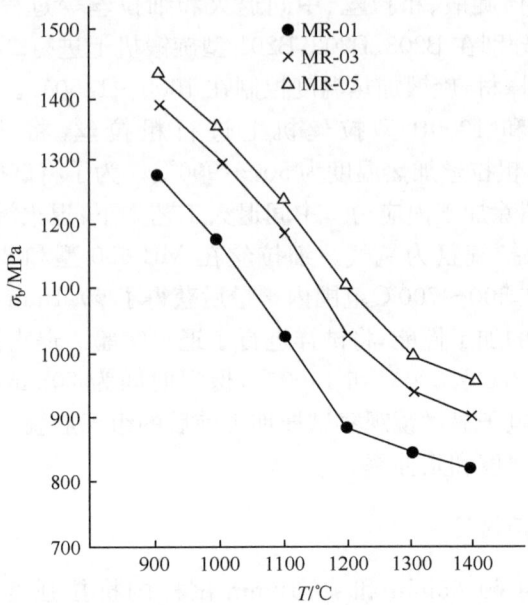

图 6-22 试样抗拉强度与退火温度的关系

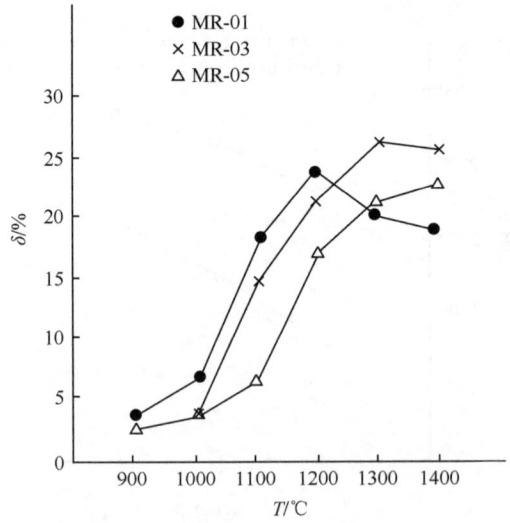

图 6-23 ϕ0.28mm 试样延伸率与退火温度的关系

从图 6-23 中可以看出,在延伸率曲线上升阶段,MR-05 试样的曲线位于图的最右边,而 MR-01 试样的曲线却位于图的最左边。这表明,MR-05 试样的再结晶开始温度最高,而 MR-01 试样的再结晶开始温度最低。

6.11.3 小结

粉末冶金法制取的低铼含量钼合金具有较好的加工性能,可以拉成 $\phi 0.1\mathrm{mm}$ 的细丝。在铼含量为 1%~5% 范围内,合金的抗拉强度和再结晶开始温度均随着铼含量的增加而提高。在 900~1400℃ 温度范围内,含铼量为 1%、3%、5% 的钼合金丝样的抗拉强度与退火温度的关系具有显著的线性回归特征。

6.12 钼铼合金铸锭的热加工方式

由于钼铼合金大多在高温、高真空条件下工作,高温下气体元素会从合金中释放出来,降低电子核心元件的真空度,进而影响其精确度及使用寿命,所以其必须具有较低的杂质含量,特别是气体杂质含量。采取电子束悬浮熔炼工艺,能够获得杂质含量较低的高纯钼铼合金。但是,在提高纯度的同时造成了铸锭的晶粒粗大,甚至出现类似单晶的状态,这样的结晶状态非常不利于压力加工,在外力作用下铸锭容易出现较大的沿晶开裂,以致钼铼合金不能加工成材[27]。

为解决钼铼合金热加工问题,利用锻造并坯和轧制开坯两种方式,从材料的受力状态及剪切滑移方向入手,选择有利于材料变形的加工方式,从而获得合格的钼铼板材。

6.12.1 实验材料及方法

实验设备主要有 750kg 空气锤、氢气钼丝炉摔锻机、$\phi 550$ 二辊可逆式热轧机。实验坯料为电子束悬浮熔炼钼铼合金铸锭,其规格为 $\phi 32\mathrm{mm} \times 240\mathrm{mm}$。其化学成分均符合电子元器件用钼铼合金板相关要求标准。将铸锭分别在 750kg 空气锤上锻造、摔锻及 $\phi 550$ 二辊可逆式热轧机上进行可逆轧制。

6.12.2 实验结果与讨论

1. 锻造开坯实验

锻造开坯在 750kg 空气锤上进行,坯料尺寸为 $\phi 32\mathrm{mm} \times 240\mathrm{mm}$。首先采用氢气炉加热,1550℃自由锻将圆棒锻造成板坯。图 6-24 为悬浮熔炼铸锭锻造开裂的断面宏观相。

从图 6-24 可看出,铸锭两边出现水平方向平行铸锭轴向的开裂,以及端部中心铅垂直方向的开裂且向铸锭轴向扩展,未能加工成材。这是由于电子束悬浮熔炼铸锭晶粒非常粗大,且长度方向很长,贯穿铸锭始终。其自由锻过程材料的受力状态示意图如图 6-25 所示。

图 6-24　悬浮熔炼铸锭锻造开裂的断面宏观相

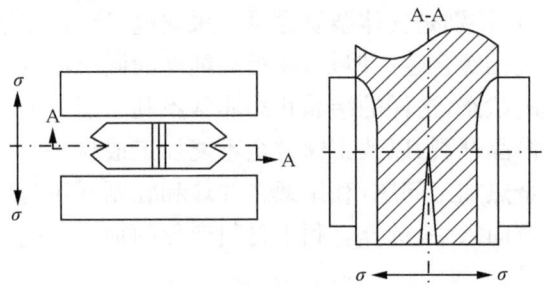

图 6-25　自由锻过程材料的受力状态示意图

接着进行摔锻实验,将粗棒材锻造成细棒材,使粗大晶粒破碎,再自由锻成板坯。在锻造过程中材料承受来自锤头的压应力,在此应力作用下产生垂直方向的压缩变形、水平方向的宽展流动,由此在棒材两边表面产生切向拉应力。

由于电子束悬浮熔炼铸锭晶粒粗大,沿轴向生长很长,晶界强度较弱。拉应力方向垂直晶界。较小的拉应力即可沿晶开裂,形成厚度方向的层裂。在力的作用下材料产生轴向及宽方向的流动,产生铅垂直方向的开裂,且沿铸锭轴向扩展,形成人字形裂纹。图 6-26 为摔锻过程材料受力的状态示意图。

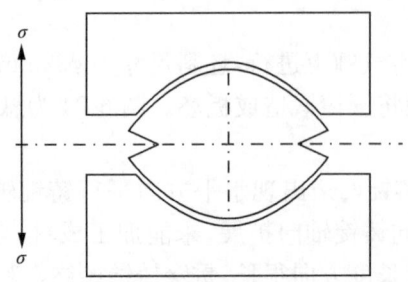

图 6-26　摔锻过程材料受力的状态示意图

从图 6-26 可看出，在摔锻时仍出现水平方向的开裂。这表明材料的热加工性较差，很难进行锻造加工，必须针对开裂原因采取有效措施，才有可能获得热加工板材。在与摔子接触的部分，材料承受压应力，迫使材料向两边无约束处流动。受表面张力及摩擦力的作用，在水平方向两边金属表面形成垂直方向的拉应力，由于铸锭晶粒粗大，沿轴向长度很长，拉应力方向垂直晶界，而晶界强度很低，所以易形成拉伸裂纹，且沿晶界扩展很快，最终形成平行轴向的开裂。由于摔子的约束作用，在棒材端部不产生人字形裂纹，说明约束锻造优于自由锻造。

2. 热轧开坯实验

根据锻造过程产生裂纹的部位以及裂纹扩展方向分析锻造开裂原因，认为是材料在拉应力作用下发生了沿晶开裂。由锻造过程材料受力状态分析开裂的原因，主要在于垂直晶界的拉应力作用，避免或减轻拉应力作用即能减少或防止铸锭开裂，由此设计了减小拉应力，使材料受力方向与晶界呈一定夹角的铸锭直接热轧开坯加工法。图 6-27 给出了悬浮熔炼的粗晶铸锭在热轧时的受力状态及形变过程的示意图。

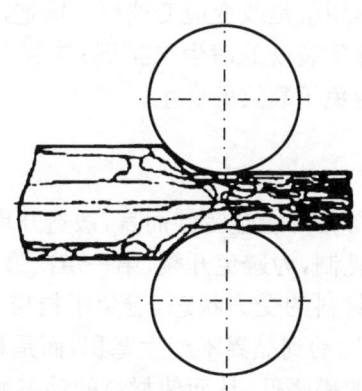

图 6-27　悬浮熔炼的粗晶铸锭在热轧时的受力状态及形变过程的示意图

第一道次沿铸锭轴向喂料，当料进入轧辊后发生前滑区和后滑区的剪切变形，剪切滑移的方向与晶界的方向呈一定夹角，剪切滑移可以穿越晶界，实现大范围的剪切变形，晶界承受来自倾斜方向的剪应力，发生剪切。剪切滑移产生的位错运动到晶界，可导致位错堆积，但越过晶界在新晶粒上的滑移很快进行，使得位错向另一晶粒运动，因而在晶界处的位错堆积量不会达到导致裂纹形成的量级，即不会萌生裂纹。在轧制过程中变形区不断向前移动，每一个剪切面产生的滑移量不大。随轧辊的转动，剪切变形区向新的区域转移。原有滑移面上的变形随作用力的转移而停止，即滑移量很有限，不足以导致裂纹的萌生与扩展。

在后滑区,剪切滑移面与前滑区不同。而新滑移面上的变形流动不会造成前滑区滑移面上变形的叠加,即剪切滑移达不到形成裂纹的滑移量,故而不产生裂纹;在后滑区过后,由于变形热的影响,料温回升,达到回复再结晶温度。材料发生回复再结晶,使原有的粗大长条晶破碎成细小等轴晶。而细小等轴晶的塑性提高,可经受后续的轧制变形;在垂直轧制方向的水平方向,随着坯料的宽展,材料承受垂直方向的拉应力,此力有可能导致裂纹的萌生,但该拉应力只在辊缝处产生,不像锻造时那样在整个锤头下大范围产生,因而不会导致裂纹的扩展。最终结果是不产生裂纹。

在第二道次轧制时可采用换向轧制。剪切滑移在已回复再结晶的细小等轴晶上进行,穿晶滑移变形容易进行,不会出现裂纹。第一道次轧制必须平行铸锭轴向喂料,使滑移变形层面与晶界呈一定夹角;若垂直铸锭轴向喂料,则剪切滑移面与晶界平行,极易产生沿晶的剪切破裂,使样品报废。只有当铸锭沿平行轴向喂入,经过一道次或几道次的变形。

材料回复再结晶转变为细小等轴晶之后,才能换向轧制,轧出所需尺寸规格的板材。开坯方式从锻造改为轧制,除了改变材料的受力状态和方向,使材料免受拉应力之外,还有一个重要作用就是改变应变速率。锻造加工时材料的应变速率大,而材料的动态响应慢,易导致裂纹的萌生与扩展;轧制变形应变速率小,材料的动态响应能适应变形速率,避免了裂纹的产生。

6.12.3 小结

(1) 对电子束悬浮熔炼钼铼合金铸锭而言,锻造开坯易产生拉伸开裂。

(2) 对于大晶粒铸锭轧制,为避免开裂,第一道次最好沿铸锭轴向喂料。

(3) 轧制开坯改变了材料的受力状态,避免了拉应力作用。剪应力作用方向与晶界呈一定夹角。位错运动到晶界不产生塞积,而是越过晶界向相邻晶粒运动。

(4) 热轧开坯使应变速率降低,从而使材料的动态响应速率能适应变形速率,不产生裂纹,从而避免开裂现象,得到合格板材。

6.13 交叉轧制及退火对钼铼合金箔材深冲性能的影响

钼铼合金板、箔材是电子行业广泛应用的一种功能材料和结构材料。在功能方面主要利用材料的耐高温性能和电性能,在结构方面主要利用材料的高温强度和室温塑性,特别是经过高温使用发生再结晶后仍然具备的室温塑性。与纯钼相比,钼铼合金具有良好的室温塑性,其延伸率可达 20% 以上,甚至高达 50%,可以进行弯曲成型、冲压成型等一系列后续加工,制成阴极、栅极、屏蔽筒等特殊零件,组装成大功率电子管、雷达行波管等电子元器件,用于广播通信、雷达设施等军用及民用领域[28]。

钼铼合金比纯钼的再结晶温度高,高温强度好,再结晶后仍保持良好塑性,使得在很多需要高性能、高寿命材料的场合用钼铼合金取代纯钼成为必然选择。用于冲压成型的纯钼片一般通过交叉轧制改善各向异性,可避免或减轻冲压成型时出现制耳、破裂等问题。对于钼铼合金是否也有各向异性问题,通过交叉轧制能否改善各向异性,则少见文献报道。笔者针对某工程应用 MoRe41 合金箔材进行了交叉轧制及成品热处理实验,得出一些有益的结论。

6.13.1 实验方法

采用混粉、压型、烧结及电子束悬浮熔炼制成钼铼合金锭,表面车光后直接热轧开坯,温轧、冷轧在适当的时候换向轧制,最后获得交叉轧制钼铼合金箔材。选择不同的热处理制度对箔材进行成品热处理,再进行金相检验,观察纵、横断面的组织差异;通过镶样使箔材表面平行研磨面,抛光、腐蚀后观察表面的组织状态,测定单一晶粒的长宽比,判断交叉轧制换向前后的加工量是否合理;对单向轧制、交叉轧制及不同热处理状态的样品进行杯突检验,比较杯突值的大小,观察杯突样品裂纹走向,判断交叉轧制换向前后加工量大小对各向异性的影响;对不同实验条件的样品进行 X 射线衍射,观察平行轧面的晶面分布规律,判断织构的强弱,以及对深冲成型性能的影响。最终目的是获得合理的交叉轧制工艺及成品热处理工艺,制取最佳状态的钼铼合金箔材,以利于冲压成型制备精密零件,提高电子元件的使用性能,延长使用寿命。

杯突试验(Erichsen test/cupping test):一种冲压工艺性能试验,用来衡量材料的深冲成型性能的试验方法,是评价金属薄板成形性的试验方法,又称埃里克森试验或埃氏杯突试验,是薄板成形性试验中最古老、最普及的一种。

用规定的钢球或球形冲头顶压在模内的试样,直至试样产生第一条裂纹为止,其压入深度(mm)即杯突深度,以此来判定金属材料冲压性能大小,其深度不小于规定时为合格。

按照国家标准,"试验采用端部为球形的冲头,将夹紧的试样压入压模内,直至出现穿透裂缝为止,所测量的杯突深度即为试验结果"。这种试验通常是在杯突试验机上进行。试样在做过杯突试验后就像一只冲压成的杯子(不过是只破裂的杯子)。若钢板深冲性能不好,则冲压件在制作过程中就很容易开裂。

杯突试验图如图 6-28 所示。试验时,90mm×90mm 的试样或宽度 90mm 的条料试样放在凹模与压边圈之间压死(压边力取 10kN),测出

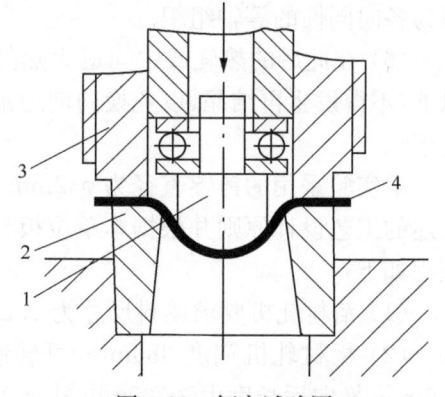

图 6-28 杯突试验图
1. 凸模;2. 凹模;3. 压边圈;4. 试样

试件刚好破裂时的凸模压入深度IE。杯突试验是模拟胀形工艺,所以试验值IE可作为材料的胀形成型性能指标。IE值大,胀形成形性能好。

6.13.2 实验结果与讨论

按照某工程项目的需求,钼铼合金箔材的厚度要求0.1mm及0.05mm,这种厚度决定了最终的轧制必须以带材轧制的形式进行,它不同于板材轧制,交叉换向受到很大限制。按照以往纯钼片交叉轧制的经验,从热轧开坯到温轧、冷轧,一直采用单方向轧制,最后留50%～70%加工余量,换向后交叉轧制,即可获得各向异性较小的交叉轧制钼片,若将此工艺推广到钼铼合金箔材的交叉轧制显然是不可行的,因为受轧机宽度限制,最终轧向的长度太短。因此,必须根据带材轧制的特点设计合理的交叉轧制工艺。

(1) 根据带材成品厚度及材料轧制的最大加工量(50%～80%)选择合适的带坯厚度。

(2) 根据轧机宽度及带坯所需最短长度(≥1000mm)选择板材轧制换向点厚度。

(3) 计算出从换向点厚度到成品厚度所需的加工量。

(4) 按同等加工量计算出换向前轧制坯料的厚度,由此可保证换向前后的加工量相同,显微组织从纵、横断面观察呈基本一致的纤维组织,从表面观察呈圆盘形组织,立体组织形态应为铁饼状。如此一来可保证各向异性最小,有利于后续深冲成型。

(5) 从计算出换向前轧制坯料厚度到坯料原始厚度这一段采取再结晶温度以上热轧,随着轧制过程的进行,材料立即回复再结晶,变成等轴组织,或者在热轧过程中温度降到再结晶温度之下,热轧后得到沿轧制方向拉长了的变形晶粒,则在后续加热时使温度升高到再结晶温度之上并长时间加热,以利于变形组织回复再结晶为各向同性的等轴组织。

(6) 在此后的热轧或中间退火热处理过程中,则必须保持温度在再结晶温度以下,不得发生再结晶,以免换向前后加工变形量不一致,得不到长宽比相同的最终组织。

本实验采用的铸锭直径为ϕ32mm,最终产品厚度为0.1mm及0.05mm,按照上述的工艺设计原则并根据本单位板材轧机及箔材轧机的尺寸及能力,设计工艺流程如下:

(1) 箔材轧机要求坯料尺寸为0.2mm×100mm×1000mm。

(2) 板材轧机宽度380mm,可轧制略宽于300mm的板料,所以换向点选为0.6mm,换向后长度由≥300mm轧至1000mm,厚度由0.6mm轧至0.2mm。

(3) 由0.6mm轧到成品0.1mm,总加工率为83%;轧至0.05mm,总加工率为 91%。

(4) 按此加工率推算换向前加工率达到 83%,对应的厚度应为 3.5mm;换向后加工率达到 91%,对应的厚度应为 6.6mm。

(5) 从 ϕ32mm 轧到厚度 6mm 均设计在再结晶温度以上轧制,从 6mm 以下则设计为再结晶温度以下轧制,6mm 以上高温轧制是否换向对最终性能影响不大。按照设计工艺加工出了厚度 0.1mm 及 0.05mm 的成品箔材,作为对比也进行了单向轧制实验,获得相同厚度的样品。对两种轧制状态的样品进行了消应力退火及再结晶退火。对各种状态的样品进行了杯突试验,结果见表 6-21。

表 6-21 杯突试验结果

	试样状态	杯突值/mm		试样状态	杯突值/mm
单向轧制	轧制态	1.7	交叉轧制	轧制态	1.98
	1000℃退火	2.4		1000℃退火	3.57
	1100℃退火	3.3		1100℃退火	6.1
	1200℃退火	3.4		1200℃退火	6.26
	1300℃退火	2.1		1300℃退火	6.23

从表 6-21 可以看出以下几点。

(1) 交叉轧制态杯突值高于单向轧制态。
(2) 相同退火温度处理后交叉轧制态均高于单向轧制态。
(3) 交叉轧制 1200℃ 退火具有最高的杯突值。

由此得出可推荐的工艺为交叉轧制 1200℃退火。

各种状态杯突试验样品宏观照如图 6-29 所示。

从图 6-29 可以看出,单向轧制态冲压裂纹形貌为平行轧向的直线型裂纹,位于压头正下方,说明纤维组织之间结合强度低,受力之后易出现纤维束间拉伸开裂,且裂纹沿晶界直线扩展。

单向轧制 1200℃退火态裂纹走向也为平行轧向,起源在板面与压头之间 45°处,断裂形式为拉伸作用下的剪切滑移导致颈缩进而拉伸断裂,表现出塑性断裂特征。

交叉轧制态裂纹走向为 45°方向,起源在板面与压头之间 45°处,呈现弯曲形状,断裂形式为强度较高的塑性材料拉伸作用下的少量剪切滑移再拉伸断裂,这说明交叉轧制与单向轧制相比塑性提高,也说明平行轧向与垂直轧向强度接近,裂纹的萌生与扩展随机发生,不受轧制方向的影响。

本研究进行了 4 个交叉轧制 1200℃退火态杯突试验,裂纹的出现具有很大的随机性,有垂直轧向的,有平行轧向的,也有 45°方向的,且裂纹均呈弯曲状态,裂纹起源均在板面与压头之间 45°处,扩展方向沿压头的圆周方向,符合塑性各向同

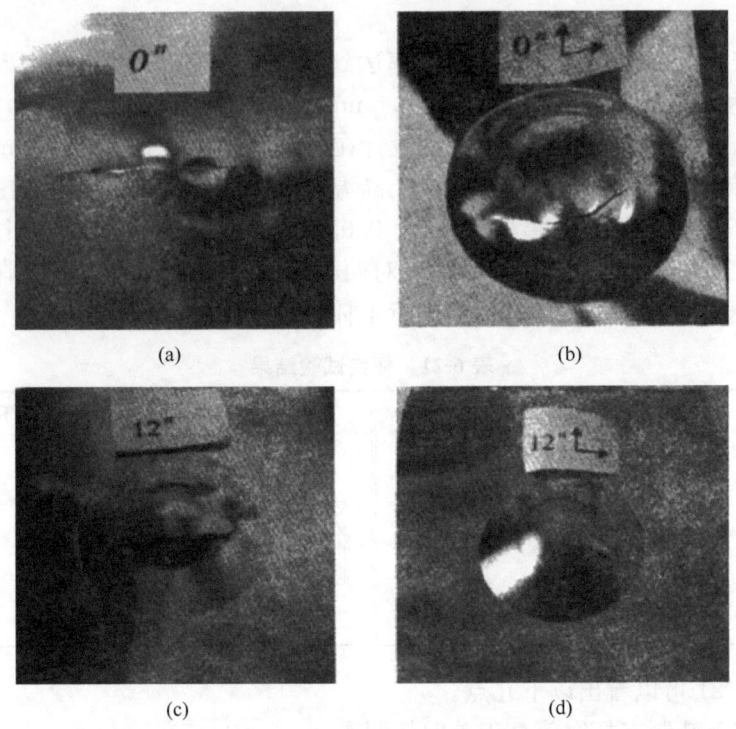

图 6-29　杯突样裂纹走向
(a) 单向轧制态；(b) 交叉轧制态；(c) 单向轧制 1200℃退火态；(d) 交叉轧制 1200℃退火态

性材料拉伸作用下剪切滑移、颈缩、断裂的典型特征。这说明材料的各向异性最小，塑性最好。

对不同状态的箔材样品进行表面金相观察，如图 6-30 所示。其余状态 1000℃、1100℃退火为消应力退火组织，状态与原始态类似；1300℃退火为再结晶态，与 1200℃类似，晶粒略有长大，在此不一一列出。

观察金相照片可知单向轧制态组织形貌为纤维状组织，该种组织状态沿轧制方向具有较高的强度和塑性，但沿垂直轧向强度及塑性较差，原因是易产生晶界开裂。

单向轧制 1200℃退火后材料发生了回复再结晶，纤维组织转变成等轴晶，各向异性有所减小，杯突值显著提高。

交叉轧制态组织形貌应类似铁饼状，具有较小的各向异性，本实验所得组织未达到完全等轴化，原因可能是换向前再结晶温度以下加工量太小。与单向轧制态相比，杯突值有一定提高，若换向前后加工量控制准确一致，则会有更大的提高。由于轧制态存在较大的内应力，杯突值与退火态相比则要低得多。

交叉轧制 1100℃消应力退火杯突值提高较为明显，主要是内应力消除，位错密度降低的结果。

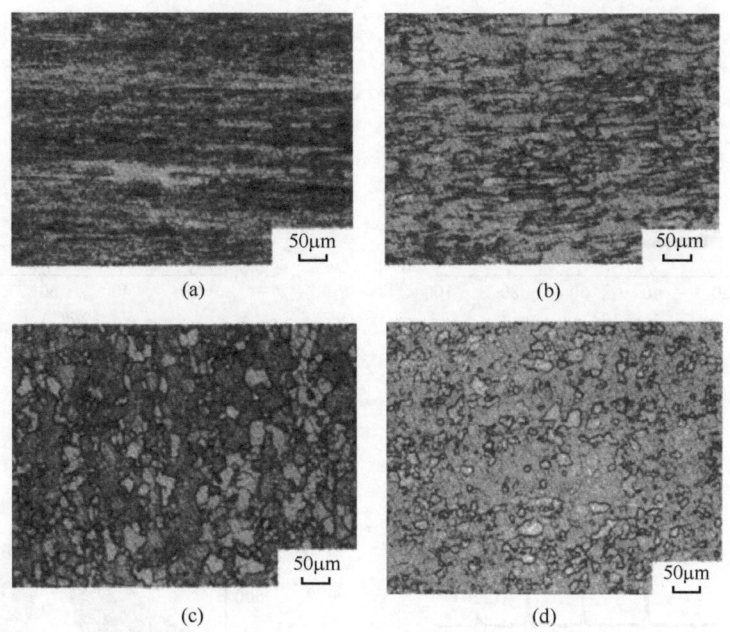

图 6-30 箔材表面金相

(a) 单向轧制态表面；(b) 交叉轧制态表面；(c) 单向轧制 1200℃ 退火态表面；(d) 交叉轧制 1200℃ 退火态表面

交叉轧制 1200℃ 再结晶退火具有最高的杯突值，观察金相组织为细小等轴晶，与纯钼相比，材料性能发生了质的突变，一般纯钼再结晶之后会变脆，杯突值接近于零。而钼铼合金再结晶后仍保持较高的塑性，这就从根本上改变了钼的特性，使得电子元件在高温状态下工作发生再结晶，冷却到室温后仍具有塑性，可防止由于震动、撞击等外力作用下的脆性断裂，从而提高元件的使用寿命。

交叉轧制 1200℃ 退火与单向轧制 1200℃ 退火，组织形貌均为细小等轴晶，二者杯突值相差甚远，这从组织状态无法解释，为此对不同状态样品进行了织构测定，结果如图 6-31 所示。

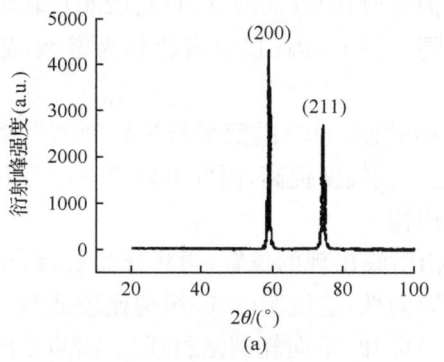

(a)

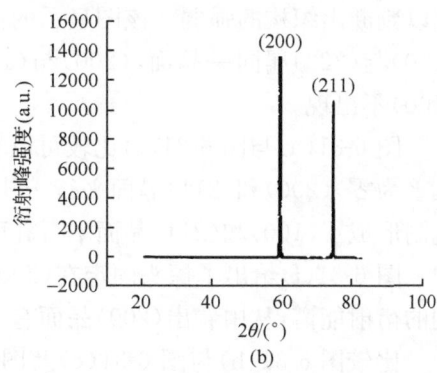

(b)

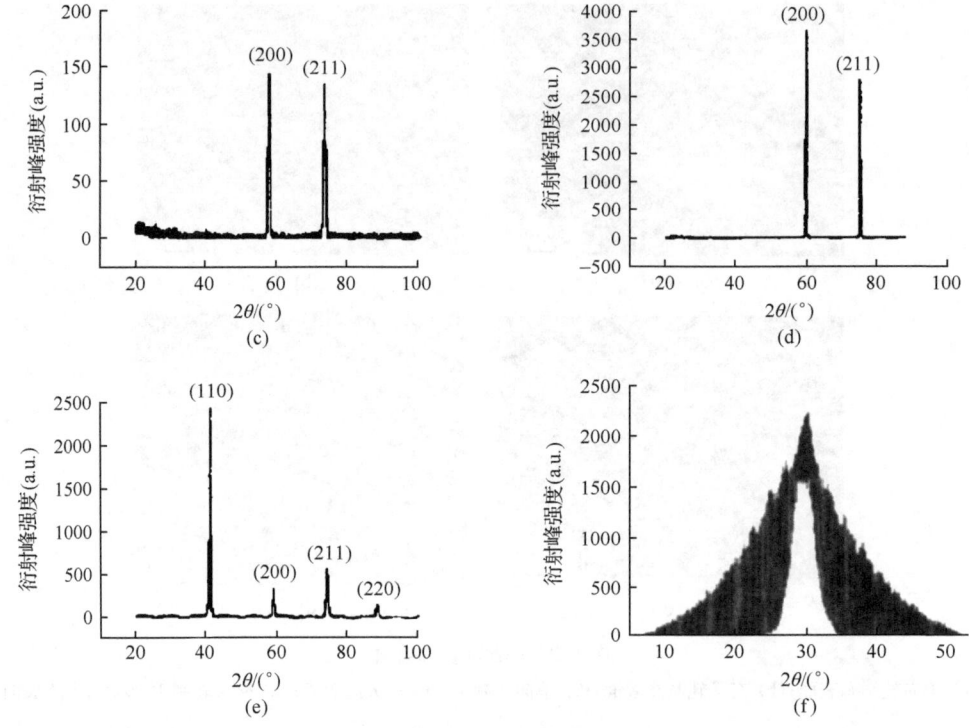

图 6-31 箔材表面衍射能谱
(a) 单向轧制态；(b) 单向轧制 1200℃退火态；(c) 交叉轧制态；(d) 交叉轧制 1200℃退火态；
(e) 烧结条未加工态；(f) 单向轧制态(200)晶面衍射位置固定,试样旋转的衍射能谱

图 6-31 所示为 X 射线衍射仪对厚度 0.05mm 箔材样品表面进行 20°～100°范围内照射所形成的衍射能谱,根据衍射原理只能获得晶格常数之和为偶数的晶面衍射线。

图 6-31(a)给出了烧结条切片的衍射能谱。烧结条为等轴多晶体,晶面取向随机分布,没有织构,其衍射图谱可作为基本参照系,其他状态的衍射图谱与此对照,可以判断出织构的强弱。该图显示的衍射晶面为(110)、(200)、(211)、(220),其中(110)与(220)属同一晶面,(200)与(100)为同一晶面,因(100)指数和为奇数,故(100)不出现。

图 6-31(a)与图 6-31(e)比较可以看出单向轧制(110)晶面平行于轧面的概率几乎为零,(200)和(211)晶面平行于轧面的概率大幅度提高,因此可以说通过单向轧制形成了(100)和(211)晶面平行轧面的板织构。

图 6-31(f)给出了探头固定在(200)晶面衍射峰出现的位置,再将样品旋转,得到的衍射能谱,从中看出(200)晶面有一定的取向性,这说明(200)织构比较强烈。

比较图 6-31(b)与图 6-31(e)及图 6-31(a)可知,单向轧制箔材通过 1200℃再

结晶退火,虽然组织形貌发生了变化,但(200)和(211)织构更加强烈。单向轧制 1200℃退火态与单向轧制态相比杯突值提高的原因在于组织状态的影响占据主导位置,织构的影响处于次要位置。

图 6-31(c)与图 6-31(a)比较织构强度明显降低,说明交叉轧制比单向轧制杯突值高的原因是织构影响。

图 6-31(d)与图 6-31(b)比较,后者织构强度比前者大得多,两者的组织状态基本类似。由此可知交叉轧制 1200℃退火态比单向轧制 1200℃退火态杯突值高的原因主要是织构的影响占据主导地位。

图 6-31(c)与图 6-31(d)比较,织构强度相近,杯突值差异是组织状态的影响占主导地位所致。

6.13.3 小结

综上所述可以归纳出如下结论:

(1) 交叉轧制可以改善钼铼合金箔材的各向异性,提高材料的深冲性能。

(2) 采用 1200℃再结晶退火可以使组织状态改变,进而提高深冲性能,这一点从根本上改变了钼的特性,扩大了钼的应用范围,提高了材料的服役寿命。

(3) 改善各向异性、提高深冲性能是组织状态和织构双重影响的结果。交叉轧制的作用在于避免形成强烈的织构,以及避免形成单方向纤维组织,而再结晶退火使加工组织转变成细小等轴晶,消除了内应力,减少了晶间破裂倾向。

6.14 钼铼合金的焊接工艺和性能

对于高温用途来说,钼及其合金具有许多长处,其中,钼铼合金的优异力学性能已被人们所公认,不论在高温下还是在低温下都是如此。鉴于这种材料的独特优势,随着高技术的飞快发展,钼铼合金在 1992 年就被列为国际热核聚变反应堆(ITER)分流器热沉系统的候选材料,可以利用钼铼合金作为磁流体发电(MHD)和快速增殖反应堆(FBR)的关键零部件,这是因为钼及其合金与液态金属和合金的相容性特别好。另外,粉末冶金的 MoRe47.5 合金已经引起美国国家航天飞机(NASP)计划研究人员的极大兴趣,因为它具有无与伦比的高温力学性能和良好的室温与低温塑性。1993 年,又出现了开发 SP-102 工程项目,它是把钼及其合金应用在空间基地核反应堆中[29]。

钼铼合金是难熔金属及其合金(特别是钼及其合金)中最有竞争力的合金之一,成本相对较低更使其一枝独秀,下面主要论述能够进行无缺陷电子束焊接的几种钼铼合金的加工工艺、焊接方法和焊缝性能。

6.14.1 实验过程

实验中所用的材料是粉末冶金的钼铼合金和纯钼,其化学成分见表 6-22。在 6.7×10^{-4}Pa 条件下的真空热处理是在 1173~2073K 温度下进行 1h,检验焊接后碳掺杂的效果。焊后碳掺杂的工艺过程是:在 1773K 退火 0.5h,继而在低于 0.01Pa 的真空内把碳沉积到焊缝表面上,电子束焊接的焊缝采用熔体注入工艺。

表 6-22 粉末冶金钼铼合金的化学成分

材料		Re 含量/%	O 含量/(mg/kg)	N 含量/(mg/kg)
Mo		0	17	8
合金	MoRe15	15	11	2
	MoRe20	20	10	1
	MoRe25	25	7	1
	MoRe30	30	8	1

典型的电子束焊接条件如下:加速电压为 50kV,主束流为 50mA,焊接速度为 30mm/s,焊接方向为垂直于轧制方向,在力学实验中采用 3 点弯曲方法,弯曲角超过 90°。横头速度为 1mm/s,实验温度范围为 77~333K。借助扫描电子显微镜和能量色散 X 射线光谱仪(EDX)来确定焊接接头的显微组织和断口表面,利用俄歇电子光谱(AES)在低于 6.7×10^{-8}Pa 的超高真空内进行原位断口检验。

6.14.2 实验结果与讨论

钼铼合金的显微硬度都随着铼含量的增加而提高;但是,在 1573K 退火之后,虽然尚处在退火组织的非再结晶区域,但是硬度却大大提高。因此,考虑到退火组织的均匀性,全部钼铼合金的再结晶温度均为 1673K。在这一温度下再结晶的钼铼合金平均晶粒尺寸分别为:MoRe15 和 MoRe20 两种合金都是 40μm,而 MoRe25 和 MoRe30 两种合金则都是 35μm;然而,纯钼的晶粒尺寸为 30μm,这就反映了加工工艺和处理方法的差别。

锻造 MoRe30 合金焊缝的宏观组织基体呈现轧制机构,其取向朝着轧制方向。焊缝的晶粒粗大,它沿着焊接方向取向,并且从底部到表面都是针状的。

断裂位置是处在焊接接头金属的焊缝中心,在这里最后完成凝固过程。焊接时产生的高温形成了热影响区(HAZ),并且呈现出从焊缝金属到基体金属的晶粒尺寸是逐渐变化的,没有看到诸如气孔或者砂眼之类的焊接缺陷。因此可以确认,在 MoRe(15~30)合金的全部焊缝中一般都取得了良好的焊缝,这是因为在加工和处理过程中有效地降低了原始材料中的氧含量。

在焊接之后进行了 1433K、1h 退火的焊接状态 MoRe30 合金,基体金属产生了均匀再结晶,焊缝金属和热影响区都在焊后热处理过程中退火和重新调整了。热影响区的边缘似乎是晶体取向外延的,并且与基体金属连接在一起。这样就难以区分基体金属和热影响区之间的边界,热影响区的晶粒尺寸比基体的晶粒尺寸小一些。

与此相反,MoRe25合金焊后退火,断口表面倾向于增加穿晶断裂。虽然焊后退火,焊缝的断口表面主要是晶间断裂,只有一部分穿晶断裂,但是焊后掺碳的焊接件却呈现出几乎全部的穿晶断裂。这一事实是与碳掺杂钼铼合金的塑-脆性转变温度低于77K有关。可见,焊后退火焊件的这一转变温度低于183K。

焊前加工和热处理条件有锻造和1673K×1h退火两种,其强度和塑性一般都具有随着焊接前退火温度的提高而降低的趋势。现已发现,焊前再结晶退火不能有效地引起焊接状态焊接件塑性的恢复,这是因为晶间脆性而导致焊缝或者热影响区的强度都不大于基体的强度。

显然,焊后热处理造成的局部应变下降是非常有效的。例如,焊后碳掺杂的MoRe30合金所具有的塑性足以使其弯曲90°以上。在TZM、Mo0.56Nb、电子束熔炼的钼和粉末冶金的钼等材料的基体和焊缝中都能够体现碳掺杂的作用。

6.14.3 小结

在粉末冶金钼铼合金的全部焊缝中,都存在不大的气孔或砂眼,可以对电子束焊接的焊缝进行加工和处理。碳掺杂和焊后退火对于恢复力学性能(尤其是塑性)是大有效果的,主要是碳偏析而提高了晶界边界的内聚力。从改善粉末冶金钼铼合金力学性能的角度出发,最终铼含量以25%或更高一些为宜。可以预料,粉末冶金钼铼合金焊接用来作为高性能结构件是大有前途的。它的深加工零件将是发展现代高科技必不可少的。

参 考 文 献

[1] Geaeh G A,Hughes J E. The alloys of rhenium with molybdenum or with tungsten and having good high temperature properties[C]// 2nd Plansee Seminar Benesovsky F,London:Pergamon,1956.

[2] Stephens J R,Witzke W R. Alloy softening in group via metals alloyed with rhenium[J]. Journal of the Less Common Metals,1971,23:325.

[3] Gypen L A,Deruyttere A. Multi-component intrinsic solid solution softening and hardening[J]. Journal of the Less Common Metals,1977,56:91.

[4] Todd L,Carlen J C,Martin B,et al. Investigation of mechanical properties and microstructure of various molybdenum-rhenium alloys[C]// Space Technology and Applications International Forum,1999:685.

[5] 杨尚磊. 铼(Re)的性质及应用研究现状[J]. 上海金属,2005,27(1):45.

[6] 陈艳,杨尚磊,楼松年. 铼在钼-铼合金中的作用[C]// 航空航天焊接国际论坛论文集,北京,2004:413-417.

[7] 钟培全. 氧化物弥散强化钼和钼-铼合金的研制[J]. 中国钼业,2002,26(1):37-39.

[8] 张军良,李中奎,张小明,等. 制备方式对 MoRe 合金组织性能的影响[J]. 稀有金属材料与工程,2007,36(增刊3):355-358.

[9] 谭拴斌,郭让民,杨升红,等. 钼铼合金的结构和性能[J]. 稀有金属,2003(6):788-792.

[10] 陈畅,汪明朴,谭望,等. 粉末冶金方法制备钼铼合金的研究[J]. 材料导报,2008,22(5):74-80.

[11] Grain J L, Mannheim R L. Manufacturing of Mo-25Re and Mo-50Re alloys by means of powder sintering at medium temperatures[J]. Materials and Manufacturing Processes,1998,13(5):731.

[12] Morito F. Characteristics of EB-Weldable molybdenum and Mo-Re alloys[J]. JOM Journal of the Minerals, Metals and Materials Society,1993,6:54.

[13] Mannheim R L, Grain J L. Structural identification of phases in Mo-Re alloys within the range from 5% to 95%Re[J]. Journal of Materials Processing Technology,2003:143-144.

[14] Morito F. Microstructure and mechanical behaviors of Mo-Re welds[J]. High Temperatures High Pressures,1994,23:101.

[15] Bemd F, Dietrnar F. Manufacture and properties of molybdenum-rhenium alloys[J]. Erzmetall,2001,54:85.

[16] Carlen J C. Molybdenum-rhenium alloy[P]. US,5437744. 1995-08-01.

[17] Wadsworth J, Nieh T G, Stephens J J. Dilute Mo-Re alloys A critical evaluation of their comparative mechanical properties[J]. Scripta Metallurgica,1986,20:637.

[18] Hiraoka Y. Rhenium effect on bend properties at liquid nitrogen temperature in single-crystal molybdenum[J]. Journal of Alloys and Compounds,1995,224:148.

[19] Mueller A J, Bianco R, Buckman R W. Evaluation of oxidedispersion strengthened(ODS)molybdenl/n'l and molybdenum-rhenium alloys[J]. International Journal of Refractory Metals and Hard Materials,2000,18:205.

[20] Mannheim R L, Garin J L. Strain hardening of rhenium and two typical molybdenum-rhenium alloys manufactured by powder sintering[J]. Zeitschrift for Metallkunde,2000,91:848.

[21] 陈畅,汪明朴,郭明星,等. 粉末冶金法制备 Mo-43wt% Re 合金退火行为的研究[J]. 材料热处理学报,2007,28(6):74-78.

[22] 谭栓斌,张小明,任吉文,等. 钼铼合金带材的组织和性能[J]. 稀有金属,2004,28(1):127-130.

[23] 刘沙. 粉末冶金法制取低铼钼合金的研究[J]. 稀有金属与硬质合金,1997(131):26-29.

[24] 刘沙,曹昱. 舒金波低铼钼合金高温烧结过程的研究[J]. 稀有金属与硬质合金,1999(139):18-21.

[25] 刘沙,曹昱. 低铼钼合金力学性能的研究[J]. 稀有金属与硬质合金,1999(138):33-36.

[26] 刘沙. 低铼钼合金加工性能的研究[J]. 稀有金属与硬质合金,1995(132):33-36.

[27] 刘辉,巨建辉,张军良,等. 钼铼合金铸锭热加工方式的研究[J]. 热加工工艺,2011,40(9):89-91.

[28] 张军良,李中奎,付洁,等. 交叉轧制及退火对钼铼合金箔材深冲性能的影响[J]. 中国钼业,2009,33(3):32-36.

[29] 易明. 粉冶钼铼合金及其焊接工艺和性能[J]. 中国钼业,1996,20(4):17-20.

第 7 章 铼的超硬化合物

7.1 超硬材料的研究概述

7.1.1 超硬材料的定义

超硬材料被定义为维氏硬度测量值大于 40GPa 的材料。人们常说的超硬材料是金刚石和立方氮化硼两种材料的统称。目前,在世界上已知的材料中,金刚石和立方氮化硼是最硬的两种材料。金刚石的维氏硬度约为 HV=115GPa[1];立方氮化硼的维氏硬度为 HV=62GPa,立方氮化硼也是迄今为止硬度仅次于金刚石的材料。由于它们的硬度大大超出其他材料数倍,因而人们将这两种材料称为超硬材料。

金刚石也称钻石,有天然金刚石和人造金刚石两种。金刚石是目前世界上已知的最硬工业材料,它不仅具有硬度高、耐磨、热稳定性好等特性,而且以其优秀的抗压强度、散热速率、传声速率、电流阻抗、防蚀能力、透光、低热胀率等物理性能,成为工业应用领域不可替代的新材料,现代工业和科学技术的瑰宝。

人造金刚石是加工业最硬的磨料,电子工业最有效的散热材料,最好的半导体晶片,通信元器件最高频的滤波器,音响最传真的振动膜,机件最稳定的抗蚀层等,已经被广泛应用于冶金、石油钻探、建筑工程、机械加工、仪器仪表、电子工业、航空航天等现代尖端科学领域。

立方氮化硼英文称为 cubic boron nitride,缩写为 CBN。目前,在自然界还没有找到这种物质的存在,它是人工合成的一种超硬材料。立方氮化硼是硬度仅次于金刚石的超硬材料,它不但具有金刚石的许多优良特性,而且有更高的热稳定性和对铁族金属及其合金的化学惰性。它作为工程材料,已经广泛应用于黑色金属及其合金材料加工工业。同时,它又以其优异的热学、电学、光学和声学等性能,在一系列高科技领域得到应用,成为一种具有发展前景的功能材料[2]。

7.1.2 研究超硬材料的重要意义

材料是一切工程的基础。工欲善其事,必先利其器。寻找、创造优良的材料,是提高生产力、促进社会发展的动力。人类为了生存和发展沿着这条目标而不懈地探索,才创造出现代高度发达的文明社会。可是,这种追求是无止境的、永恒的。工具的发展是人类进步的动力,人造金刚石、立方氮化硼等超硬材料工具的诞生具有划时代的意义。

材料、工具与应用是一个相互促进又相互制约的产业链,材料是基础,应用是动力,工具是连接材料与应用的纽带。材料在这个产业链中起着承前启后的重要作用。鉴于超硬材料在国家经济建设中占有重要地位,国家计划委员会于1989年9月批准,由世界银行贷款资助,依托吉林大学,开始组建超硬材料国家重点实验室(吉林大学超硬材料国家重点实验室),1995年该实验室通过国家验收,并正式运转,2003年通过第一次国家评估。

7.1.3 超硬材料的研究历程

1955年美国科学家霍尔(H. T. Hall)在1650℃和95000个大气压下合成了人造金刚石[3],1957年美国科学家温托夫(R. H. Wentorf)合成立方氮化硼[4],被认为是超硬材料发展史上的两座里程碑,开创了功能材料在工业及相关应用领域的新篇章。

Novikov和Nob在1983年也合成了立方氮化硼,并测得其维氏硬度为62GPa。Knittle等在1989年测得立方氮化硼的体弹模量B为(369 ± 14)GPa$(dB/dp=4.0\pm0.2)$[5],1998年Solozhenko等测得的立方氮化硼体弹模量B为(377 ± 4)GPa$(dB/dp=4.1\pm0.2)$[6]。立方氮化硼由于具有优异的化学物理性能,如具有仅次于金刚石的高硬度、高热稳定性和化学惰性,作为超硬磨料在不同行业的加工领域获得广泛的应用,现在更是成为汽车、航天航空、机械电子、微电子等工业不可或缺的重要材料,因而也得到各工业发达国家的极大重视。

吉林大学超硬材料国家重点实验室是国际上最早达到百万大气压的五个实验室之一,在静水压的定标等超高压技术、高温高压下金刚石的合成机理、高压下物质结构相变等研究领域处于国际前沿,受到国际同行的关注。1985年,实验室在国内率先开展了金刚石薄膜研究,1987年制备出我国第一片金刚石薄膜。此后,又在琥珀色立方氮化硼人工合成方面取得重要突破。经过长时间的努力,在超硬材料的应用基础研究方面打下了扎实的基础[7]。

2005年美国加州大学洛杉矶分校材料科学和工程系一个研究小组在 JACS 杂志上报道合成一类新型的超硬材料OsB_2,并在美国 Science 杂志"研究新方向"(Perspectives)专栏上介绍这类利用轻元素(如B等)和过渡金属元素(如Os等)组合合成新型超硬材料的设计思路,引起国内外很多研究小组的高度兴趣。根据这一设计思路,2006年 Phys. Rev. Lett. 报道了新型超硬材料IrN_2和OsN_2,2007年 Science 报道了新型超硬材料ReB_2[8]。

近几十年来,超硬材料的研究与应用并不是一帆风顺的,目前得到广泛应用的超硬材料仍停滞在人造金刚石和立方氮化硼这两种材料上,且金刚石在加工铁基合金时会因与之发生化学反应而丧失其作为超硬特性的加工能力;而立方氮化硼苛刻的合成条件使得其造价昂贵,也限制了其应用和推广。直到今天,寻找质优价廉的新型超硬材料仍然是全球材料科学家所面临的巨大挑战,而依靠理论与实验相结合的材料设计模式或许是他们快速实现梦想的一条捷径。

7.1.4 超硬材料的研究思路

过去,人们一直认为超硬材料只能是那些完全由轻元素(如硼、碳、氮、氧等)构成具有三维强共价键的材料,如金刚石、立方氮化硼等。然而,2007年Chung用等离子体烧结(SPS)的工艺方法合成了具有超低压缩性和高硬度的六方相ReB_2,实验测得其维氏显微硬度更是超过了40GPa,是一种新型超硬材料。这种新型材料相比于轻元素超硬材料,具有化学性质更加稳定、合成成本更加低廉的优点。这激发了人们对锇、铼、钨等重过渡金属与氮、硼、碳等形成的化合物的研究兴趣。

研究中,人们总结出超硬材料按组分来源大致可分为如下两类:第一类是存在着很强的共价键的轻元素材料,如金刚石、立方氮化硼等;第二类是部分过渡重金属与硼、碳等轻元素结合所形成的金属化合物,如ReB_2、WB_4等。

对过渡重金属铼等与硼、碳等轻元素结合所形成的金属化合物的研究,分为实验方法和理论方法,研究结果表明,具有高价电子密度的过渡金属铼与轻元素形成的化合物具有成为超硬材料的潜质。

合成立方氮化硼除静高压触媒法还有其他多种方法,如静高压直接转化法、动态冲击法、气相沉积法等,其中有些方法如气相沉积法发展很快。但迄今为止,工业合成立方氮化硼主要方法还是静高压触媒法,立方氮化硼的合成研究也主要集中于这方面。

立方氮化硼聚晶(PCBN)刀具是由许多细晶粒立方氮化硼聚结而成的立方氮化硼聚集体的一类超硬材料产品。它除了具有高硬度、高耐磨性外,还具有高韧性、化学惰性、红硬性(指外部受热升温时材料仍能维持高硬度的功能等特点),并可用金刚石砂轮开刃修磨。在切削加工的各个方面都表现出优异的切削性能,能够在高温下实现稳定切削,特别适合加工各种淬火钢、工具钢、冷硬铸铁等难加工材料。刀具切削锋利、保形性好、耐磨性能高、单位磨损量小、修正次数少、利于自动加工,适用于从粗加工到精加工的所有切削加工。立方氮化硼聚晶在数控切削行业已得到广泛应用,是一种具有良好发展前景的刀具材料。

传统观点认为,超硬材料由硼、碳、氮及氧这些轻质(共价键合类型)元素组成,这些元素间结合而形成的化合物键长很短而结合能高[9]。例如,金刚石和立方氮化硼就是典型例子。于是有人预言C_3N_4的体弹模量将达496GPa[10],也就是说比金刚石的442GPa[11]还高,这种预测的理论基础就是C—N键长很短且是高度的共价键。然而,多年的研究也没有真正合成人们期待的C_3N_4[12-14],立方氮化硼仍然是最硬的氮化物[15]。

众所周知,过渡金属虽然具有较大的体弹模量,但是硬度却很低。如金属锇(Os)的体弹模量虽然达到了 410GPa,但是它的硬度只有金刚石的 1/30。最近,Chung 等[16]报道在常压下使用电弧熔炼法可以合成块体的二硼化锇,而且他们测得的二硼化锇硬度达 48GPa。人们从这个报道中受到启发:过渡金属往往具有高的价电子密度,而硼、碳、氮及氧这些共价键合类型元素质量小且易于形成共价键。如果把这些共价键合类型(轻质)元素掺入过渡金属内,使这些轻质原子填充到过渡金属的晶格内部的间隙,这样掺入轻质元素前后材料的价电荷密度没有明显降低,而且材料内部又可能形成共价键,这样就可能得到高硬度的材料。如 B 原子进入 Os 内部就没有明显降低其平均价电荷密度(Os 的平均价电子密度为 $0.572e/Å^3$,OsB_2 的平均价电荷密度是 $0.511e/Å^3$)[17],但是 OsB_2 的硬度(大于 $2000kg/mm^2$)比 $Os(400kg/mm^2)$ 本身高了很多。如钨的硬度为 $900kg/mm^2$,钨中加入硼元素形成的 WB_2 硬度则为 $1400kg/mm^2$;而钨和碳结合形成的 WC 硬度高达 $3000kg/mm^2$ [18,19]。

7.1.5 研究超硬材料的方法

进入 21 世纪,超硬材料(人工合成金刚石、天然金刚石及立方氮化硼)将是最重要的,也是人们首选的工具材料,因为这些材料能够高效、精密且平稳地切割加工结构最硬的金属及合金。超硬材料通常被制作成尖锐切削工具和模具,用来加工光电器件。如果不使用超硬材料,人们无法想象如何制作出矿山机械、钻孔设备及石刻机技术中所用的高效率的岩石破坏工具。超硬材料具有广泛的工业用途。另外,金刚石尽管硬度很高,但也存在着不足之处。例如,金刚石在 700℃ 以上与纯铁接触时容易被氧化或石墨化,被石墨化的碳原子会扩散到铁中,金刚石的硬度就受到影响。所以寻找新型高硬度材料是实验工作者和理论工作者都非常关注的课题。目前研究超硬材料的常用方法有两种。

(1) 发展在较大压力范围及温度范围内合成新奇的分散单晶、多晶及薄膜超硬材料的技术方法,并归纳形成理论基础。

(2) 采用计算机辅助模拟计算方法,预言超硬材料的物理及弹性性质。

材料的体弹模量和剪切模量是材料硬度高低的重要体现,体弹模量反映了材料在施加外力下抗体积变化的能力,而剪切模量体现了材料抗剪切应变的能力。从晶体结构、化学键及电子结构层面认识材料体弹模量及剪切模量高低的起因对理解材料的宏观弹性性质有着重要的作用,同时有助于认识材料宏观弹性性质与晶体结构及化学键之间的关系。

具体研究过程主要从以下两个方面展开:首先计算出材料的弹性常数矩阵,从弹性常数矩阵出发算出弹性模量,随后可分析材料弹性模量大小主要由哪些弹性常数主导,并可分析特定弹性常数所对应的应变与晶体内部化合键之间的关系。

其次是研究材料内部多面体结构对其弹性的影响,如多面体形状及其链接方式对材料硬度的影响。

要实现上面所说的研究目的,具体的操作过程如下:对同种材料,首先优化不同的结构相,通过比较总能量高低,找到最低能量结构。计算材料原胞(晶胞)体积与压力的变化关系,一般取 0～50GPa 压力范围,每间隔 5GPa 取一个点,计算出相应的原胞(晶胞)体积,由压力及相应的原胞体积数据拟合出材料的体弹模量。用应力-应变方法计算材料的弹性常数矩阵,由弹性常数计算出材料的体弹模量、剪切模量、杨氏模量及泊松比等量值,并根据弹性常数本征值的正负判断材料的力学性能是否稳定。本征值均为正值时,材料具有力学稳定性,本征值中有负值时,则材料不具备力学稳定性。

7.2 铼的轻元素化合物的实验研究进展

7.2.1 超硬材料 ReB_2 的研究[20]

据中国石油和化工网和《中国化工报》于 2013 年 1 月 22 日一版报道:日前,燕山大学亚稳材料制备技术与科学国家重点实验室田永君教授领导的研究小组与吉林大学超硬材料国家重点实验室马琰铭教授、美国芝加哥大学王雁宾教授和河北工业大学唐成春教授等科学家合作,在多晶超硬材料合成技术和超硬材料硬化机理研究方面取得突破性进展。利用高温高压技术成功地合成出超高硬度的纳米孪晶结构立方氮化硼块材,该研究成果发表在 2013 年 1 月 17 日最新一期的 *Nature* 杂志上(DOI:10.1038/nature11728)。

立方氮化硼是一种重要的超硬材料,在铁基材料加工行业中获得了广泛应用。遗憾的是人工合成立方氮化硼单晶的硬度还不到金刚石单晶的一半。根据著名的霍尔-佩奇关系,多晶材料硬度随晶粒尺寸减小而增大。因此,合成纳米结构立方氮化硼已成为提高硬度的有效手段。利用类石墨结构氮化硼前驱物在高温高压下的马氏体相变,科学家已合成出纳米晶立方氮化硼,所能达到的最小晶粒尺寸为 14nm。田永君及其合作者采用一种具有特殊结构的洋葱氮化硼为前驱物成功地合成出透明的纳米孪晶结构立方氮化硼,孪晶的平均厚度仅为 3.8nm,其硬度达到甚至超过人工合成的金刚石单晶,断裂韧性高于商用硬质合金,抗氧化温度高于立方氮化硼单晶本身。这些优异的综合性能表明纳米孪晶结构立方氮化硼是一种工业界期盼已久的刀具材料。

霍尔-佩奇公式

1951 年,当时还在谢菲尔德大学读书的 Hall 在 64 册装订的《物理学进程表》上发表三篇文章。在第三篇文章中,他提出了材料的滑动带长度或裂纹尺寸与晶粒尺寸成正比,即

$$\Delta T \propto K/d^x$$

式中,第一项 ΔT 为材料的强度,K 为常数。由于技术条件的限制,Hall 只能推出成正比的关系,但是他没有具体给出 K 值。Hall 实验选取的材料是锌,他发现这个关系对于低碳钢同样适用。

英国利兹大学的 N. I. Petch 根据自己在 1946—1949 年的实验研究和 Hall 的理论基础,发表了一篇论文,着重讲述了有关脆性断裂的问题。通过测量在低温条件下不同晶粒尺寸的解理强度,Petch 把 Hall 提出的数学关系进行了精确的完善。这个重要的数学关系就以他们两人的名字命名为霍尔-佩奇关系,即

$$\sigma_y = \sigma_0 + K_y/d^{1/2}$$

式中,σ_y 为材料的屈服极限,是材料发生 0.2% 变形的屈服应力 $\sigma_{0.2}$,通常可以用显微硬度 HV 来表示;σ_0 为移动单个位错时产生的晶格摩擦力;K_y 为一个常数,与材料的种类性质及晶粒尺寸有关;d 为平均晶粒直径。

现已证明:在临界尺寸(10~15nm)以上,金属及合金材料的硬度和强度随晶粒尺寸减小而增大(霍尔-佩奇效应),但在临界尺寸以下,强度和硬度却随晶粒尺寸减小而减小(反霍尔-佩奇效应)。令人惊奇的是,纳米孪晶结构立方氮化硼随孪晶厚度减小能够持续硬化到 3.8nm 却不发生软化。他们的理论分析表明,在纳米尺度边,多晶极性共价材料的硬化机制除了大家熟知的霍尔-佩奇效应还有量子限域效应的附加贡献。研究成果突破了人们对材料硬化机制的传统认识,向人们展现了合成高性能超硬材料的新途径——获得超细纳米孪晶结构。

Kaner 一直梦想有一种新材料的硬度能够超越金刚石,也进行了很多探索,为超硬材料的设计和发展作出了重大贡献。Chung 用等离子体烧结的工艺方法合成了 ReB_2,实验测量结果显示,其维氏显微硬度值超过了 40GPa。ReB_2 作为首次获得的过渡金属轻元素化合物超硬材料,开创了超硬材料设计领域的新篇章,具有重要的意义和地位。

Chung 以实验合成的 ReB_2 材料在金刚石表面留下刮擦痕迹作为证明,ReB_2 确实是一种超硬材料。这在一定程度上更加激起了人们对铼的轻元素化合物超硬材料研究的热情。Gu 等成功合成了 WB_4,实验测得其维氏显微硬度更是在 50GPa 以上。这些成功事例都表明,铼的轻元素化合物是潜在新型超硬材料。

7.2.2 铼的轻元素化合物在理论上的研究

在超硬材料实验合成研究蓬勃发展的同时,理论研究有着丰硕的收获,主要表现在:基于第一性原理对化合物晶体、电子结构和力学性质等的模拟计算、分析以及对材料理论硬度模型的应用,硬度形成机制的探索等。

1. 基于第一性原理的模拟计算和分析研究

近年来,第一性原理以高效、准确、全面和无经验参数依赖等优点在材料性能

研究和预测领域受到了广大材料科学工作者的欢迎。铼的轻元素化合物在第一性原理方面的研究主要有以下两方面。

一是从其超低压缩特性与晶体结构、弹性性质等方面的关系展开研究。Liang和Zhang模拟分析了ReB_2的力学性质和电子结构,他们认为六方相结构的ReB_4是一种具有超低压缩性的潜在超硬材料。Zhou和Wu以密度泛函和中子散射理论对ReB_2的电子结构、弹性性质、声子谱和热力学性质等方面进行了模拟分析,结果表明B—B间的共价成键强弱将对ReB_2的硬度具有决定性的影响。此外,Hao等研究了ReB_2和WB_2的晶体结构、弹性模量和电子结构等性质,他们认为ReB_2和WB_2都是潜在的超硬材料。Zhu等则计算了在加压条件下ReB_2的结构参数和弹性性质,他们的研究结果认为ReB_2是一种具有超低压缩性和晶向各向异性的材料。

二是从材料的键合性质和理论硬度计算的关系进行研究。Guo等则基于第一性原理对多种轻元素组成比例的铼的硼化物进行相关研究,他们认为晶体结构和元素比例的不同会影响材料的硬度。Li等的第一性原理研究结果认为在正交相结构的ReN_2是一种潜在的超硬材料。

这些实验和理论方面的研究促进了人们对铼化合物硬度形成机制的认识:晶体的硬度与晶体的相结构、键合性质、各向异性及元素比例之间存在着某些内在联系,在对这些内在联系的分析和探索中,人们加深了对材料硬度形成机制的认识,同时这些认识又反过来促进了超硬材料设计理念的发展。

2. 材料硬度的形成机制探索

虽然多种铼的轻元素化合物(如ReB_2、ReB_4等)都表征出超硬特性,但其超硬的产生机制分析还比较欠缺,这为我们利用不同组分和不同原子组态的晶体结构、电子结构和弹性性质等信息来解释硬度产生机制提供了一定的余地。目前,对材料超硬表征和硬度形成机制的认识可以简要概括如下。

传统的观点认为,材料的高硬度与高体弹模量和高剪切模量相伴,从而将高体弹模量和高剪切模量作为预测超硬材料的标准。Teter等也通过对多种材料的实验研究和分析后,认为材料的高硬度与高剪切模量之间有很好的对应关系。但事实上,材料的硬度与体弹模量、剪切模量之间的关系很复杂。如锇具有高的体弹模量(395~462GPa)和很低的硬度(4GPa);而金刚石却同时有着高硬度(78.4~98GPa)、高体弹模量(443GPa)和高剪切模量。这些都表明材料硬度与体弹模量、剪切模量之间不是简单的对应关系,有待于进一步的探索。事实上,部分过渡重金属晶体由于具有较大的价电子浓度而往往具有较大的体弹模量,如锇。但由于其价电子形成的是金属键,不能有效地抑制原子层之间在受到外力作用时产生的"滑移",因此其硬度较低。从而材料的高体弹模量仅意味着不易压缩,不表示其是超硬材料。考虑到过渡重金属元素具有高的价电子浓度,易与硼、碳、氮等轻元素原子结合形成类似金刚石一样短而强的共价键的可能,其化合物可视为一类潜在的超硬材料。事实上,具有高的价电子浓度的过渡金属铼的化合物在实验中有着高的测量硬度值就证实了这一点。

随着对硬度微观机制的深入研究,部分研究者认为,硬度主要源于材料抵抗弹性和塑性变形的能力。结合纳米材料制备技术,大家普遍认可纳米颗粒的界面可以充当原子非局域运动的势垒,导致非局域运动的不易发生,从而增强了材料抵御塑性变形的能力,进而提高了材料的硬度[21]。

在这些对材料的键合性质及材料理论硬度计算模型的探索上,燕山大学、大连理工大学等对硬度的本质与键合性质之间的联系展开了一系列的探讨。结合当前他人的研究成果,过渡金属化合物成为超硬材料的必要条件是:轻元素原子间的强三维共价成键,以及过渡金属元素提供高价电子密度。选择合适过渡金属铼与轻元素合适的比例和三维空间网状成键晶体构型将是其超硬材料研究的首选方向。

7.2.3 小结

实验和理论研究结果表明,铼的轻元素化合物是一类潜在超硬材料。通过第一性原理计算能够获得晶体材料的键合性质、原子组态和电子结构等方面的信息,为材料硬度形成机制提供可靠的分析手段,表明理论计算工作具有重要的指引作用。而实验合成为理论研究的前进方向提供了反馈,将进一步促进理论研究的丰富和发展。

参 考 文 献

[1] Novikov N V, Dub S N. Fracture toughness of diamond measured by vickers indenter reloading technique [J]. J Hard Mater, 1991, 2:3.
[2] 王光祖. 国外立方氮化硼研制技术[J]. 磨料磨具与磨削, 1991, 3:37.
[3] 张志国. 人工合成金刚石的历史与现状[D]. 长春:吉林大学硕士学位论文, 2006.
[4] Wentorf R H. Cubic form of boron niwide[J]. J Chem Phys, 1957, 26(4):956.
[5] Knittle E, Wentzcivitch R M, Jeanloz R, et al. Experimental and theoretical equation of state of cubic boron nitride[J]. Nature(London), 1989, 337:349.
[6] Solozhenko V L, Hiiuserrnann D, Mezouar M, et al. Equation of state of wurtzitic boron nitride to 66 GPa [J]. Appl Phys Lett, 1998, 72(14):1691.
[7] 赵文杰. 第一性原理研究几种过渡金属硼化物、氮化物及BC(5)的结构、弹性及其电子性质[D]. 开封:河南大学博士学位论文, 2010.
[8] 杨军. 超硬材料 OsB_2 研究新进展[J]. 科学网[2008-6-13]14:51:41.
[9] Brazhkin V V, Lyapin A G, Hemley R J. Harder than diamond: dreams and reality[J]. Philos Mag A, 2002, 82(2):231.
[10] Teter D M, Hemley R J. Low-compressibility carbon nitrides[J]. Science, 1996, 271(5245):53.

[11] Aleksandrov I V, Goncharov A F, Zisman A N, et al. Zh Eksp Teor Fiz. 1987,93:680.
[12] DeVries R C. Inventory on innovative research: the case of C_3N_4[J]. Mater Res Innovations,1997,1(3): 161.
[13] Matsumoto S, Xie E Q, Izumi F. On the validity of the formation of crystalline carbon nitfides, C_3N_4[J]. Diamond Relat Mater,1999,8(7):1175.
[14] Malkow T. Erratum to "Critical observations in the research of carbon nitride"[J]. Mater Sci Eng A, 2001,302(2):309.
[15] Solozhenko V L, Hausermann D, Mezouar M, et al. Equation of state of wurtzitic boron nitride to 66 GPa [J]. Appl Phys Lett,1998,72(14):1691.
[16] Chung H Y, Weinberger M B, Levine J B, et al. Synthesis of ultra-incompressible superhard rhenium dibofide at ambient pressure[J]. Science,2007,316(5823):436.
[17] Cumberland R W, Weinberger M B, Gilman J J, et al. Osmium dibofide, an ultra-incompressible, hard material[J]. J Am Chem Soc,2005,127(20):7264.
[18] Thornton A G, Wilks, Clean surface reactions between diamond and steel[J]. J Nature,1978,274:792.
[19] Shackelford J E, Alexander W. CRC Materials Science and Engineering Handbook[M]. Boca Raton: CRC Press,1949.
[20] 喻秋山. 铼的超硬材料化合物的研究进展[J]. 科教导刊,2010,(34):250-256.
[21] 李克艳,薛冬峰. 从原子到晶体的材料硬度研究[J]. 科学通报,2008,53(18):2186-2190.

第8章 铼-锇同位素测年法

8.1 铼-锇同位素测年法原理[1]

金属矿床的成矿年龄多年来一直是矿床地质工作者关注的问题之一。在金属矿床的年代学研究中,铼-锇(Re-Os)同位素定年方法的最大的优点是能直接对金属矿物定年。利用 Re-Os 同位素可以对金属硫化物进行直接定年,不仅能对十分古老的,而且能对十分年轻的金属矿床进行精确的成矿年龄确定[2]。但由于受元素的地球化学性质及现有技术手段的制约,Re-Os 同位素定年方法最适合的研究对象只有辉钼矿。即便如此,该方法已在矿床定年研究中起了重要作用[3]。Luck 和 Allegre 在 1982 年最早成功地测定了辉钼矿的年龄[4];Suzuki 等在 1991 年解决了样品和稀释剂中锇的同位素平衡问题[5]。Freydier 在 1997 年对智利斑岩型贱金属矿床进行了研究,认为可以利用 Re-Os 同位素定年法测定包括黄铁矿、闪锌矿等常见的硫化物来讨论热液成矿年龄[6]。

8.1.1 Re-Os 同位素体系的地球化学性质

Re 同位素有 ^{185}Re(37.07%)和 ^{187}Re(2.93%)。Os 有 7 个同位素:^{184}Os(0.018%)、^{186}Os(1.59%)、^{187}Os(1.64%)、^{188}Os(13.20%)、^{189}Os(16.10%)、^{190}Os(26.40%)和^{192}Os(41.0%)。^{186}Os 和^{187}Os 为放射性衰变产物,^{186}Os 由^{190}Pt 通过 α 衰变而成,^{187}Os 由^{187}Re 通过 β 衰变而成[7]。铼和锇均属强亲铁和亲铜性元素,倾向于在铁和硫化物相中富集,因此它们在铁-镍金属构成的地核中高度富集,在地幔和地壳中极其贫化。铼作为一种分散元素,在地壳中的丰度仅 $0.07×10^{-6}$,而放射成因的^{187}Os 的含量就更加微乎其微[8]。其次,铼的性质与钨、钼相似,而锇是铂族元素[9]。锇是高度相容元素,而铼是相容至中等程度的不相容元素,因而在地幔熔融过程中,锇倾向于富集在地幔残留相中,铼倾向于富集在熔浆中,导致地幔与地壳的 Re/Os 比值发生很大的变化。最后,由于地幔岩石中的锇同位素比值不易受后期地幔交代作用的影响而发生大的变化,可以更好地反映这些岩石的成因及地幔演化特征。

8.1.2 铼-锇同位素定年基础

铼-锇同位素定年是基于放射性的^{187}Re 通过 β 衰变成为^{187}Os 而引起锇同位素

异常来计算地质年代的。根据 Re-Os 同位素的衰变方程,可以列出定年公式[8]:

$$^{187}Os/^{188}Os = (^{187}Os/^{188}Os)i + ^{187}Re/^{188}Os(e^{\lambda t} - 1) \tag{8-1}$$

式中,i 代表 $^{187}Os/^{188}Os$ 的初始值;$^{187}Os/^{188}Os$ 和 $^{187}Re/^{188}Os$ 为现在测量值;λ 为 ^{187}Re 的衰变常数,其值为 $1.66 \times 10^{-1} a^{-1}$;$t$ 为体系对铼、锇保持封闭以来所经历的时间。若从一个岩体中测定出一组同时形成矿物的 $^{187}Os/^{188}Os$ 和 $^{187}Re/^{188}Os$,即可由等时线法计算出该岩体的年龄。有一些单矿物如辉钼矿、黄铁矿、黄铜矿,其 $^{187}Os/^{188}Os$ 的初始值很低,甚至几乎等于零。式(8-1)可简化为

$$^{187}Os/^{188}Os = {^{187}Re/^{188}Os}(e^{\lambda t} - 1) \tag{8-2}$$

则能得到以下方程:

$$t = \frac{1}{\lambda} \ln\left[\left(\frac{^{187}Os}{^{187}Re}\right) + 1\right] \tag{8-3}$$

Re-Os 同位素定年法最适合的研究对象是辉钼矿,选用辉钼矿用 Re-Os 同位素定年法测试矿物年龄的原理是因为[7]:铼在辉钼矿中可高度富集,最高可达 2% 左右。这是由铼、钼相似的地球化学行为所决定的。在自然界中它们都以 +4、+6 价态出现;Re^{4+} 和 Mo^{4+} 的离子半径极相近,分别为 0.74×10^{-1} nm 和 0.70×10^{-1} nm,可形成完全混溶的类质同象固溶体;ReS_2 晶体和 MoS_2 晶体的晶胞参数较相似。而锇作为一种铂族元素,不易进入辉钼矿的晶格中。另外大量的资料表明,辉钼矿中几乎不存在非放射性成因的 ^{187}Os,即 ^{187}Os 基本上都是由 ^{187}Re 衰变而成的。所以辉钼矿的高 Re/Os 值,使其成为 Re-Os 同位素定年法的首选矿物。当一组样品满足:具有相同的 $^{187}Os/^{188}Os$ 初始值、相同的年龄及样品自形成以来一直保持对铼和锇封闭等条件时,即可用该法进行测年[8]。

8.2 分析方法

8.2.1 样品的溶解

已采用的溶样方法有酸溶法、碱熔法、硫化镍火试金法、Carius 管溶样法和高温高压反应釜法。现将每种方法的适用范围和特点作一简单总结[10]。

8.2.2 酸溶法

酸溶法就是在样品中加入还原性酸,以避免 Os 被氧化成 OsO_4 而损失挥发。如可以加入 HF-HCl-乙醇或 HF-HB。该方法最大的优点是避免了 Os 生成 OsO_4 而损失,并且所使用的溶剂容易纯化,本底较低,但对容器需要进行彻底清洗,避免交叉污染。缺点是样品溶解不完全,尤其是橄榄岩。

8.2.3 碱熔法

碱熔法可以非常有效地熔解样品中的难熔相。该方法的最大优点是可以完全将样品中的难熔相熔解，而且碱熔环境可降低锇被氧化而损失的可能。不足之处在于铼、锇空白较高，样品和稀释剂之间的同位素交换平衡不够稳定。

8.2.4 硫化镍火试金法

其原理是铂族元素与 NiS 具有很强的亲和力，在加热过程，铂族元素进入 NiS 中。再用 HCl 溶液过滤去除基体，将硫化物相溶解在 H_2SO_4 中，待分离 Os。该方法的优点是可以对含量很低的样品中的 Os 进行预富集，还可以解决"块金效应"的问题。缺点是不适合分析 Re，Re 是中等程度的亲铜元素，大部分的 Re 没有进入 NiS 小球中；经常达不到同位素交换平衡；试剂中 Os 的本底很高，尤其是镍粉。

8.2.5 Carius 管溶样法

Carius 管溶样法是 Re-Os 分析技术上的一个重要的突破，该方法可以将所有的 Os 氧化成 OsO_4，这样稀释剂与样品之间很容易实现同位素平衡。可用过量的 HNO_3（HNO_3 与 HCl 体积比为 2∶1 或 3∶1）和 $CrO_3 + H_2SO_4$ 取得良好的溶解效果。将 Carius 管在 220~260℃加热 12h，管内产生一定的高压，以保证将 Os 全部氧化。开管时先将溶液冷冻，然后用玻璃刀划痕，用烧红的玻璃棒去烫划痕，使产生裂纹。OsO_4 可以通过蒸馏法或溶剂萃取法分离出来，也可以直接载入 ICP-MS 的火焰中。该方法成功解决了样品与稀释剂的同位素平衡问题和 OsO_4 的挥发损失问题，并且显著地降低了全流程的空白。另外，一次性使用的 Carius 管也不会引起交叉污染。其存在的主要问题是加热和开管操作有一定的危险性。

8.2.6 高温高压反应釜法

高温高压反应釜法（HPA-S）的基本原理与 Carius 管溶样法相似，采用强氧化性酸溶解样品，不同的是压力可以高达 1.3×10^7 Pa。将样品装于石英管中，升温至 320℃，在较短的时间内就可以将难溶性样品溶解。它比 Carius 管更安全，主要缺点是设备的价格昂贵、溶样成本较高，而且石英管不是一次性使用的，可能会造成交叉污染，因此石英管的清洗至关重要。

8.3 Re-Os 同位素分离及纯化

8.3.1 Os 的分离及纯化

Os 的分离方法主要有蒸馏法和溶剂萃取法。蒸馏法是最早应用于分离 Os 的方法，其原理是用 OsO_4 在较低的温度下具有易挥发的特性来分离 Os。该方法具有快速、回收率高和本底低的优点。溶剂萃取法是一种简单快速的 Os 分离方法。经常使用的有两种方法：一种是 CCl_4 或 $CHCl_3$ 萃取法。由于 OsO_4 在 CCl_4 或 $CHCl_3$ 中的溶解度很高，而且 CCl_4 或 $CHCl_3$ 为有机溶剂，所以可以将 OsO_4 从无机溶剂相萃取至有机相中以实现分离。另一种经常使用的方法即溴提取法，该方法的 Os 本底很低，可以用来分析极微量的 Os。同样，Br_2 具有毒性，使用时在通风橱中谨慎操作。经过初步分离出的 Os 中仍然含有少量的其他元素，从而影响质谱测定，尤其是负离子热电离质谱(NTIMS)。因此对初步分离后的 Os 进行纯化是重要的。现在大多数实验室都采用一种简单的非常巧妙的蒸馏方法——微蒸馏。该方法非常简单并且极大提高了 NTIMS 的测量精度。对于 ICP-MS 测定该步骤可以省去[10]。

8.3.2 Re 的分离及纯化

铼的分离与纯化相对比较简单。阴离子交换和萃取是常用的方法。在氧化性酸溶液中，Re 以 ReO_4 形式存在，它在阴离子树脂上具有很强的亲和力。当用低或中等浓度的酸淋洗含 Re 样品时，Re 将全部被吸附在树脂上，然后用浓度大于 3mol/L 的 HNO_3 可以将其完全洗脱下来。对于 Re 的萃取研究较多的是采用伯、仲、叔、季铵盐等有机溶剂。其中常用的萃取溶剂是叔胺，如三苄基胺。然后用浓氨水将 Re 反萃取至水相，最后在电热板上蒸干，也可以采用丙酮萃取 Re。溶剂萃取法的本底较低，而且快速。但是对于分离大量的样品而言，该方法则显得比较费力，回收率也较低，而且大多数溶剂有毒且具有难闻的气味，使用时要小心。

8.4 Re-Os 同位素的质谱测定方法

8.4.1 传统的测定方法

Re-Os 同位素质谱测定方法主要有共振电离质谱(RIMS)、二次离子质谱(SIMS)、单接收电感耦合等离子体质谱(ICP-MS)、多接收器电感耦合等离子体质谱(MC-ICP-MS)和精度与准确度有较大提高的负离子热电离质谱(NTIMS)。NTIMS 对于 Os 的测定是非常有效的，含量很低的样品也可以被准确测定，但该方法比较耗时和费力。用 MC-ICP-MS 法只要求将样品中的 Os 氧化成 OsO_4，所以用 Carius 管以及 HPA-S 高压釜溶样是非常适合的，溶样完毕后可以将生成的 OsO_4 直接载入 ICP-MS，整个分析过程简单快速。对于 Re 的测定，ICP-MS 是非常快速和精确的方法，与 NTMS 不同的是，ICP-MS 可以通过在样品中加入 Ir 进行同位素在线分馏校正，而且 Re 在仪器上很容易被清洗。NTMS 法和 MC-ICP-MS 法是目前常用的[11]，二者各有优缺点。尽管目前国内已有多家单位开展了 Re-Os 同位素分析工作，但目前报道的方法或采用常规 ICP-MS 仪器测定，Os 同位素精度受到限制，或采用 NTIMS(MAT262) 或 MC-ICP-MS 测定，但灵敏度不够高，而多采用离子计数器测定。我国 20 世纪 90 年代所做的铼-锇同位素测年普遍采用同位素稀释——等离子体质谱法分析[8,12,13]。

8.4.2 Re-Os 同位素的质谱测定方法新发展

文献[14]介绍了一种新的高精度测试 Os 含量及同位素组成的测试方法。文中详细介绍了其化学分离流程和高精度质谱测量方法：Carius 管溶样—小型蒸馏法分离—微蒸馏法纯化锇—阴离子树脂交换法分离铼；Re-Os 同位素分析流程：Re 含量采用阴离子树脂分离纯化后用多接收器等离子体质谱法（Nep-tune MC-ICPMS）测定，Os 同位素组成采用新型 IsoProbe-T 热电离质谱计负离子方式多法拉第杯系统测定。文中还对该方法进行了实验论证，将该方法用于铂族元素橄榄岩标样 WPR-1 的测定，获得了满意的结果。新型热电离质谱计 IsoProbe-T 具有高灵敏度和高精度的特点，对微量 Os 样品（低至 0.2ng），可以采用多法拉第接收器系统测定 $^{187}Os/^{188}Os$ 同位素比值，测定精度可优于 0.1‰（1RSD）。在目前的测试研究中，较常用的方案为 Carius 管溶样法—蒸馏分离 Os—萃取分离 Re—TJA PQ ExCell ICPMS 测定同位素比值[15-17]。

8.5 成功应用铼-锇同位素法测年的范例及所揭示的地质意义

将铼-锇同位素测年法用于矿床学的研究中，虽然我国的起步较外国为晚，但成功应用此法的范例并不少。我国 4 个钼成矿省中以中朝准地台（华北地台）钼成矿省最重要，其由地台北缘燕辽钼矿带和南缘东秦岭钼矿带组成[18]。黄典豪等于 20 世纪 90 年代用铼-锇同位素法成功地测定了这两个成矿带的成矿年龄[12,13]，具体如下：应用铼-锇同位素测年法测定东秦岭钼矿带中几个不同类型的大型钼矿床的铼-锇年龄[12]，得出黄龙铺碳酸岩脉型钼（铅）矿床的铼-锇表面年龄为 220～231Ma，其等时线年龄为 221Ma，为印支期，其余的斑岩型钼矿床和斑岩-矽卡岩型钼（钨）矿床的铼-锇表面年龄为燕山期。如南泥湖-三道庄斑岩型-矽卡岩钼（钨）矿床的铼-锇同位素等时线年龄为 147Ma。因此,在东秦岭地区,除燕山期外,印支期也是一个重要的钼成矿期。另外,得出了不同时代和不同类型的钼矿床在华北地台南缘集中分布的区域偏在性。

而对河南商城县汤家坪钼矿辉钼矿铼-锇同位素年龄测定[19],获得汤家坪钼矿床辉钼矿铼-锇同位素等时线年龄为(113.1±7.9)Ma,准确厘定其成矿时代为早白垩世;测得天目沟钼矿床辉钼矿铼-锇同位素模式年龄为(121.6±2.1)Ma,大银尖钼矿床辉钼矿铼-锇同位素模式年龄为(122.1±2.4)Ma,初步确定东秦岭-大别钼成矿带的成矿年龄在(122.1±2.4)~(113.1±7.9)Ma,明显晚于西部华北地台南缘褶皱带,且与燕山晚期大别造山带在伸展机制下岩石圈减薄,中国中东部区域构造-动力体制由近 EW 向构造为主,向近 SN 向构造为主的大转换时期的地球动力学背景相对应。

应用铼-锇同位素测年法测定华北地台燕辽钼矿带成矿年代,确定燕辽钼矿带中兰家沟钼矿床的成矿年龄在(134±3)~(191±6)Ma。结合东秦岭钼矿带内钼矿床的 Re-Os 年龄,证明华北地台内有早元古代钼矿化,两个钼矿带中的钼或铜(钼)矿床的成矿时代主要为印支期和燕山早期或中晚期。姚军明等[15]对湖南黄沙坪铅锌钨钼多金属矿床辉钼矿的 Re-Os 同位素定年研究表明,其等时线年龄为(154.8±1.9)Ma,黄沙坪矿床的成矿年龄与其花岗岩的成岩年龄同属于燕山中期,与骑田岭花岗岩体及芙蓉锡矿田、千里山花岗岩体及柿竹园钨锡矿床、金船塘锡铋矿床等都是同一时期的产物,是华南燕山中期大规模成矿作用在湘南地区的集中表现。除将 Re-Os 同位素定年用于钼矿床外,还成功用于测定煤中伴生黄铁矿的 Re、Os 含量、同位素比值以及相应的年龄[9]。

8.6 小　　结

(1) 尽管目前 Re-Os 同位素测年法测年的最合适对象为辉钼矿,但随着分析方法和测试技术的发展,可以选用黄铁矿、黄铜矿、辉铜矿等硫化物矿物进行 Re-Os 定年。黄铁矿为与金矿化相关的普遍存在的硫化物,对黄铁矿直接进行 Re-Os 同位素测年法定年将有很广阔的应用前景。

(2) 利用 Re-Os 同位素测年法定年,要获得可靠的 Re-Os 年龄值,除了样品的化学处理方法正确外,其 Re-Os 必须是封闭系统和 ^{187}Re 衰变常数的准确性则是关键。

(3) 在目前的测试研究中,较常用的分析测试方法为:Carius 管溶样法—蒸馏分离 Os—萃取分离 Re—TJA PQ ExCell ICPMS 测定同位素比值。

(4) 前人使用 Re-Os 同位素测年法测定我国钼矿床的成矿年龄,表明我国的钼矿床的成矿期大多在印支期和燕山期。

参 考 文 献

[1] 刘纯,孟祥俞.铼-锇同位素测年法研究综述[J].矿产与地质,2009,23(3):273-276.
[2] 赵葵东,蒋少涌.金属矿床的同位素直接定年方法[J].地学前缘,2004(2):428-429.
[3] 谢智,孙卫东,柴之芳,等.辉钼矿的 Os-Os 法与 Re-Os 法定年及结果比较[J].核技术,2002,25(12):1013-1017.
[4] Luck J M, Ailegre C J. The study of molybdenites through the ^{187}Re-^{187}Os chronometer[J]. Earth and Planetary Science Letters,1982,61:1291-296.
[5] 裴荣富,吴良士.金属成矿省的历史演化和成矿年代学研究进展[J].矿床地质,1993(3):285-286.
[6] Freydier C, Ruiz J, Chesley J, et al. Re-Os isotope systematics of sulfide from felsic igneous rocks application to base metal porphyry mineralization in Chile[J]. Geology, 1997, 25(9):775-778.
[7] 蒋少涌.铼-锇同位素地球化学进展[J].矿物岩石地球化学通报,2000,19(4):421.
[8] 李红艳,毛景文,孙亚利,等.柿竹园钨多金属矿床的 Re-Os 同位素等时线年龄研究[J].地质论评,1996,42(3):261-267.
[9] 刘桂建,彭子成,杨刚.煤中黄铁矿的铼-锇同位素含量及其地质意义[J].地学前缘,2006,13(1):211-215.
[10] 李杰,许继峰,梁细荣.Re-Os 同位素分析测试技术进展[J].质谱学报,2005,26(3):175-181.
[11] Reisberg L, Meisel T. The Re-Os isotopic system: A Review of analytiques[J]. Geostandards Newsletters,2002,26(3):249-267.
[12] 黄典豪,吴澄宇,杜安道,等.东秦岭地区钼矿床的铼-锇同位素年龄及其意义[J].矿床地质,1994,13(3):221-229.
[13] 黄典豪,杜安道,吴澄宇,等.华北地台钼(铜)矿床成矿年代学研究[J].矿床地质,1996,15(4):365-373.
[14] 储著银,陈福坤,王伟,等.微量地质样品铼锇含量及其同位素组成的高精度测定方法[J].岩矿测试,2007,26(6):431-435.
[15] 姚军明,华仁民,屈文俊,等.湘南黄沙坪铅锌钨钼多金属矿床辉钼矿的 Re-Os 同位素定年及其意义[J].中国科学 D 辑,地球科学,2007,37(4):471-477.
[16] 李厚民,叶会寿,毛景文.等.小秦岭金(钼)矿床辉钼矿铼-锇定年及其地质意义[J].矿床地质,2007,26(4):417-424.
[17] 聂凤军,张万益,杜安道,等.内蒙古小东沟斑岩型钼矿床辉钼矿铼-锇同位素年龄及地质意义[J].地质学报,2007,81(7):898-905.
[18] 黄典豪.董群英,甘志贤.中国钼矿床[C]//宋叔和.中国矿床(上册).北京:地质出版社,1989:493-536.
[19] 杨泽强.河南商城县汤家坪钼矿辉钼矿铼-锇同位素年龄及地质意义[J].矿床地质,2007,26(3):289-295.